3D打印材料丛书
Series
on Materials
for 3D Printing

编 委 会

"十三五"国家重点出版物
出版规划项目

3D打印材料丛书

3D打印
金属材料

汤慧萍 主 编
林 鑫 常 辉 副主编

化学工业出版社
·北 京·

内容提要

《3D打印金属材料》较为系统地总结了国内外3D打印金属材料技术和产业的发展现状、最新研究进展和发展趋势，重点介绍了3D打印用球形金属粉末、金属3D打印的基础科学问题，并且按照材料体系，对3D打印钛合金、钢铁材料、铝合金、高温合金、金属间化合物、难熔金属以及高熵合金的组织、增材再制造材料的性能和应用进行了论述。

本书可供从事3D打印材料研发、设计、生产、应用的科研、工程技术人员及相关部门管理人员参考阅读，也可作为大专院校相关专业本科生及研究生的辅助教材。

图书在版编目（CIP）数据

3D打印金属材料/汤慧萍主编. —北京：化学工业出版社，2020.8（2021.10重印）
（3D打印材料丛书）
"十三五"国家重点出版物出版规划项目
ISBN 978-7-122-36784-6

Ⅰ.①3… Ⅱ.①汤… Ⅲ.①立体印刷-印刷术-金属材料 Ⅳ.①TS853

中国版本图书馆CIP数据核字（2020）第080233号

责任编辑：窦 臻 林 媛　　　　　　文字编辑：向 东
责任校对：王 静　　　　　　　　　　装帧设计：尹琳琳

出版发行：化学工业出版社（北京市东城区青年湖南街13号　邮政编码100011）
印　　装：北京建宏印刷有限公司
787mm×1092mm 1/16 印张20 彩插10 字数462千字　2021年10月北京第1版第2次印刷

购书咨询：010-64518888　　　　　　售后服务：010-64518899
网　　址：http://www.cip.com.cn
凡购买本书，如有缺损质量问题，本社销售中心负责调换。

定　　价：118.00元

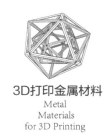

3D打印金属材料
Metal
Materials
for 3D Printing

编 委 会

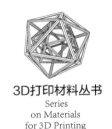

3D打印材料丛书
Series
on Materials
for 3D Printing

序

　　3D打印被誉为催生第四次工业革命的21项颠覆性技术之一，其综合了材料科学与化学、数字建模技术、机电控制技术、信息技术等诸多领域的前沿技术。作为其灵魂的3D打印材料，是整个3D打印发展过程中最重要的物质基础，很大程度上决定了其能否得到更加广泛的应用。然而，3D打印关键材料的"缺失"已经成为影响我国3D打印应用及普及的短板，如何寻找优质的3D打印材料并实现其产业化成了整个行业关注的焦点。

　　2017年3月，中国工程院启动了"中国3D打印材料及应用发展战略研究"咨询项目，项目汇聚了中国工程院化工、冶金与材料工程学部联合机械与运载、医药卫生、环境轻纺等学部的26位院士，组织了全国100余位3D打印研究、生产领域及政府部门、行业协会的专家和学者，历时两年完成了本咨询项目。本项目研究成果凝练了我国3D打印材料及应用存在的突出问题，提出了我国3D打印材料及应用发展思路、战略目标和对策建议。

　　项目组紧紧抓住"制造强国、材料先行"这一主线，以满足重大工程需求和人民身体健康提升为牵引，对我国3D打印材料及应用近年来的一些突出问题进行了广泛调研。两年来，项目组先后赴北京、辽宁、江苏、上海、浙江、陕西、广东、湖南等省市同3D打印研究和制造的专家、学者开展了深入的交流和座谈，并组织项目组专家赴德国、比利时等3D打印技术先进国家考察调研。先后召开了14次研讨会，在学术交流会上作报告100余个，1000余名专家学者、企业管理技术人员、政府官员参与项目活动，最终形成了一系列研究成果。

　　"3D打印材料丛书"是"中国3D打印材料及应用发展战略研究"咨询项目的重要成果，入选"十三五"国家重点出版物出版规划项目。丛书共有五个分册，分别是《中国3D打印材料及应用发展战略研究咨询报告》《3D打印技术概论》《3D打印金属材料》《3D打印

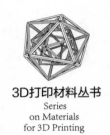

3D打印材料丛书
Series
on Materials
for 3D Printing

聚合物材料》《3D 打印无机非金属材料》。丛书综述了 3D 打印技术的基本理论、成形技术、设备及应用；根据 3D 打印材料领域积累的科技成果，全面系统地介绍了 3D 打印金属材料、聚合物材料、无机非金属材料的理论基础、生产制备工艺、创新技术及应用，以及 3D 打印过程中各类材料所呈现出的独特组织性能演变规律和性能调控原理；反映了本领域国内外最新研究成果和发展现状，并展望了 3D 打印材料和技术的发展趋势。

本丛书的出版，感谢中国工程院咨询项目的支持和项目组成员的共同努力。希望本丛书能为我国 3D 打印材料及其产业化应用起到积极推动作用，并为相关政府单位、生产企业、高校、科研院所等开展创新研究工作提供帮助。

中国工程院院士

2020 年 2 月

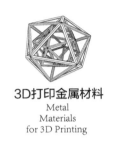

3D打印金属材料
Metal
Materials
for 3D Printing

前言

　　装备、材料和工艺是 3D 打印创新发展的基础和关键。近年来，随着 3D 打印装备技术的突破和发展，材料和工艺逐步成为 3D 打印技术创新发展和应用的重点。为此，国内外政府、研究机构和企业在 3D 打印发展战略中，均将材料和工艺摆在突出的位置。

　　为确切把握我国 3D 打印材料的研发生产现状、关键技术以及今后发展方向，同时为政府管理部门提供制定政策和决策的可靠依据，2017 年 3 月，中国工程院启动了"中国 3D 打印材料及应用发展战略研究"咨询项目。中国工程院化工、冶金与材料工程学部联合机械与运载、医药卫生、环境轻纺等学部的 26 位院士，组织了全国 100 余位 3D 打印领域的专家学者，历时两年的时间完成了该咨询项目，并在咨询报告的基础上，组织出版了"3D 打印材料丛书"。

　　《3D 打印金属材料》是"3D 打印材料丛书"的分册之一，较为系统地总结了国内外 3D 打印金属材料技术和产业的发展现状、最新研究进展和发展趋势。重点介绍 3D 打印用球形金属粉末、金属 3D 打印基础科学问题，并且按照材料体系，对 3D 打印钛合金、钢铁材料、铝合金、高温合金、金属间化合物、难熔金属、高熵合金的组织、增材再制造材料的性能和应用进行了论述。该书的突出亮点是从材料研究的视角，对 3D 打印技术涉及的原料、工艺、组织性能进行了有机结合和归纳总结，具有较强的前瞻性和实用性，这对推动我国 3D 打印技术的发展将起到积极作用。

　　全书共分为 9 章，主编为汤慧萍，各章主要编写人员如下：第 1 章由西北有色金属研究院汤慧萍、王建编写，第 2 章由南京工业大学常辉、孙中刚编写，第 3 章由广东材料与加工研究所曾克里、刘辛编写，第 4 章由西北有色金属研究院汤慧萍、杨坤编写，第 5 章和第 7 章由西北工业大学林鑫编写，第 6 章由南京航空航天大学顾冬冬编写，第 8 章由西北有色金

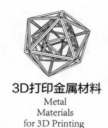

3D打印金属材料
Metal
Materials
for 3D Printing

属研究院汤慧萍、刘楠编写，第 9 章由装甲兵工程学院董世运、浙江工业大学姚建华编写。

本书是在中国工程院"中国 3D 打印材料及应用发展战略研究"咨询项目的支持下完成的。本书在编写过程中得到了西北有色金属研究院金属多孔材料国家重点实验室、西安赛隆金属材料有限公司和西安铂力特激光成形技术有限公司及全国金属 3D 打印企业大力支持，在此表示衷心的感谢。本书中涉及的较多科研成果取材于我国多个国家及省部级科研项目，在此向所有默默奉献的科技人员致以崇高谢意。

由于本书涉及多学科交叉，同时金属 3D 打印技术正在以日新月异的速度向前发展并不断涌现新的成果，因此本书对新成果的总结难免会有疏漏；加之编者水平和时间有限，书中一定存在不妥之处，恳请读者批评指正。

编 者
2020 年 2 月

目录 CONTENTS

第 1 章
金属 3D 打印概述

1

第 2 章
3D 打印用球形金
属粉末

17

第 3 章
金属 3D 打印的基
础科学问题

55

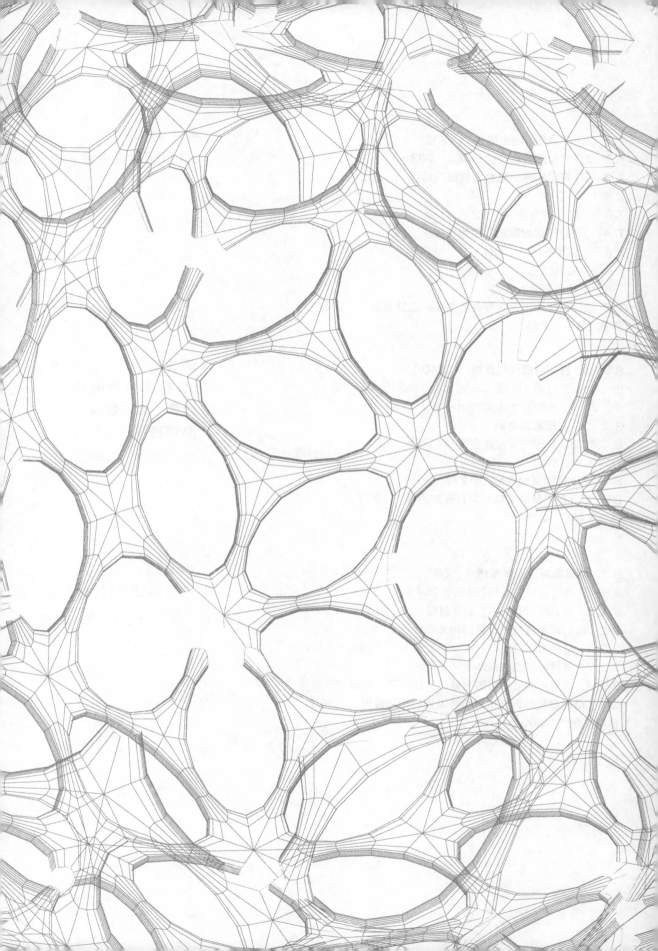

第 1 章
金属 3D 打印概述

金属 3D 打印技术是一种"变革性"的"高性能材料制备与金属零件近净成形"一体化先进制造技术，它解决了兼顾复杂形状和高性能金属构件快速制造的技术难题，为新产品的快速研发和创新设计，进而实现产品结构轻量化、高性能化和低成本化创造了重要的技术途径。金属 3D 打印技术可成形精密复杂和大型复杂高强度合金零件，可直接用于航空、航天功能结构件；可成形具有复杂功能设计要求，传统方法难以制造甚至无法直接制造的零件，用于结构验证、功能测试、批量直接应用等；可以根据用户设计要求成形制造个性化、小批量、柔性定制产品，应用于生物医学、航空航天、汽车、精密仪器等领域。同时，这项技术还可用于金属零部件的高性能修复和再制造，实现高性能金属零件的全寿命制造和保障，并可与传统技术相结合形成复合或组合制造，提升传统制造技术的效能，促进传统制造技术的升级改造。

金属 3D 打印是目前 3D 打印技术和产业发展最为迅速的方向。美国专门从事 3D 打印技术咨询服务的 Wohlers 协会的统计结果表明，2012～2016 年，全球工业级金属 3D 打印装备销售量年均增长率达到 50%，是同期非金属 3D 打印装备的年均增长率（15.62%）的 3 倍多[1]。2017 年新增 1768 台，增速超过 80%，总装机量已达到 5743 台[2]。在装备技术的带动下，金属 3D 打印材料研究体系不断丰富，钛合金、镍基高温合金、铝合金、不锈钢等金属材料的 3D 打印技术日益成熟。2017 年 9 月，*Nature* 报道了一种基于纳米形核剂的普适性 3D 打印技术，有效解决了铝合金增材制造过程中开裂的技术难题，制备的 7075 和 6061 铝合金的强度已接近锻造铝合金的水平[3]。2017 年 10 月，*Nature Materials* 报道通过 3D 打印工艺参数的优化和控制，制备了微观组织横跨 6 个尺度的多级结构高强韧 316L 不锈钢，其强度和塑性远超传统铸造和锻造 316L 不锈钢[4]。金属 3D 打印装备和材料技术的发展极大带动了应用市场的繁荣，应用端已呈现快速扩展态势。航空航天和生物医疗是目前金属 3D 打印技术应用的两个主要领域。美国通用电气公司计划将在 2020 年采用金属 3D 打印技术制造 10 万个航空发动机用燃油喷嘴。截至 2017 年 11 月，全球采用粉末床电子束 3D 打印技术制备的钛合金髋臼杯临床应用已超过 10 万例。

总之，金属 3D 打印技术具有的高性能自由实体成形制造特征，使其在航空航天、生物医疗、动力能源等高技术相关领域具有广阔的应用前景，并已对这些领域的技术进步产生了革命性的影响。鉴于此，世界各国纷纷将金属 3D 打印作为未来产业发展新的增长点重点培育，力争抢占未来科技和产业制高点。

1.1 金属 3D 打印的定义和分类

1.1.1 金属 3D 打印的定义和特点

增材制造（additive manufacturing，AM）技术是通过 CAD 设计数据采用材料逐层累加的方法制造实体零件的技术，相对于传统的材料去除（切削加工）技术，是一种"自下而上"材料累加的制造方法。在近 30 年的发展历程中，增材制造也被称为"材料累加制造"（material increase manufacturing）、"快速成形"（rapid prototyping）、"分层制造"（layered manufacturing）、"实体自由制造"（solid free-form fabrication）、"3D 打印"（3D printing）等。美国材料与试验协会（ASTM）F42 国际委员会对增材制造给出权威的定义：依据三维模型数据将材料连接制作物体的过程，相对于减法制造它通常是逐层累加过程。

金属 3D 打印技术通常是以金属粉末或金属丝材为原料，采用激光束、电子束、电弧等高能束作为能量源，以计算机三维 CAD 数据模型为基础，运用离散-堆积的原理，在软件与数控系统的控制下将原料熔化逐点、逐层堆积，从而实现金属构件的快速制造。金属 3D 打印技术不仅可制造传统技术难以制造或无法制造的精密复杂金属零件，还可用于金属零部件的高性能修复和再制造，并可与传统技术相结合形成复合或组合制造，提升传统制造技术的效能，促进传统制造技术的升级改造，是一种"变革性"的"高性能材料制备与金属零件近净成形"一体化先进制造技术。

1.1.2 金属 3D 打印工艺分类

目前适于金属材料 3D 打印成形的工艺已经发展到十余种，如图 1-1 所示。根据国际标准化组织对 3D 打印工艺和材料的分类，目前可用于金属材料的 3D 打印工艺可分为五大

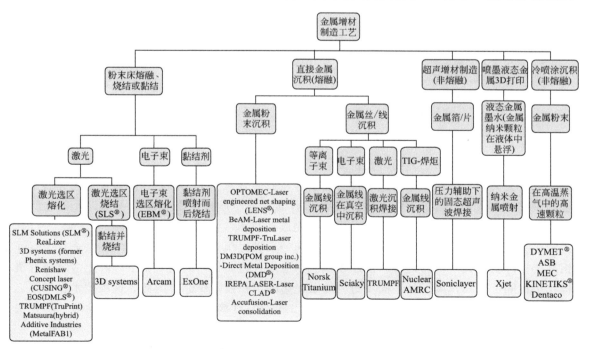

图 1-1 金属 3D 打印技术的分类

3D打印金属材料
Metal
Materials
for 3D Printing

类[5]：定向能量沉积（direct energy deposition，DED）、粉末床熔融（powder bed fusion，PBF）、黏结剂喷射（binder jetting，BJ）、薄材叠层（sheet lamination，SL）和冷喷涂沉积（cold spray deposition，CS），其中 DED 和 PBF 是目前最为主流的金属 3D 打印工艺。DED 是利用聚焦热能（激光、电子束、电弧、等离子）将材料（粉末或丝材）同步熔化沉积的 3D 打印工艺，可直接制造出大尺寸的金属零件毛坯。PBF 工艺是一类通过热能（激光或电子束）选择性地熔化/烧结粉末床区域的 3D 打印工艺，主要用于复杂精密金属零件的直接制造。

（1）定向能量沉积技术

定向能量沉积技术是利用聚焦热能将材料同步熔化沉积的 3D 打印工艺，20 世纪 80 年代末 90 年代初，随着计算机、激光、电子束等技术的进步，基于同步送粉的激光熔融沉积 [图 1-2（a）]和电子束/电弧/等离子熔丝沉积 [图 1-2（b）]等现代意义上的定向能量沉积工艺不断涌现，使高性能大型复杂金属零件的制造成为可能。同时，定向能量沉积同步送粉/丝的材料送进特点，还可成形制造具有结构梯度和功能梯度的梯度复合材料，并可用于高性能零部件低成本快速修复及再制造。

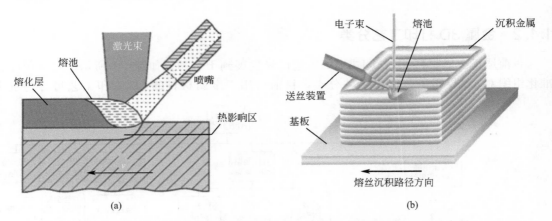

图 1-2　基于同步送粉的激光熔融沉积（a）和电子束熔丝沉积（b）示意图

我国定向能量沉积工艺的研究自 20 世纪 90 年代中期开始发展。西北工业大学[6,7]、北京航空航天大学、北京航空制造工程研究所等在成形装备、工艺研究和产业化方面开展了大量的研究工作，并取得了重大进展。2013 年，北京航空航天大学和沈阳飞机设计研究所完成的"飞机钛合金大型复杂整体关键构件激光成形技术"获国家技术发明奖一等奖。目前，我国在基于同步送粉的激光熔融沉积技术方面处于世界领先水平，研制的大型钛合金、高强钢复杂构件已在我国武器装备和民用领域获得应用。需要指出的是，由于国际上多家研究机构几乎在同一时间开展了基于同步送粉的激光熔融沉积技术研究，因此，这项技术在国际上也具有多种不同的名称，如激光近净成形（LENS）、直接光制造、激光立体成形、激光快速成形、激光熔覆沉积等。

（2）粉末床熔融技术

粉末床熔融技术是一类通过热能选择性地熔化/烧结粉末床区域的 3D 打印工艺，其热源主要包括激光和电子束。图 1-3 是激光选区烧结/熔化成形技术原理图，电子束选区熔化成形技术与其类似：首先将零件三维 CAD 模型文件沿高度方向按设定的层厚进行分层切片，获得每层二维截面信息；然后，在工作台上铺一薄层粉末材料，激光/电子束在计算机控制下，根据各层截面数据，有选择地对粉末层进行扫描，在被扫描的区域，粉末颗粒发生烧结或熔化而成形，未被扫描的粉末仍呈松散状，可作为支撑；一层加工完成后，工作台下降一层（设定的层厚）的高度，再进行下一层铺粉和扫描，同时新加工层与前一层熔合为一体；重复上述过程直到整个三维实体加工完为止；最后，将初始成形件取出，并进行适当后处理（如清粉、打磨、浸渗等），获得最终三维零件。

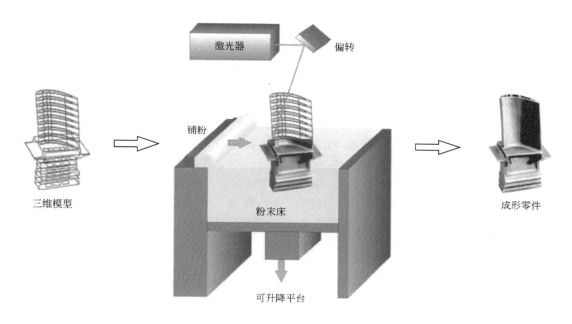

图 1-3　激光选区烧结/熔化成形技术原理示意图

　　粉末床熔融技术的历史可追溯到 1979 年 Housholder[8] 提出的通过分层铺粉、选区成形三维零件的制造思想，如图 1-4 所示。1986 年，Deckard[9] 在其专利中提出了通过激光选区烧结的概念。1992 年，美国 DTM 公司（现属于 3D Systems 公司）激光选区烧结（selective laser sintering，SLS）装备研发成功。1995 年，德国 Fraunhofer 激光研究所提出了激光选区熔化成形的技术思想。瑞典 Arcam AB 公司于 2001 年申请了利用电子束在粉末床上逐层制造三维零件的专利。2002 年，德国 EOS 公司和瑞典 Arcam 公司分别成功研制了激光选区熔化（selective laser melting，SLM）和电子束选区熔化（selective electron beam melting，SEBM）商业化装备，可成形接近全致密的精细金属零件。

　　我国粉末床熔融技术的研究始于 20 世纪 90 年代中期。1993 年，北京隆源率先在国内开发出 SLS 实验型装备。华中科技大学从 20 世纪 90 年代末开始研发 SLS 装备与工艺，并通过武汉滨湖机电产业有限公司实现商品化生产和销售。2004 年，华中科技

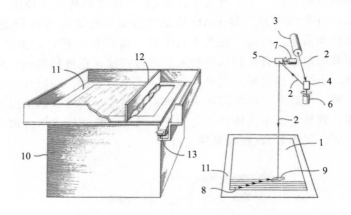

图 1-4 美国 Housholder 提出的粉末床熔融技术思想示意图
1—当前熔化层；2—激光束；3—激光器；4,5—振镜；6,7—电机；8—扫描线；
9—熔化区；10—成形仓；11—成形平台；12—刮粉器；13—输送带

大学和华南理工大学几乎同时开始 SLM 技术与装备的研发工作。到 2009 年左右，两家单位均已自主研制成功了专业化的 SLM 装备。2007 年，西北有色金属研究院和清华大学合作，在国内率先实现了钛合金 SEBM 成形。2015 年，西北有色金属研究院控股的西安赛隆金属材料有限公司推出了我国首台具有自主知识产权的工业级 SEBM 装备。目前，我国在粉末床熔融技术方面的研究十分活跃，研制的钛合金等精密零件已在武器装备和民用领域获得应用。

（3）黏结剂喷射技术

黏结剂喷射是 1989 年美国麻省理工学院提出的一类选择性喷射沉积液态黏结剂黏结粉末材料的 3D 打印工艺[10]，其成形原理如图 1-5 所示。喷头在控制系统的控制下，按照所给的一层截面的信息，在事先铺好的一层粉末材料上，有选择性地喷射黏结剂，使部分粉末黏结，形成一层截面薄层；在每个薄层成形后，工作台下降一个层厚，进行铺粉操作，继而再喷射黏结剂进行薄层成形；不断循环，直至所用薄层成形完毕，层与层在高度方向上相互黏结并堆叠得到所需三维实体制件。一般情况下，黏结剂喷射所得到的金属制件还需要进行后处理。对于无特殊强度要求的模型制件，后处理通常包括加温固化以及渗透定型胶水。而对于强度有特殊要求的结构功能部件以及各类模具，在对黏结剂进行加热固化后，通常还要进行烧结，以及液相材料渗透的步骤以提高制件的致密度，从而达到各类应用对于强度的要求。

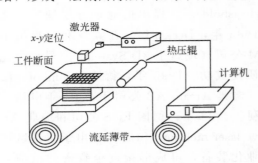

图 1-5 黏结剂喷射工艺原理示意图

（4）薄材叠层技术

薄材叠层是将薄层材料逐层黏结以形成实物的增材制造工艺。1988 年，Feygin[11] 提出了薄材叠层制造的思想，成形的材料主要为纸张，如图1-5所示。2000年，White[12] 发明了适用于金属薄材叠层制造的超声波固结成形技术（图1-6），其以金属箔材为原料，采用大功率超声波能量，利用金属层与层振动摩擦产生的热量，使材料局部发生剧烈的塑性变形，从而达到原子间的物理冶金结合，实现同种或异种金属材料间固态连接。在超声波金属快速固结成形的基础上，结合数控铣削等工艺，可实现超声波增材成形与智能制造一体化。超声波固结3D打印工艺具有温度低、变形小、速度快、绿色环保等优点，适合于复杂叠层零部件成形、加工一体化智能制造。目前，该技术已成功地应用于同种和异种金属层状复合材料、纤维增强复合材料、梯度功能复合材料与结构、智能材料与结构的制造。此外，超声波固结成形技术还被应用于电子封装结构、航空零部件、热交换器、金属蜂窝板结构等复杂内腔结构零部件的制造。

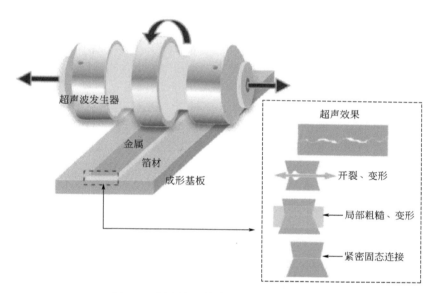

图1-6　超声波固结成形工艺原理示意图

目前，美国和英国在超声固结成形技术方面处于世界前列。美国Fabrisonic已研发了三种系列的超声波固结设备，设备功率从最初的2kW逐步发展到9kW左右，材料也从铝、银、铜等低强度金属逐步扩展到了钛、不锈钢等高强度金属材料。我国在超声波固结制造方面的研究工作刚刚起步[13]。哈尔滨工程大学开发了国内第一台具有超声波增材制造能力的装备，并开展了一系列超声波增材制造技术领域的研究，但该装备的技术水平仅相当于美国的第一代产品。

（5）其他技术

近年来，国内外在3D打印的经典理论和方法基础上，又发展了一些新的金属3D打印工艺和方法，如喷墨液态金属3D打印、金属微滴3D打印、冷喷涂沉积、喷射沉积-激光重熔复合成形等。

1.2　金属 3D 打印的发展历史和现状

1.2.1　国外金属 3D 打印技术发展历史

(1)　思想萌芽阶段

　　DED 是最早出现的一类金属 3D 打印技术，其思想萌芽可追溯到二十世纪二三十年代。1922 年，Baker 在其专利[14] 中描述了一种通过焊接沉积成形装饰性焊接制品的方法，其技术原理与后来发展起来的基于同步送丝的电弧/电子束/等离子定向能量沉积（分别简称DED-A，DED-E，DED-P）技术类似，如图 1-7 所示。在此后的三四十年内，全球范围内出现了多个源于焊接思想的 DED 工艺。1972 年，Ciraud 发明了一种将金属粉末直接送入局部热源熔化沉积成形金属零件的方法，并申请了专利[15]（图 1-8）。从原理上看 Ciraud 发明的技术与目前广泛应用的基于同轴送粉的激光定向能量沉积（简称 DED-L）技术已经十分接近。除上述技术外，1979 年 Housholder 提出了通过分层铺粉、选区成形三维零件的制造思想[6]，这为后来发展起来的激光/电子束 PBF 工艺提供了技术雏形。然而，受困于当时计算机技术的限制，复杂零件的三维建模及分层切片等数字化模型处理技术在当时还比较困难，上述技术还只能实现简单形状零件的成形。

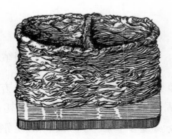

图 1-7　采用焊接沉积法在平板上制备的金属构件（US 42364720A）

(2)　快速成形阶段

　　20 世纪 80 年代以来，随着计算机技术的进步，现代意义上的金属 3D 打印技术开始出现。1986 年，Deckard 在其专利中提出了激光选区烧结（selective laser sintering，SLS）的概念，成形的材料既可以是高分子材料也可以是金属材料。1989 年，美国麻省理工学院发明了一类选择性喷射沉积液态黏结剂黏结粉末材料的 3D 打印工艺，即黏结剂喷射（materials jetting，MJ）技术[16]，成形的材料同样既可以是高分子材料也可以是金属材料。然而，受激光、电子束等能量密度低的限制，这一时期的金属 3D 打印技术还无法实现金属构件的

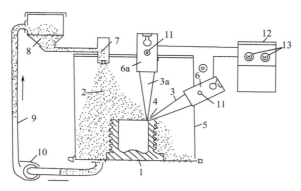

图 1-8　Ciraud 发明的定向能量沉积工艺示意图（Ger. Patent Appl. DE 22 63 777 A1）
1—成形底板；2—粉末；3,3a—局部热源；4—聚焦点；5—成形仓；6,6a—热源发生器；7—送粉器；8—粉仓；
9—粉末输送管道；10—泵；11—角度控制器；12—电源；13—电源控制阀

直接制造，成形的零件需要进行脱脂、烧结固化等后续处理。

（3）快速制造阶段

20 世纪 90 年代中期以来，激光、电子束等高能束技术取得飞速发展，能量密度不断提高，金属 3D 打印逐渐步入高性能复杂金属构件直接快速制造阶段。1995 年，德国 Fraunhofer 激光研究所提出了激光选区熔化（selective laser melting，SLM）成形的技术思想。同年，美国麻省理工学院 Dave 等提出了利用电子束做能量源将金属丝熔化进行三维制造的设想。2000 年，White 在 Feygin 提出的薄材叠层（sheet lamination，SL）制造思想基础上，发明了适用于金属薄材叠层制造的超声波固结成形技术。2001 年，瑞典 Arcam AB 公司申请了利用电子束在粉末床上逐层制造三维零件的专利，即电子束选区熔化（selective electron beam melting，SEBM）技术。2002 年，德国 EOS 公司和瑞典 Arcam 公司分别推出了 SLM 和 SEBM 商业化装备，可成形接近全致密的精细金属零件和模具，其性能可达到同质锻件水平，这标志着金属 3D 打印由快速成形进入快速制造阶段。

（4）产业化初级阶段

近十年，特别是 2012 年以来，随着工艺、材料和装备的日益成熟，金属 3D 打印技术在航空航天、生物医疗等领域的应用逐渐增多，基本进入了产业化的初级阶段。此外，国内外在 3D 打印的经典理论和方法基础上，又发展了一些新的金属 3D 打印工艺和方法，如喷墨液态金属 3D 打印、金属微滴 3D 打印、冷喷涂沉积、喷射沉积-激光重熔复合成形等，极大丰富和扩大了金属 3D 打印的材料种类和应用范围。

1.2.2　国内金属 3D 打印技术发展历史

我国自 20 世纪 90 年代中期开展金属 3D 打印技术研究，研究的重点以 DED 和 PBF 技术为主，对于 MJ 和 SL 技术的研究较少。由于同期国外金属 3D 打印技术已经逐渐步入快速制造阶段，我国金属 3D 打印技术的研究基本没有经历快速成形阶段，直接以成形高性能复杂金属零件为研究目标。

西北工业大学、北京航空航天大学、北京航空制造研究所等是我国最早开展 DED 技术研究的单位。1997 年，西北工业大学"金属粉材激光立体成形的熔凝组织与性能研究"获得航空科学基金重点项目资助，是我国在 DED-L 技术方面第一个正式立项的科研项目。2001 年，西北工业大学获得我国最早的一批 DED-L 技术方面的专利。2006 年，西北工业大学销售了我国第一台 DED-L 商业化装备。同年，北京航空制造研究所开展 DED-E 技术的研究工作，开发了我国首台 DED-E 成形装备。在此后的十余年内，我国 DED 装备和技术取得了长足的发展。2012 年，北京航空航天大学 DED-L 方面的研究成果获国家技术发明一等奖。

我国 PBF 技术的研究始于 21 世纪初。2004 年，华中科技大学和华南理工大学几乎同时开始 SLM 成形技术与装备的研发工作。到 2009 年左右，两家单位均已自主研制成功了专业化的 SLM 装备。除 SLM 技术外，清华大学于 2004 年申请了 SEBM 技术方面的首个中国专利，并研制成功了 SEBM 试验装备。2006 年，西北有色金属研究院委托清华大学试制了 SEBM 型实验装置，开展钛合金 SEBM 成形技术研究。2015 年，西北有色金属研究院控股的西安赛隆公司研制成功了我国第一台商业化 SEBM 成形装备，并于 2017 年联合国内相关单位制定了我国金属 3D 打印领域的第一个材料标准（GB/T 34508—2017，粉床电子束增材制造 TC4 合金材料）。

从发展历程上看，金属 3D 打印的技术思想大部分源于美国，欧洲在 3D 打印装备和材料工艺方面开展了持续深入的研究。我国开展金属 3D 打印技术的研究稍晚于欧美国家，基本上是国外推出商业化装备或应用报道后，开展消化吸收再创新研究。

1.2.3　金属 3D 打印研究和应用现状

装备是金属 3D 打印的关键要素。在过去的 30 年，金属 3D 打印技术特别是装备技术取得突飞猛进的发展。美国专门从事 3D 打印技术咨询服务的 Wohlers 协会的统计结果表明，2012 年至 2016 年，全球工业级金属 3D 打印装备销售量年均增长率达到 50%，如图 1-9 所

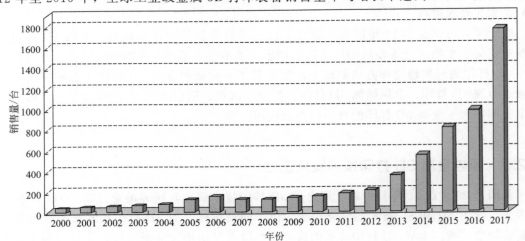

图 1-9　2000～2017 年全球工业级金属 3D 打印装备销售情况

示，是同期非金属 3D 打印装备的年均增长率（15.62%）的 3 倍多。2017 年新增 1768 台，增速超过 80%，总装机量已达到 5743 台。目前 DED 装备已经能够实现纳米级金属零件毛坯的直接制造；PBF 装备的成形效率虽然比 DED 低 1～2 个数量级，最大成形尺寸小于 1m，但成形件的复杂性基本不受限制。

　　材料是金属 3D 打印的另一关键技术要素。目前，国内外 3D 打印金属材料的研究主要是针对航空航天材料，如高性能钛合金、高温合金、超高强度钢以及铝合金。随着 3D 打印技术向生物医疗、动力、能源等领域的推广，钴合金、铜合金、难熔合金、金属间化合物、复合材料、梯度材料、高熵合金、非晶合金的 3D 打印也逐渐受到了重视。总体来说，目前研究最为成熟的主要是 Ti-6Al-4V 合金、Inconel 718 合金、Inconel 625 合金、316L 不锈钢和 Co-28Cr-6Mo 合金，并已制定了相关标准，如表 1-1 所示。

表 1-1　国内外颁布实施的 3D 打印金属材料标准

序号	标准号	标准名称	颁布年份
1	AMS 4999	Titanium Alloy Laser Deposited Products -6Al -4V-Annealed（激光沉积钛合金产品 Ti-6Al-4V 退火态）	2002
2	ASTM F2924-14	Standard Specification for Additive Manufacturing Titanium-6 Aluminum-4 Vanadium with Powder Bed Fusion（粉末床熔融增材制造 Ti-6Al-4V 的标准规范）	2014
3	ASTM F3001-14	Standard Specification for Additive Manufacturing Titanium-6 Aluminum-4 Vanadium ELI(Extra Low Interstitial) with Powder Bed Fusion［粉末床熔融增材制造 Ti-6Al-4V（低间隙）的标准规范］	2014
4	ASTM F3056-14	Standard Specification for Additive Manufacturing Nickel Alloy(UNS N06625) with Powder Bed Fusion［粉末床熔融增材制造镍基合金（UNS N06625）的标准规范］	2014
5	ASTM F3055-14	Standard Specification for Additive Manufacturing Nickel Alloy(UNS N07718) with Powder Bed Fusion［粉末床熔融增材制造镍基合金（UNS N07718）的标准规范］	2014
6	ASTM F3049-14	Standard Guide for Characterizing Properties of Metal Powders Used for Additive Manufacturing Processes（增材制造用金属粉末特性表征的标准指南）	2014
7	ASTM F3122-14	Standard Guide for Evaluating Mechanical Properties of Metal Materials Made via Additive Manufacturing Processes（增材制造金属材料力学性能的标准评价指南）	2014
8	ASTM F3187-16	Standard Guide for Directed Energy Deposition of Metals（金属定向能量沉积的标准指南）	2016
9	ASTM F3184-16	Standard Specification for Additive Manufacturing Stainless Steel Alloy(UNS S31603) with Powder Bed Fusion［粉末床熔融增材制造不锈钢（UNS S31603）的标准规范］	2016

续表

序号	标准号	标准名称	颁布年份
10	AMS 4999A	Titanium Alloy Direct Deposited Products 6Al-4V Annealed （直接能量沉积 Ti-6Al-4V 钛合金退火态产品）	2016
11	ASTM F3213-17	Standard for Additive Manufacturing—Finished Part Properties—Standard Specification for Cobalt-28 Chromium-6 Molybdenum via Powder Bed Fusion （增材制造—成品部件性能—粉末床熔融增材制造 Co-28Cr-6Mo 的标准规范）	2017
12	ASTM F3301-18	Standard for Additive Manufacturing—Post Processing Methods—Standard Specification for Thermal Post—Processing Metal Parts Made Via Powder Bed Fusion （增材制造—后处理方法—粉末床熔融增材制造零件的热处理标准规范）	2018
13	ASTM F3302-18	Standard for Additive Manufacturing—Finished Part Properties—Standard Specification for Titanium Alloys via Powder Bed Fusion （增材制造—成品部件性能—粉末床熔融增材制造钛合金的标准规范）	2018
14	GB/T 34508—2017	粉床电子束增材制造 TC4 合金材料	2017

　　除此之外，国内外一些设备制造产商，也发布了一些 3D 打印典型金属材料的数据库，主要涉及 304L、316L、17-4PH、15-5PH、H13、M300 等不锈钢和工具钢，AlSi7Mg、AlSi10Mg、AlSi12 等铝合金，纯 Ti、Ti-6Al-4V、Ti6242 等钛合金，Hastelloy X、Inconel 939、Inconel 625、Inconel 718 等镍基高温合金，CoCrMo、CoCrW 等钴基医用合金，以及 Cu、W、Mo、Zr 等纯金属材料。尽管这些标准还非常粗糙，如材料相关性能的系统性、完整性还不够完善，典型材料的力学性能与传统制造技术还存在差距，标准中的很多指标要求都是由供货商和采购商协商，但这对于金属 3D 打印技术的发展和应用来说迈出了突破性的一步。

　　在 3D 打印装备和技术发展带动下，应用端已呈现快速扩展态势。例如，截至 2017 年 11 月份，全球采用 3D 打印技术制备的钛合金髋臼杯临床应用已超过 10 万例，如图 1-10（a）所示。此外，美国通用电气公司计划将在 2020 年采用金属 3D 打印技术制造 10 万个航空发动机用燃油喷嘴，如图 1-10（b）所示。

　　相比于传统铸锻焊等热加工技术和机械加工等冷加工技术，金属 3D 打印技术的成熟度相比传统技术还有很大差距，特别是材料已经成为影响金属 3D 打印未来发展的关键因素。据不完全统计，5000 多种金属合金中，只有几十种能够高质量 3D 打印成形，原料种类少、成本高、材料工艺和质量控制技术的不成熟、专用合金开发的滞后、成形构件无损检测方法的不完善以及相关标准的缺乏，在很大程度上制约了金属 3D 打印技术的应用。

(a)　　　　　　　　　　　(b)

图 1-10　3D 打印技术制备的钛合金髋臼杯（a）和航空发动机用燃油喷嘴（b）

1.3　金属 3D 打印技术的发展趋势

经过近 30 年的发展，金属 3D 打印材料取得了显著的进步，但相对成熟的合金仅有几十种，与现有 5000 多种金属材料还存在巨大差距。除此之外，金属 3D 打印合金的力学性能和成形几何精度控制也远未达到理想状态，这一方面来自于对这些合金在金属 3D 打印和后续热处理过程中的成形和成性机理的研究及认识不够系统深入，另一方面来自于对金属 3D 打印过程的控制不够精细。这也意味着，对于金属 3D 打印技术，仍有大量的基础和应用研究工作有待进一步的完善，因此，未来金属 3D 打印技术的发展趋势包括：

(1) 深入了解 3D 打印技术的关键科学问题

3D 打印是粉末、丝材等原材料在激光等能量源，在极短的快速交互作用下产生的冶金行为，快速加热和冷却过程中的冶金行为与能源特性、原材料特性、加热/冷却环境等多因素之间存在交互作用。识别和探究原材料与能量源之间的作用机制，进而通过改善原材料物理特性，选择匹配性较好的能量源，提高原材料对能量源的高效吸收，建立适合的 3D 打印方法，必将成为未来金属 3D 打印领域的研究热点。

（2）3D 打印新材料的开发

随着 3D 打印过程中基础科学问题的深入以及装备制造水平的不断提高，越来越多的金属材料将会被用来打印，因此，金属 3D 打印新合金和创新构型结构功能一体化材料的研究必将会成为金属 3D 打印的重要发展方向。

（3）金属 3D 打印技术的质量将得到更大提升

随着对金属 3D 打印机理研究的深入，金属 3D 打印装备的升级换代速度以及过程质量控制技术都将得到提升，因此，金属 3D 打印零件的效率和综合力学性能都将会得到明显改善，表面质量和其他物理性能也将得到进一步的改善。

（4）建立新型结构形式下的评价标准及评价方法

3D 打印是实现复杂、制造难度大、制造成本高等结构件快速精准制造的变革性技术。该技术的实现在冶金机理、微观组织、结构形式、缺陷形式等方面与传统的制造有着很大的差异，因此传统的标准及其评价方法已经无法适应新产品的需求。依据 3D 打印技术的特征，探索综合性能评价方法，建立新型结构形式下的评价标准及评价方法是实现金属 3D 打印技术工程化应用的关键核心问题。

参考文献

[1] Wohlers T. 3D printing and additive manufacturing state of the industry annual worldwide progress report [M]. Colorado：Wohlers Associates Inc，2017.

[2] Wohlers T. 3D printing and additive manufacturing state of the industry annual worldwide progress report [M]. Colorado：Wohlers Associates Inc，2018.

[3] Martin J H，Yahata B D，Hundley J M，et al. 3D printing of high-strength aluminium alloys [J]. Nature，2017，549（365）.

[4] Wang Y M，Voisin T，Mckeown J T，et al. Additively manufactured hierarchical stainless steels with high strength and ductility [J]. Nat Mater，2017，17（63）.

[5] Qian M，Xu W，Brandt M，et al. Additive manufacturing and postprocessing of Ti-6Al-4V for superior mechanical properties [J]. MRS Bulletin，2016，41 [10（Metallic materials for 3D printing）]：775-784.

[6] 张莹. 西北工业大学凝固技术国家重点实验室在激光立体成形技术方面取得重要研究进展——金属 3D 打印技术 [J]. 中国材料进展，2013，（08）：508.

[7] 冯颖芳. 西工大用 3D 打印制造 3 米长 C919 飞机钛合金部件 [J]. 中国钛业，2013，34（1）：24.

[8] Housholder R F. Molding process：US，4247508 [P/OL]. 1981.

[9] Beaman J J，Deckard C R. Selective laser sintering with assisted powder handling：US，4938816 [P/OL]. 1990.

[10] Sachs E M，Haggerty J S，Cima M J，et al. Three-dimensional printing techniques：US，5204055 [P/OL]. 1993.

[11] Feygin M. Apparatus and method for forming an integral object from laminations：US，4752352 [P/OL]. 1988.

[12] White D. Ultrasonic object consolidation：U S，6463349 [P/OL]. 2003.

[13] 侯红亮，韩玉杰，张艳苓，等. 金属超声波固结制造技术研究进展 [J]. 材料导报，2016，30（S2）：127-132.

[14] Ralph B. Method of making decorative articles：U S，1533300 [P/OL]. 1925.

[15] Ciraud P A. Process and device for the manufacture of any objects desired from any meltable material [P]. FRG Disclosure Publication，1972：2263777.

[16] Cima M S E，Fan T. Three-dimensional printing techniques：CA，US5387380 [P/OL]. 1995.

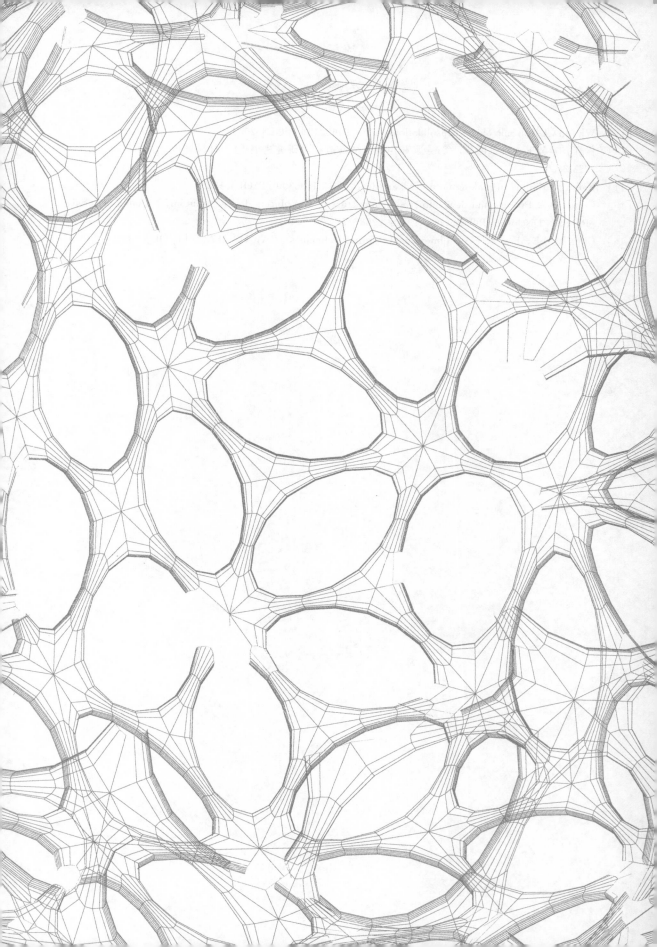

第 2 章
3D 打印用球形
金属粉末

在金属 3D 打印领域，无论是粉末床熔融（powder bed fusion）技术还是定向能量沉积（directed energy deposition）技术，大多以金属粉末为原料。因此，粉末的质量将直接影响打印零部件的性能。对于粉末床熔融技术而言，粉末粒度分布范围一般为 10～53μm，而定向能量沉积技术的粉末粒度通常在 45～150μm 范围内。随着粉末粒径的降低，比表面积增大，粉末颗粒间的摩擦、团聚现象更为显著，影响粉末的流动性，因此，粉末床熔融技术对粉末质量要求更高。本章内容论述的粉末性质也主要针对粉末床熔融技术。

金属粉末属于松散状物质，其性能综合反映了金属本身的性质和单个颗粒的性状及颗粒群的特性。一般将金属粉末的性能分为物理性能、化学性能和工艺性能。物理性能包括粉末的平均粒度和粒度分布，粉末的比表面积和真密度，粉末颗粒的形状、表面形貌和内部显微结构；化学性能是指合金元素含量和杂质含量；工艺性能则是一种综合性能，包括粉末的流动性、松装密度、振实密度、压缩性等。此外，针对 3D 打印用途还对粉末的其他化学和物理特性有相应要求，如激光吸收系数、内摩擦系数等。根据化学成分的不同[1]，3D 打印用金属材料可以分为如下类型：

① 纯金属材料　主要有 Ti、Ni、Ta、Cu、Au 等金属。

② 合金材料　目前无论是在科学研究还是工程应用领域，合金材料都占 3D 打印材料的绝大多数，其中又以 Ni 基、Ti 基、Fe 基和 Al 基材料为主，部分材料如 Inconel 718、Ti-6Al-4V、316 不锈钢等已经在航空航天、医疗器械、模具生产等领域实现了 3D 打印的工程化应用，并取得了较为理想的效果。

③ 金属间化合物　金属间化合物往往具有与金属材料迥异且出色的性能，然而较差的加工性能，严重限制了其应用范围。3D 打印技术有望解决上述问题，极大拓展金属间化合物材料的应用领域和范围。

④ 复合材料　复合材料的 3D 打印技术是该领域研究的前沿与热点，非平衡冶金过程下的金属基复合材料和陶瓷基复合材料将会越来越多地出现。

随着人们对 3D 打印技术与其中物理冶金过程理解的不断深入，面向 3D 打印技术的新材料设计与制备必将吸引更多的关注。

2.1　金属 3D 打印用粉末研究现状

美国能源部针对目前 3D 打印技术存在的问题，提出如下发展方向：表面质量、工艺稳定性和 3D 打印部件的可重复性[2]。美国国家标准与技术实验室（NIST）认为这些存在的

问题与金属粉末材料直接相关[3]。目前，尽管已有学者就金属粉末的粒度及分布、密度、形貌等特性因素对 3D 打印工艺过程的影响展开初步研究，然而，粉末特性对 3D 打印制品性能的影响机理仍然缺乏更深入的理解。

2.1.1 粉末特性对金属 3D 打印工艺过程的影响

(1) 粉末形貌、流动性对 3D 打印工艺过程的影响

粉末形貌包括颗粒的形状和表面光滑度，会对粉末流动性产生重要影响[4]。粉末形状越接近于球形、表面光滑度越高，则粉末流动性能越好。目前针对粉末颗粒形貌的表征手段主要以光学显微镜和扫描电子显微镜为代表的图像法为主，例如全自动静态图像法粒度分析仪可以直接给出粉末颗粒的球形度及其赘生指数（表示金属粉末的卫星化程度）[5]。

粉末的形貌与制备技术直接相关。图 2-1 比较了不同技术制备的粉末形貌：气雾化粉末多为近球形，表面卫星球较多；旋转雾化与等离子旋转电极雾化粉末表面光滑，但是旋转雾化粉末球形度差，其中哑铃形颗粒较多，而等离子旋转电极雾化粉末无论球形度还是表面质量都相对优异。

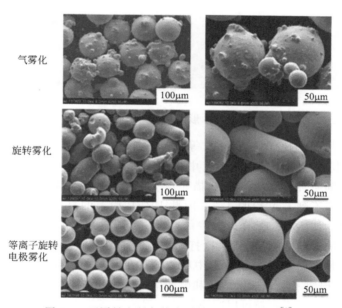

图 2-1　不同粉末制备技术对粉末形貌的影响[6]

华中科技大学采用自主研发的 HRPM-Ⅱ SLM 设备[7]，研究了水雾化（water atomization，WA）和气雾化（gas atomization，GA）工艺制备的 316L 粉末激光选区熔化（selective laser melting，SLM）打印件致密度。结果表明，GA 粉末由于具有良好的球形度和较高松装密度，在激光能量密度为 $64 \sim 84 J/mm^3$ 时，其打印件致密度高于 WA 粉末，如图 2-2 所示。另外，需要指出的是，当激光能量密度提高到 $104 J/mm^3$ 时，两种粉末均可实现相对致密（$96\% \sim 97.5\%$）[8]。

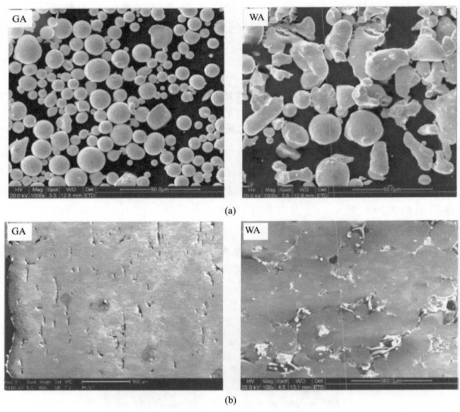

图 2-2　气雾化与水雾化粉末形貌（a）及打印样件截面组织图（b）[7]

M. N. Ahsan[9] 则对比了 GA 粉与等离子旋转电极雾化（plasma rotating electrode process，PREP）粉在定向能量沉积工艺中对打印制品的影响（打印使用 1.5kW 二极管双波长激光器配合同轴喷头）。微区 CT 扫描显示 PREP 粉具有更好的球形度，卫星颗粒附着更少，其空心粉比率不到 GA 粉的 1/3。因此 PREP 粉末的打印制品的打印层间孔隙率更低，沉积速率更高，如图 2-3 所示。

保证粉末良好的流动性能是金属 3D 打印工艺的重要基础。无论是粉末床熔融技术中粉末的均匀铺展，还是定向能量沉积技术中粉末输送的稳定性，都需要粉末具有优良的流动性。A. Strondl[10] 研究了激光选区熔化和电子束选区熔化技术中颗粒形状对流动性的影响。分析表明，表面光滑的球形颗粒可以减小颗粒之间的摩擦，使粉末容易沉积而获得良好的致密度。此外，通过监控粉末连续循环利用过程中颗粒球形度的变化发现，即使很小的形状变化，也将会显著改变粉末的流动行为，降低打印样品的质量。Sun[11] 通过计算粉末"球形因子"，研究电子束选区熔化（SEBM）工艺循环利用中粉末的形貌演化，发现随着打印次数增加，粉末颗粒形貌的"球形因子"减小，颗粒间摩擦力增加，进而导致粉末流动性降低。因此，高度球形化、表面光滑且干燥的粉末是保证粉末颗粒间最小摩擦力、获得最佳流动性的必要条件。

粉末流动性是休止角、崩溃角以及压缩率等不同参数指标的综合表征，不仅限于单个指

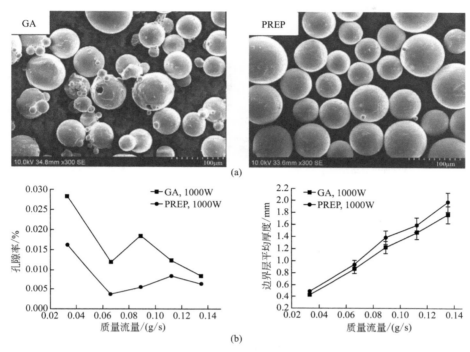

图 2-3　气雾化粉与等离子旋转电极雾化粉形貌（a）及其对打印样品性能的影响（b）[9]

标的测量。根据测量结果[12]，来自不同生产商（EOS、LPW、Raymor）的 3D 打印用 Ti-6Al-4V 粉末的休止角（angle of repose，AOR）差异较大，但是在打印过程中（EOS DMLS M270）的粉末床密度（powder bed density，PBD）却无显著差别，如图 2-4 所示。

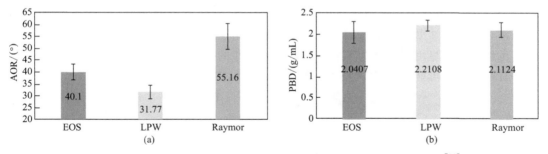

图 2-4　不同供应商 Ti-6Al-4V 粉末的休止角（a）与粉末床密度（b）[12]

Spierings[13] 采用旋转粉末分析仪（revolution powder analyzer）系统地评价了 23 种 SLM 技术专用 Fe、Ni 合金粉末的流动性指标，并与豪斯纳比率（Hausner ratio）、压缩率、崩溃角以及崩溃表面分数等参数进行对比分析后认为，在不考虑粉末粒径分布和形状的情况下，豪斯纳比率[14] 不能很好地表征细粉的流动性，而崩溃角以及崩溃表面分数则与旋转粉末分析仪所获得的流动性结果一致（图 2-5），并建议将其作为 3D 打印粉末流动性测试的 ASTM 标准。值得一提的是，金属粉末流动性的量化指标与储粉、铺粉技术和设备相关：同样的粉末材料，采用不同的铺粉尺（ruler）和粉辊（roller）的铺粉密度也不相同[15]。

3D打印金属材料
Metal
Materials
for 3D Printing

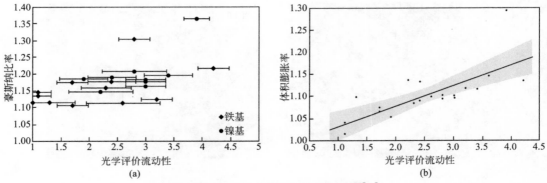

图 2-5　3D 打印金属粉末流动性分析[13]

此外，粉末流动性能也受颗粒表面湿度的影响。颗粒表面湿度可以增加颗粒间的摩擦系数，导致粉末流动性变差。因此研究粉末的湿度与其流动性能的关系，可以帮助研究人员了解打印过程中粉末、环境以及工艺之间的交互影响，但是目前相关研究尚不多见。LPW 公司研究发现[16]，潮湿粉末会导致部件内部卷入气体，打印时释放出氧元素和氢元素，恶化打印部件性能。N. Vluttert[17] 研究了 Ti-6A1-4V、AlSi10Mg 和 Inconel 718 SLM 粉末湿度随时间的变化，尽管粉末湿度变化不大，但是粉末已经出现结块现象。需要指出的是，文献中的研究时间跨度为 23 天，对粉末产生的影响十分有限，同时粉末的生产、存储历史难以回溯，需要进一步的评估。

粉末形貌随粉末循环使用次数而改变。粉末熔融过程中，靠近熔池附近的颗粒受到热影响作用以及熔池飞溅作用，颗粒之间发生焊合，形成异形颗粒以及卫星球。图 2-6 是 Inconel 718 高温合金在 EOS-M400 设备上第 1 次使用与循环使用 10 次以后粉末的形貌对比[18]。从图中可以看出，在循环使用 10 次以后，粉末的卫星球增多，造成粉末流动性降低。而在 Arcam A2 型设备上打印 Ti-6Al-4V 时，第 1 次使用与循环使用 21 次的粉末对比表明，虽然形貌明显由球形变为了非球形，但流动性的变化不大，卫星球也很少见，对打印工艺没有影响，这可能与 SEBM 技术对粉末经高压气体吹散并过筛后使用有关。

图 2-6　Inconel 718 合金原始粉末（a）与循环使用 10 次后的粉末形貌（b）[18]

（2）粉末的粒度分布对 3D 打印工艺过程的影响

粉末的粒度直接影响 3D 打印特征熔池的最小厚度，从而影响打印部件最小特征尺寸。研究表明，粒度分布越宽，在 SLM 工艺中，更易获得高的松装密度、振实密度以及铺粉密度，从而使制件致密度更高。Liu 等[19] 使用 MCP-HEK 公司的商用 SLM 工作站 "MCP SLM-Realizer 100"，对比研究了 Osprey 公司和 LPW 公司提供的 316L 不锈钢粉末，结果发现，相较于 LPW 粉末，Osprey 粉末粒度分布宽、球形度偏低、粉末松装密度和铺粉密度高。在相同激光参数下，宽粒度分布的 Osprey 粉末制件内部孔隙少，致密度更高（如图 2-7 所示）。

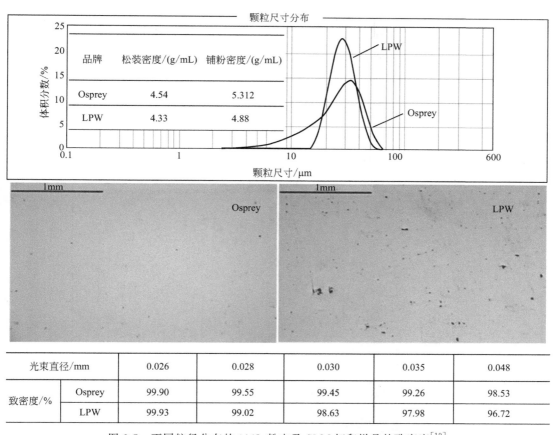

图 2-7　不同粒径分布的 316L 粉末及 SLM 打印样品的致密度[19]

Gu[12] 表征了 EOS、LPW 和 Raymor 三家粉末供应商生产的 3D 打印用 Ti-6Al-4V 合金粉末（图 2-8），并在 EOS DMLS M270 系统上统一采用 Raymor 粉末的优化打印工艺时，EOS 和 LPW 粉末 SLM 打印致密度不佳（图 2-9），而采用各供应商给出优化的 3D 打印参数，均可以实现理想致密度（图 2-10）。由此可以看出，粉末粒度与分布直接影响到 3D 打印工艺参数的调整优化策略。

J. Karlsson[20] 利用 Arcam A1 EBM 设备打印 Ti-6Al-4V 合金，使用的粉末粒径分布分别为 $25\sim45\mu m$ 和 $45\sim100\mu m$，通过对比发现样件在化学成分、宏观和微观组织以及力学性

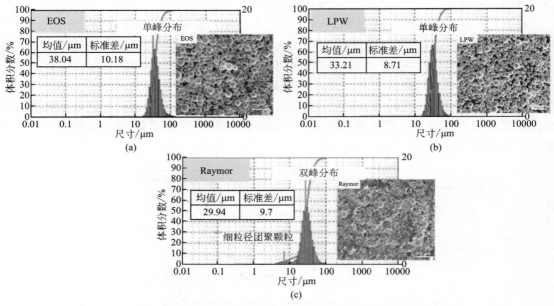

图 2-8　不同粉末供应商提供的 Ti-6Al-4V 粉末粒径分布[12]

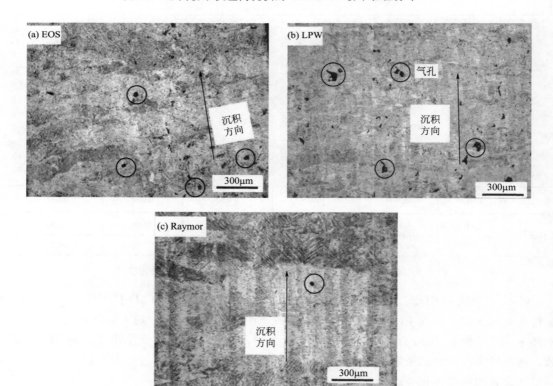

图 2-9　相同打印参数下不同 Ti-6Al-4V 粉末 SLM 打印样品的致密度[12]

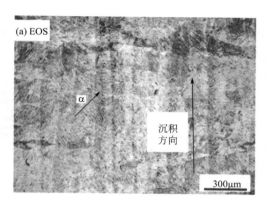

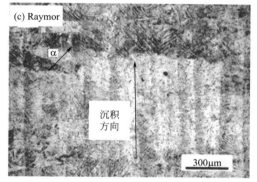

图 2-10　优化打印参数下不同 Ti-6Al-4V 粉末 SLM 打印样品的致密度[12]

能上差异不大，仅在表面粗糙度上存在差别，如图 2-11 所示。这是因为相较于激光束，电子束光斑尺寸和能量利用率更大，从而降低了打印过程对粉末粒径分布的敏感性。

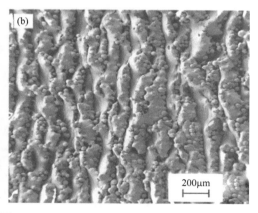

图 2-11　Ti-6Al-4V 合金 45～100μm（层厚 70μm）（a）、25～45μm（层厚 50μm）（b）的 EBM 打印样品表面质量[20]

　　通过研究粉末粒度分布对 3D 打印工艺的影响，可以对 3D 打印用金属粉末参数进行优化。Lee 等[21] 将模拟与实验研究相结合，研究了粉末床激光熔池的传热与流动性，阐明了粉末粒径分布对熔池边缘"球化（balling）"缺陷以及激光飞溅效应的影响。研究发现通过增加粉末堆积密度（从 38％到 45％），可以减少 3D 打印中球化缺陷的产生（如图 2-12 所示）。

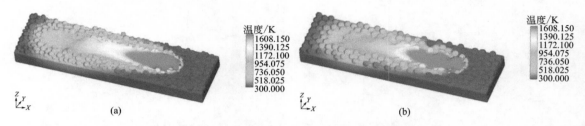

图 2-12　不同粒径分布对 SLM 打印过程中熔池的影响（见彩图）

（a）采用细粒径粉末的熔池形貌平滑；（b）采用粗粒径粉末的熔池边缘波动较大[21]

综上所述，对于 SLM、EBM 为代表的粉末床基 3D 打印技术而言，粉末粒度对打印样品表面质量、致密度、力学性能等均有显著的影响，打印样件的质量和性能是所选用金属粉末的特性与 3D 打印工艺参数相互影响与作用的结果，两者的关系是密不可分的。

（3）粉末性能对 3D 打印工艺过程影响机理

针对粉末性能对 3D 打印工艺与制件质量的影响，特别是粉末床熔融技术中，粉末性能的影响，需要研究粉末颗粒与能量束的相互作用、能量与动量传输等机理，从而阐明粉末性能对 3D 打印的调控机制。尽管，在 SLM 技术研究中，激光熔池的传热、传质难以通过实验手段观察，基于计算机模拟研究粉末床熔融、凝固过程的方法是当前研究的主要手段，然而，原位监控作为 3D 打印技术规模化应用的保证，其研发越来越多地受到了各设备供应商的重视。激光与粉末颗粒/粉末床的作用十分复杂，包括粉末颗粒对激光的吸收、透射和反射；粉末颗粒熔化与熔池内的流动；粉末的气化与熔池蒸发；蒸汽对激光的散射作用；熔池的传热与凝固等现象，此外还需考虑能量束的运动轨迹，如图 2-13 所示[22]。

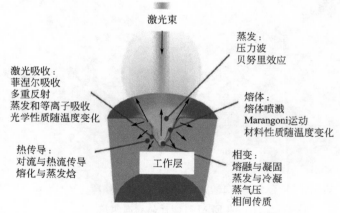

图 2-13　激光与材料相互作用示意图[22]

粉末性能中，比较关注的是粉末粒度分布对激光吸收效果的影响。首先，粉末粒度分布的差异可以影响入射能量束吸收系数。除了材料本身固有吸收系数，随着粉末粒径减小，表

面积增大，入射能量束的散射作用增强，粉末颗粒间存在空隙，这使得打印前铺就的粉末层可以被视为多孔介质层。美国劳伦斯利弗莫尔国家实验室基于第一性原理射线追踪（ray tracing）模型计算了粉末对激光的吸收系数[23]，如图2-14所示。计算结果和实验证明，粉末粒度分布对激光吸收系数影响非常大。粗粒径粉末的吸收系数（0.55）明显低于细粒径粉末（0.70），说明在同样的激光束条件下，粒径小的粉末吸收的激光能量更多。

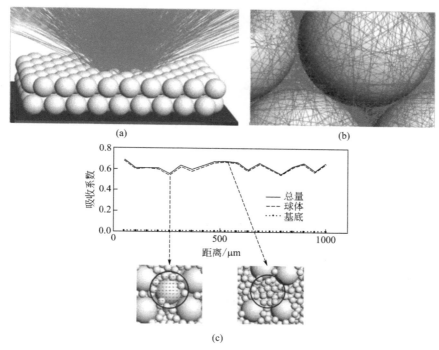

图2-14　基于第一性原理射线追踪模型（a）、局部细节（b）及粒度分布对激光吸收系数的影响（c）[23]

此外，粉末颗粒在粉末层中处于较松散状态，粉末颗粒间的接触点越多，传热越均匀，传热系数越高[24]。在同样的激光束照射下，由于细粉的存在，粉末床密度更高，粉末传热性能更优，因此粉末层累积热量更容易传导至成形底板，从而使粉床具有更低的温度[12]。根据传热理论，将粉末层视为开放多孔介质，建立网状传热模型。根据计算结果，粉末性能，特别是粉末粒径分布，对传热系数的提高有重要影响。随着粉末粒径的减小和粒径分布变宽，传热系数明显提高。

研究显示（如图2-12所示）[21]，细粉末可以增加熔池稳定性，但是该研究忽略了熔池中的反冲压力和蒸发作用，然而相对全面的熔池物理模拟（如图2-15所示）[25] 却没有讨论粉末粒径分布的影响。实验手段方面，最近有研究通过原位同步X射线研究了SLM沉积第一层和第二层焊道粉末飞溅、熔池飞溅对剥蚀、孔隙缺陷形成的影响，以及Marangoni对流驱动下孔隙的运动，如图2-16所示[26]。可以预见随着研究的深入，模拟和实验手段日益精准和完善，揭示粉末性能对粉末床熔融3D打印技术的影响规律及其机理将进一步推进3D打印技术的应用普及。

3D打印金属材料
Metal
Materials
for 3D Printing

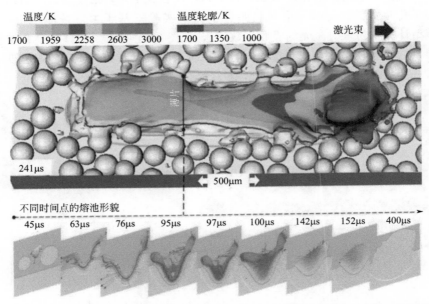

图 2-15　粉末熔化和熔池凝固的 3D 模拟结果，模型考虑蒸发、辐射、对流、热传导和
质量传输等多物理场的作用[25]　（见彩图）

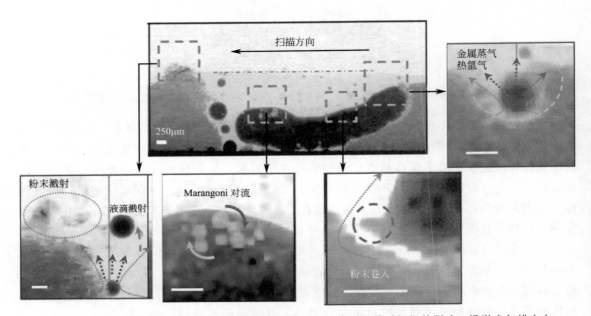

图 2-16　原位 X 射线高速成像技术观察激光与粉末相互作用及其对组织的影响：沿激光扫描方向
出现金属蒸气、粉末卷入熔池、Marangoni 对流、粉末溅射和液滴溅射[26]

2.1.2 粉末特性对金属 3D 打印制件性能的影响

(1) 致密度

致密度是 3D 打印零件能否满足使用要求的首要质量要素，决定了制件的可用性（多孔材料除外）。一般情况下，3D 打印制件的致密度应该大于 99%，否则，孔隙将造成打印件力学性能的恶化。在 SLM 技术中，制件的孔隙缺陷往往是由于不适当的参数工艺或者粉末缺陷（如空心粉）导致的收缩、球化（balling）以及蒸发作用引起的[27]。对于粉末而言，粒径分布是影响致密度的最大因素。Spierings[28] 报道了不同粉末粒径的 316L 不锈钢打印件致密度与 Concept Laser M1 打印参数的相关性。高斯分布的细粉 Type 1（$D_{90} = 30.8\mu m$）在所有激光能量密度和层厚（$30\mu m$ 和 $45\mu m$）条件下获得最高致密度；加入了一定量细粉（$<15\mu m$）的粗粉末 Type 3（$D_{90} = 59.7\mu m$）也可以获得较高的致密度（见图 2-17）。

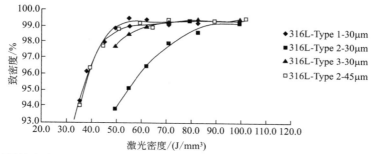

图 2-17　不同粒度分布的 316L 不锈钢粉末及其在不同激光能量密度条件下的零件致密度[28]

Liu[19] 研究了不同粒径分布的粉末在 MCP SLM-Realizer 100 系统中不同激光扫描速度下的成形致密度，发现宽粒径分布粉末（Osprey）在高速扫描下（150mm/s）致密度高于窄粒径分布粉末（LPW）在低速扫描下（100mm/s）的致密度，如图 2-18 所示。窄粒径分布粉末致密度低的原因可能是因为激光造成的细粉气化、蒸发气体卷入熔融态的金属液，形成"锁眼（keyhole）"熔池缺陷和疏松凝固组织。

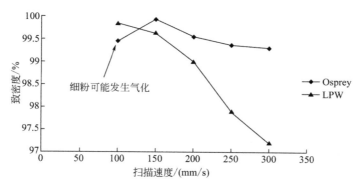

图 2-18　不同激光扫描速度条件下不同粒径分布粉末的 SLM 制件致密度[20]

Gu[12] 利用 EOS DMLS M270 系统比较了高斯（Gauss）分布和多峰分布（Multimodal）的 Ti-6Al-4V 粉末的 SLM 打印件致密度，发现呈双峰分布的粉末打印制件具有较高的致密度，并且双峰分布的粉末具有更高的热导率（图 2-19），激光熔池属于宽浅类型，焊道间交叠造成更小的孔隙率。此外也有研究人员[29] 认为由于多峰型粉末具有更高的堆积密度，故其打印制件具有更高的致密度。

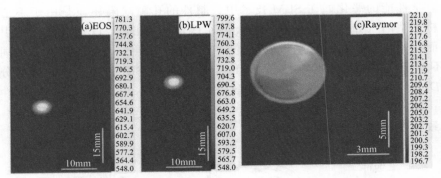

图 2-19　热成像相机拍摄的不同 Ti-6Al-4V 粉末的粉床静态热传导状态（图像放大倍数不同）（见彩图）
EOS 和 LPW 粉末因为传热系数低，热量集中于粉床上，测定温度高于 Raymor 粉末[12]

（2）表面质量

3D 打印制件的表面粗糙度是其质量的直观表现。对于受循环应力的工件，表面粗糙度要求达到 $R_a \approx 0.8\mu m$ 以避免制件的过早疲劳失效。SLM 技术制备的金属制件的表面粗糙度一般在 $8 \sim 10\mu m$。3D 打印逐层制造过程中，熔池的几何形状以及由于 Marangoni 运动引起的流动波纹和部分熔融的黏附粉体影响了制件最终的表面质量。不同粒度分布的粉末对激光束的吸收和散射作用差异造成了粉床传热系数、温度分布的差异，导致熔池形状的差别，从而影响到打印样品表面质量[25]。

Lee 等人[21] 通过改变粉末的粒径分布计算了熔池形状的变化，发现粗粒径粉体在激光作用下，其熔池边缘形状波动大于小粒径粉末，形成熔池的不连续，从而使得制件表面粗糙，甚至在打印过程中出现熔池的"球化"现象，使得打印制件出现开裂，造成打印的失败，如图 2-12 所示。另外，较小的原料粉末粒度和较小的粉床厚度，有助于提高制件表面质量。需要指出，当采用细粉打印边缘尖锐、具有 45°斜角的部件时，由于过高的热积累效应，其表面反而更为粗糙。

（3）微观组织

无论是晶粒尺寸、形貌以及相组成，3D 打印制件的微观组织结构不同于传统铸造或锻造制备技术，这是由于高能量束作用下的快速凝固以及逐层加热-冷却循环造成的，如图 2-20 所示[30]。高达 $10^3 \sim 10^8 K/s$ 的加热、冷却速率使制件微观晶粒亚结构组织尺寸往往小于 $1\mu m$，这种非平衡状态下的凝固、固态相变不同于传统铸造条件，为亚稳相的形核与生长提供可能[31]。

2017 年，*Nature Materials* 报道了利用两种粉末床熔融设备（Concept 和 Fraunhofer）的 SLM 技术制备 316L 不锈钢制件的多尺度组织结构和化学成分表征，从介观尺度的晶粒，

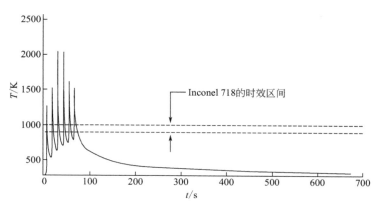

图 2-20　高能量束流作用下 Inconel 718 粉末 3D 打印制件的热循环过程[30]

到微观尺度的微晶晶胞、晶胞壁，再到纳米尺度的析出沉淀相[32]。研究展示了激光快速凝固和固态相变作用下，3D 打印 316L 不锈钢制件组织的多样性和复杂性。这也为研究材料-工艺-组织的关系，实现制件力学性能的改进与优化提供了丰富的可操作空间，如图 2-21所示。

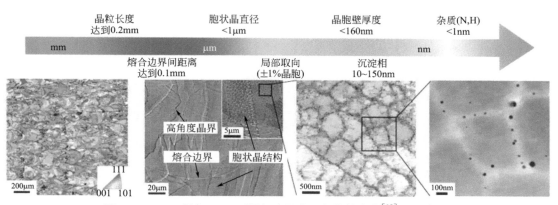

图 2-21　SLM 制备 316L 不锈钢多尺度组织结构变化[32]（见彩图）

　　作为原材料的金属粉末，其化学成分是影响制件相组成、微观组织的重要因素之一。Starr[33] 研究了 17-4PH 不锈钢的氩气雾化粉末（AGA）和氮气雾化粉末（NGA）的 SLM打印件的相组成，发现 NGA 粉末打印件几乎全部为奥氏体组织（＞96％），而 AGA 粉末打印件大部分为马氏体组织（约 76％）。原因在于 NGA 粉末中残余的 N 元素是一种奥氏体稳定元素，其存在阻碍了奥氏体-马氏体相变的发生。另外，粉末作为一种高比表面积材料，由于存在表面氧化膜，其氧含量往往高于块体材料。Simchi[34] 将粉末氧化物含量与选区激光烧结样品的孔隙率联系发现，粉末氧化物含量的增加使得打印样品孔隙率增高。汤慧萍等人[35] 发现即使是在 SEBM 技术的高真空环境中，重复使用 4 次后 Ti-6Al-4V ELI 粉末的氧增量超标，只能降级为 Ti-6Al-4V 使用。也有研究指出，高氧含量若加以合理利用，可以增加粉末床激光吸收系数，提高温度梯度，进而增加熔池凝固的过冷度，实现晶粒的细化。Averyanova 等人[36] 研究了两种不同粒度的 17-4PH 钢粉末在 PHENIX System PM 100 设备上的打印件组织结构，发现细粉（$D_{90}<16\mu m$）打印件中马氏体含量（38%）远高于粗粉（$D_{90}<25\mu m$）打印件（6%）。Olakanmi 等人[37] 研究了双峰分布的 Al-Si 粉末打印件组织，发现在粉末振实密度最大的打印制件中，枝晶组织最细，这可能与不同粒径粉末的粉床密度、粉床热传导系数的不同有关。但是对 Ti-6Al-4V 不同粒径粉末的 3D 打印零件的组织性能的研究发现，双峰分布和高斯分布的粉末在相组成和组织特征上一致。因此，粉末特性对 3D 打印制件微观组织的影响仍有待进一步的研究。

(4) 力学性能

3D 打印研究的重要目标之一就是实现结构件的生产，这要求 3D 打印零件与传统铸锻件相比，具有相当或更优异的力学性能，或者在相同的力学性能下，提高效率、节省材料。目前，绝大多数研究集中在 3D 打印工艺对零件力学性能的影响，例如激光功率、扫描速度、扫描方式和铺粉厚度等。如前文所述，粉体粒径分布的不同可以造成制件致密度的差异，更多的孔隙率将恶化制件的力学性能。Liu[19] 研究了在改变 MCP SLM-Realizer 100 设备激光工艺参数条件下，316L 合金两种不同粒径分布粉末的 SLM 打印件的力学性能，发现宽粒径分布粉末（Osprey）制件侧表面粗糙度更小、抗拉强度更低，延伸率提高，如图 2-22 所示。

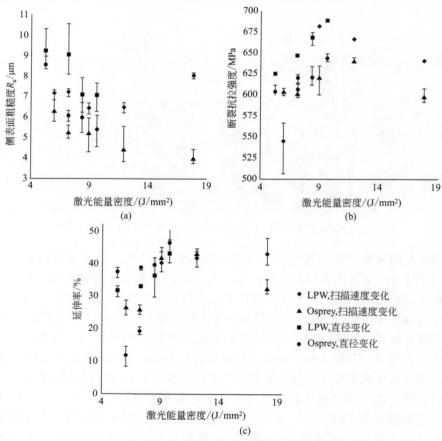

图 2-22　不同 316L 粉末 SLM 制件侧表面粗糙度（a）、
抗拉强度（b）和延伸率（c）与激光能量密度的关系[19]

Bourell 等人[38] 使用 Concept Laser M1 设备对不同粒度 316L 不锈钢粉末 SLM 样件性能进行对比，发现其力学性能与粉末粒径分布有关：粉末含有更多较细的粉末时，样件具有更高的相对密度与强度；反之，样件具有更高的断裂延伸率，如图 2-23 所示。

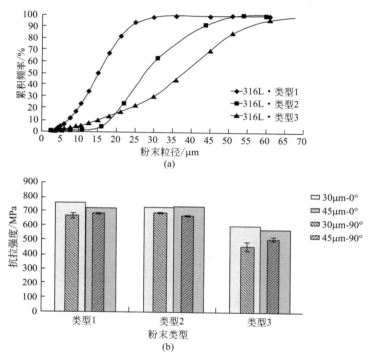

图 2-23　不同粒径分布的 316L 不锈钢粉末及其 SLM 制件的力学性能[38]

此外，粉末的形貌也会影响制件的力学性能。Attar 等人[39] 利用 MTT SLM250 HL 设备打印制备 TiB 增强钛基复合材料，他们将 Ti 与 TiB_2 混合粉体机械球磨，分别经过 2h 和 4h 球磨后，发现 TiB_2 粉体镶嵌在 Ti 粉颗粒表面，且混合粉末形貌分别呈现近球形（2h）和不规则形状（4h）（如图 2-24 所示）。对打印试样的相对密度和力学性能对比发现，采用近球形混合粉末打印的样件致密度和压缩延伸率均较不规则粉末有大幅度的提高，其可能原因如下，强化颗粒与基体的界面在受力的情况下，应力容易在界面曲率大的地方（界面尖锐处）集中，从而形成裂纹，导致颗粒强化作用失效，近球形颗粒与不规则形状的颗粒相比，与基体的界面更加平滑，更不容易出现应力集中的情况，因此具有更高的强度和延伸率。

Ahsan[9] 研究了 GA 粉与 PREP 粉在激光直接沉积工艺中对打印样品的影响。设备使用 1.5kW 二极管激光器配合同轴沉积喷嘴。结果表明，在相同激光功率下，PREP 粉末打印制件致密度高于 GA 粉末，而 GA 粉末制件具有更高的硬度（如图 2-25 所示）。

粉末材料的化学成分也是影响制件力学性能的重要因素。Yan 等人[40] 总结了不同氧含量对钛合金 3D 打印样品室温塑性的影响。氧含量对 3D 打印制件室温塑性的影响主要取决于组织结构的演变：在氧含量一定的情况下，形成的 α′马氏体结构样品的室温塑性远低于（α+β）结构；当氧含量高于 0.15% 时，具有 α′马氏体结构样品的室温塑性显著降低；随着

3D打印金属材料
Metal
Materials
for 3D Printing

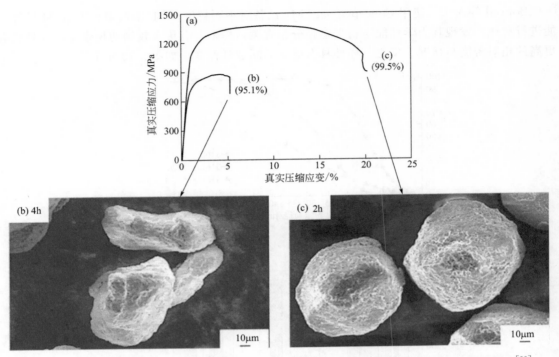

图 2-24　不同球磨时间下 Ti-TiB$_2$ 混合粉末形貌对 3D 打印 TiB 增强钛基复合材料的性能影响[39]

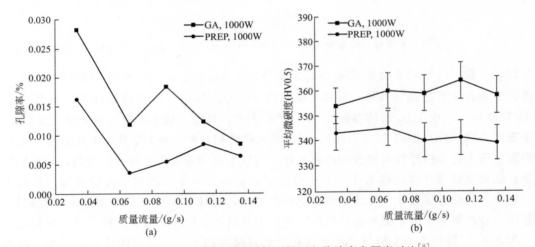

图 2-25　GA 与 PREP 粉末同轴送粉沉积孔隙率和硬度对比[9]

氧含量进一步增加至 0.22%～0.25% 时，制件发生脆化；在氧含量不超过 0.36% 的情况下，（α+β）结构的室温塑性降幅较小，基本保持不变，如图 2-26 所示。

此外，也有研究人员针对 3D 打印的特点，将粉末成分根据其用途进行微调以优化其工艺。一些研究工作发现，微量添加某些元素或化合物有助于 3D 打印质量的提高。例如，Fe$_3$P 的添加可以与 Fe 元素形成共晶相，降低激光输入功率的同时，由于其激光熔池表面张

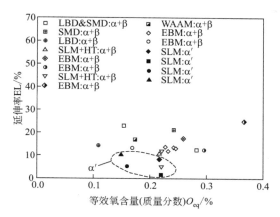

图 2-26　粉末等效氧含量对钛合金延伸率的影响[40]

力的降低，改善了打印样品的表面质量[41]。

目前报道的金属粉末的化学成分仍然以牌号金属为主，往往给出了包含元素的上下限。但是上述研究证明，为了提高打印件质量和性能的稳定性，需要根据用途和 3D 打印工艺特点对合金成分进行设计，这方面的工作目前仍然缺乏深入的研究，有望成为金属 3D 打印材料研发的热点。

(5) 粉末循环利用中的变化与影响

3D 打印技术显著的技术特点之一是粉末材料的循环使用。重复使用后粉末特性的变化也将对材料的力学性能有一定的影响。西北有色金属研究院汤慧萍等[35] 在 Arcam A2 型 SEBM 设备上研究了 Ti-6Al-4V 合金 21 次循环使用过程中粉末性能及打印件性能的变化。图 2-27 是循环使用中粉末形貌的变化情况，表 2-1 是打印件力学性能随粉末循环使用次数的变化情况。结果表明，随着循环次数的增加，Ti-6Al-4V 粉末氧含量（质量分数）从初始的 0.08％增加至循环 21 次后的 0.19％；粉末粒径分布变窄，粉末流动性能变好。在重复使

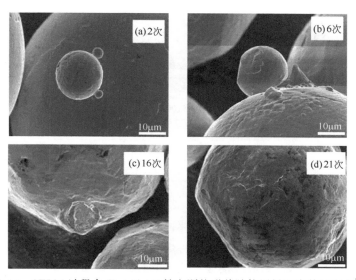

图 2-27　SEBM 过程中 Ti-6Al-4V 粉末颗粒形貌随使用循环次数的变化[35]

用 16 次后，粉末出现明显的变形和粗糙表面，然而粉末重复使用并未对打印件的静态力学性能产生明显影响。

表 2-1　SEBM Ti-6Al-4V 合金力学性能随粉末循环使用次数的变化[35]

循环次数	屈服强度/MPa	抗拉强度/MPa	延伸率/%	断面收缩率/%	密度/(g/cm³)
0	834±10.0	920±10.0	16±0.3	54±3.0	4.41
2	870±8.0	970±10.0	15±0.3	46±3.0	4.41
6	822±25.0	910±20.0	13.5±1.0	53±4.0	4.43
11	891.5±4.5	986.5±3.5	17.8±0.8	50±1.0	4.39
21	960±30.0	1039.3±2.7	15.5±0.9	—	4.38

2.2　金属 3D 打印用粉末制备技术及国内外发展现状

2.2.1　金属 3D 打印用粉末代表性制备技术

从目前的发展趋势来看，气雾化、等离子旋转电极雾化、等离子熔丝雾化和射频等离子球化是目前 3D 打印粉末制备领域的主要技术，如表 2-2 所列。

表 2-2　3D 打印用金属粉末制备技术概览

制粉技术	使用材料	粉末粒度	应用技术	国内装备情况
气雾化	非活性金属	小于 100μm	粉末床熔融、定向能量沉积	进口超过 50 台
等离子旋转电极雾化	Ti 合金、Ni 合金、Co 合金等	小于 250μm	定向能量沉积	拥有自主装备 30 余台
等离子熔丝雾化	Ti 合金、难熔金属	小于 200μm	粉末床熔融	无自主装备
射频等离子球化	Ti 合金、难熔合金、硬质合金	小于 150μm	粉末床熔融、定向能量沉积	进口 30 余台,实验为主

(1) 气雾化技术

气雾化制粉技术是目前制备球形粉末最普遍的方法。其历史起源于 20 世纪 20 年代，属于二流雾化范畴，是采用高速惰性气体直接将熔融金属或者合金液体击碎凝固冷却得到粉末的方法。高速运动的气流和金属液流接触，这个过程既有动量的传递又有热量的交换，气流既提供破碎的能量又是冷却介质，整体连续的液体流受到气体流的冲击，在剪应力的作用下

第 2 章
3D打印用球形金属粉末

分散破碎为尺寸不一的液滴。具体过程如下：首先，母合金置于真空感应炉熔炼至熔融状态，熔融态的合金液流流入雾化喷嘴被高速气流击碎形成细小液滴，液滴在雾化室飞行过程中迅速冷却凝固为粉末颗粒，粉末颗粒最终被粉末收集系统收集。根据熔炼方式的不同，衍生出了多种气雾化技术，最适合于 3D 打印用金属粉末制备的技术有真空感应熔炼雾化（vacuum induction gas atomization，VIGA）和电极感应熔炼雾化（electrode induction gas atomization，EIGA），如图 2-28 所示。

VIGA 是将金属在真空状态下在坩埚中进行熔炼［如图 2-28（a）所示］，陶瓷坩埚主要适用于 Fe 基合金、Ni 基合金、Co 基合金、Al 基合金和 Cu 基合金等非活性金属粉末的制备。对于钛合金等活性金属及其合金而言，熔化条件下会与陶瓷坩埚剧烈反应，从而对粉末造成污染，故需采用水冷铜坩埚。

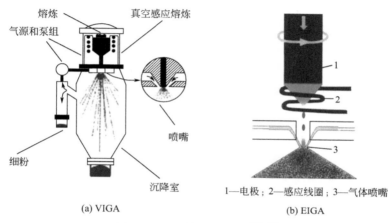

图 2-28　不同气雾化技术[42,43]

EIGA 属于惰性气体雾化中的一种，其基本原理是将合金加工成棒料安装在送料装置上，对整个装置进行抽真空并充入惰性保护气体，电极棒以一定的旋转速度和下降速度进入下方锥形线圈，棒料尖端在锥形线圈中受到感应加热作用而逐渐熔化形成熔体液流，在重力作用下，熔体液流直接流入锥形线圈下方的雾化器，高压氩气经气路管道进入雾化器，在气体出口下方与金属液流发生交互作用，经过高压气体作用将液流破碎成小液滴。液滴在雾化室飞行过程中，由于自身表面张力球化凝固形成金属粉末［如图 2-28（b）所示］。

EIGA 制备金属粉末具有以下特点：①其熔化过程不与坩埚接触，故适用于制备各种活性金属，例如 Ti、Zr、Nb 等；②粒度分布宽，可满足多种工艺用粉，例如，注射成形、3D打印、粉末冶金、喷涂、激光熔覆、焊接修复等；③粉末纯度高、球形度好、组织均匀；④相比于 PREP，细粉收得率高，D_{50} 一般在 $40\sim100\mu m$ 左右。

气体雾化法具有产量大、效率高的优点，是目前制备 3D 打印用合金粉末中最成熟的工艺之一。相比于离心雾化法，采用气体雾化法制备的合金粉细粉收得率较高、平均粒度较小、夹杂物尺寸小。但是由于采用气体雾化法制备的合金粉末粒径较小，粉末比表面积较大，导致氧含量不可避免的有所提高；同时由于雾化流场的特点，容易出现小尺寸液滴与大尺寸液滴撞击，二者没有发生完全熔合，冷却后小颗粒便依附在大颗粒表面形成卫星球，这些缺陷从一定程度上影响了粉末的性能，因此必须对工艺进行优化控制。例如，通过调节气雾化压力以及喷嘴结构，可以有效改善粉末球形度，如图 2-29 所示。

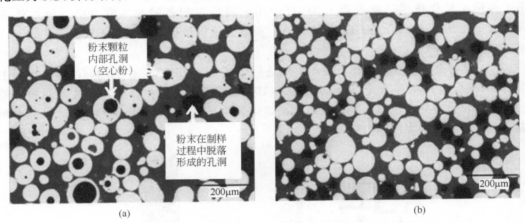

图 2-29　雾化工艺改进前后制备的镍基粉末形貌[44]

气雾化机理以及喷嘴结构是优化气雾化工艺的重要基础。雾化过程对于雾化制粉而言是最核心的阶段，研究雾化过程的机理可以有效地对液滴生成控制起指导作用。

在初始阶段，主要存在波动破碎和膜状破碎两种方式。Bradley 在 Rayleigh 和 Taylor 的基础上提出了众多学者较为认可的雾化模型，该模型用 Kelvin-Helmholtz 不稳定波理论描述液流破碎过程。Bradley 破碎模型参照了 Rayleigh 的毛细管不稳定理论，从导流管流出的金属流体在雾化气流的作用下，首先在液态金属表面形成扰动波，随着时间的增长，波的振幅逐渐增大，当达到临界振幅时，波峰与主流剥离形成棒状液滴，这些棒状液滴又在表面张力的作用下迅速收缩、破碎成较小的球形液滴（图 2-30）。这种剥离作用是由气体作用在液流表面突起和小波纹上的压力变化引起，雾化过程中液流的分散主要依赖于液体与周围气体

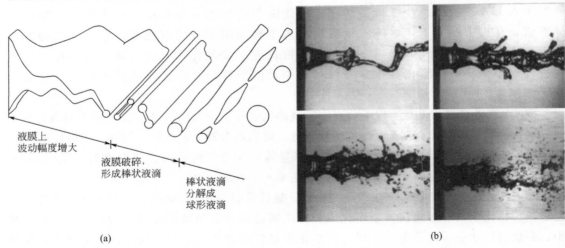

图 2-30　Bradley 破碎模型（a）[45] 和液体表面破碎过程（b）[46]

的压力差所产生的驱动力，这种驱动力与气体的动压成正比，所以气、液相对速度是决定雾化过程的重要因素。

气雾化喷嘴结构是气雾化机理的核心体现。它的主要作用是将液态金属在高速气流的作用下破碎成细小的液滴。根据不同的方式，雾化器可以分成不同的类型。按金属液和雾化气体交汇位置的不同，可以分为自由落体式雾化器、紧密耦合式雾化器（图 2-31）[47]；按雾化气体喷出的方式，可以分为环孔雾化器、环缝雾化器；按喷出气体的速度又可以分为亚音速雾化器、超音速雾化器。雾化器设计应满足以下条件：①能使雾化气体获得尽可能大的出口速度和所需要的能量；②雾化气体和金属液流之间形成最合理的交汇角度；③使金属液产生最大的紊流；④工作稳定性好，导流管不易堵塞；⑤拆卸安装方便。

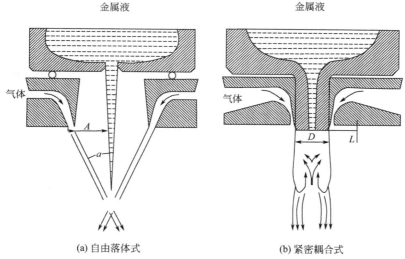

图 2-31　两种典型气雾化喷嘴示意图[47]

A—气流出口与液流距离；a—喷射角；L—导液管突出长度；D—导液管直径

为了提高雾化气体动能，在雾化器设计中加入了一定的喷管结构。用于气体加速目的的喷管有两种结构：汇聚型结构和汇聚发散型结构，其中汇聚发散型喷管又称为 Laval 喷管，可以将气流加速至超音速。

（2）等离子旋转电极雾化

等离子旋转电极雾化（plasma rotating electrode process，PREP）技术是一种通过将高速旋转的棒料端部熔化，金属液滴在离心力作用下飞出并在惰性介质环境中冷却成固态而制备球形金属粉末的方法。这种制粉方法在 1974 年由美国核金属公司首先开发成功。在等离子枪的作用下，利用大功率熔化超高转速的电极棒，在合金电极棒一端产生约 20000℃ 的高温，以形成 10～20μm 厚度的金属熔化层，在电极棒超高转速旋转的条件下，金属液滴所受的离心力逐渐克服金属熔化层的黏滞力，在合金棒的径向形成小液滴，就是"冠"。随着"冠"的积累，形成"露头"，最终在大尺寸的雾化室内通过自由落体和低温氦气的冷却而形成近似球状的金属粉末颗粒脱离合金棒，如图 2-32 所示。其基本的流程包括：等离子旋转电极制粉→筛分（在真空或者惰性气体保护条件下，将粉末按照粒度分级）→包装。

PREP 法制得粉末颗粒直径可由下式确定：

$$d = k\left(\frac{\gamma}{\rho D}\right)^{0.5} \frac{60}{2\pi n}$$

(2-1)

式中，d 代表粉末平均粒径；k 代表系数；γ 代表熔体表面张力；ρ 代表金属密度；D 代表棒料直径；n 代表棒料转速。由公式可见，制得粉末平均粒径与液滴表面张力成正比关系，与金属密度 ρ、棒料直径 D 与棒料转速 n 成反比。

由于每次等离子雾化制粉过程严格控制充入雾化室的 Ar 气体量，故在整个制粉过程中等离子弧电压的变化不大，等离子弧电流的强度变化基本上反映了等离子枪输出功率的变化。研究发现，粉末平均粒径随等离子弧电流强度的增大而有明显细化的趋势。但是，提高电流会带来诸多弊端，其一，粉末粒度的分布范围随电流强度的增大而变宽的趋势十分明显，如图 2-33 所示。其二，电流增大直接反映了等离子枪能量增大，也意味着等离子弧温度增高，容易造成低熔点元素的烧蚀。

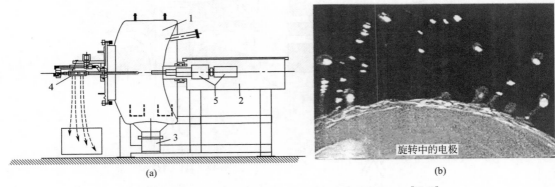

(a)   (b)

图 2-32　PREP 设备示意图（a）、液滴形成过程图（b）[48,49]

1—雾化室；2—电极系统；3—粉末收集罐；4—等离子枪；5—电机

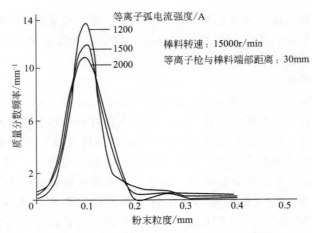

图 2-33　不同电流强度下粉末粒度分布[50]

根据实验结果，若热源是转移弧等离子枪，在保持电流与电压不变情况下，等离子有效功率与等离子体和棒材端部间距有关，并影响棒料端部熔池大小与形状。间距越小，等离子枪有效功率越大，熔池和熔化速率也随之增大，粉末粒径细化明显。但是间距的减小会加剧钨电极和喷嘴的损耗，部分熔化的材料会对粉末造成污染。

PREP 法制备粉末特点为：①粉末粒径分布窄，粒度更可控，球形度高。制备合金粉末粒度主要分布在 20～200μm 之间。②制得粉末基本不存在空心球和卫星球。③粉末陶瓷夹杂少、洁净度高。④粉末氧增量少，PREP 粉末氧增量可控制在 0.005％以下。

上述特点使得 PREP 法制备的粉末应用于 3D 打印具备以下优势：①粉末粒度分布窄，在打印过程中少球化、团聚现象，表面光洁度高，打印的一致性和均匀性可得到保障。②粉末球形度高，流动性好，铺粉均匀性好，松装密度高，打印制品致密度更高。③基本不含空心球，在打印过程中不会存在空心球带来的卷入性和析出性气孔、裂纹等缺陷。④粉末氧含量低，表面活性小，润湿性好，熔化效果好。以上优势保障了 3D 打印件具有较高的强度、塑性与持久性能，延长了 3D 打印件的寿命。PREP 制备钛合金粉末形貌图见图 2-34。

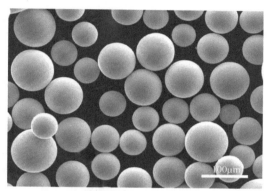

图 2-34　PREP 制备钛合金粉末形貌图

PREP 制粉技术的问题在于：受电极棒转速与工艺的限制，细粉收得率低，导致细粉生产成本较高。目前，通过动密封技术的应用，可使电极棒转速达到 30000r/min 以上，极大提升了设备制备细粉的水平。对于钛合金粉末，虽然 <45μm 的粉末收得率较低，但 45～100μm 的粉末收得率较高，可适用于 EBM 技术。通过工艺参数的合理匹配提高细粉收得率，同时通过静电去除夹杂技术进一步提升粉末的纯净度，对实现 PREP 粉末批量化生产具有重要意义。

（3）等离子熔丝雾化

等离子熔丝雾化（plasma atomization，PA）技术是利用等离子热源制备球形粉末的技术，由加拿大 Pegasus Refractory Materials 公司的 Peter G. Tsantrizos，　Francois Allaire，Majid Entezarian 等人[51,52] 于 1995 年发明。随后加拿大 AP&C 公司将等离子雾化技术商业化，由于其母公司 Arcam 被美国 GE 公司收购，因此目前等离子雾化技术所有权归美国 GE 公司。等离子雾化技术原理是将金属及其合金、陶瓷材料以丝材、棒料或液流的方式通入汇聚的等离子射流中心，在超音速等离子射流撞击下发生雾化，随后冷却凝固形成球形粉末。伴随着等离子枪技术的发展，等离子射流获得了更高的速度，雾化粉末的中位径由最初的 100～300μm 降低为 30～60μm，使之适合于激光和电子束增材制造工艺。

AP&C 公司丝材等离子射流雾化技术原理如图 2-35 所示，首先将丝材校直后送入三束汇聚的等离子射流中心，在高熔的等离子射流加热条件下，丝材端部发生熔化，熔融液体在汇聚的超音速等离子射流撞击下发生雾化，破碎液滴在表面张力作用下发生球化，随后在飞出等离子射流后冷却凝固形成高球形粉末。三个非转移弧等离子枪按照与垂直方向成 30°均匀排列，等离子枪的功率一般为 20～40kW，氩气的流量一般为 100～120L/min。

PA 技术采用超音速等离子气体雾化粉末，相较于 VIGA 和 EIGA 工艺，耗气量非常低，粉末空心缺陷得到较大改善；另外破碎雾化液滴在飞出等离子射流前有足够时间球化，因此等离子雾化粉末具有和 PREP 工艺和射频等离子球化（radio frequency plasma spheroidization，RF-PS）工艺制备的粉末相当的球形度，故粉末具有较好的流动性；再者，等离子射流具有极高的温度，覆盖所有的金属及其

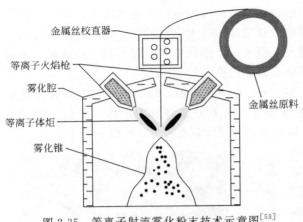

图 2-35　等离子射流雾化粉末技术示意图[53]

合金熔点范围，因此等离子雾化技术几乎可以制备所有能拉成丝材的金属及其合金材料。

① 活泼类金属及其合金粉末　由于等离子雾化技术采用丝材作为原材料，粉末制备过程中不使用坩埚，避免了在熔炼过程中坩埚的污染，因此可以像 EIGA、PREP 和 RFPS 工艺一样制备高纯粉末。加拿大 AP&C 公司制备的钛合金 Ti-6Al-4V 粉末形貌如图 2-36 所示，粉末有高球形度、高流动性和低氧含量（低至 0.07%），占据全球高端钛合金粉末在航空航天及医疗应用领域 80% 份额。

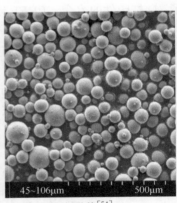

图 2-36　加拿大 AP&C 公司等离子雾化技术制备的 Ti-6Al-4V 合金粉末形貌[54]

② 高温合金粉末　高温合金是指在 650℃ 以上和一定应力条件下长期工作的高温金属材料，具有优异的高温强度、良好的抗氧化和抗热及燃气腐蚀性能、良好的抗高温疲劳性能和断裂韧性等综合性能。随着工业的高速发展，高温合金在各个领域中展现了良好的应用前景，比如制造燃气涡轮发动机的涡轮叶片、导向叶片、涡轮盘、高压压气机盘和燃烧室等高温部件。镍基高温合金材料的制备工艺主要有 VIGA、EIGA 和 PREP 等，VIGA 和 EIGA 工艺制备的高温合金粉末含有较多卫星球，PREP 工艺制备的高球形粉末，不含空心粉，但粉末在细粒径区间收得率较低。加拿大 AP&C 公司的 PA 技术为制备高品质的镍基高温合金粉末材料提供了新的选择，然而需要指出的是，PA 技术的生产效率低于其他几种工艺。

③ 难熔金属及其合金粉末 由于等离子射流的温度高达上万度，因此可以高效地熔化高熔点金属及其合金，如 W、Ta 金属及其合金材料，实现高球形度 W、Ta 粉末的制备。

④ 稀贵金属粉末 稀贵金属 Au、Ag 粉末通常采用化学反应进行制备，如银粉是通过化学还原硝酸银进行制备，金粉末通过锌粉、铁粉等还原氯金酸进行制备，制备的粉末形貌不规则，且细粉容易团聚。采用丝材等离子雾化技术可以实现稀贵金属粉末的制备，满足 3D 打印工艺对粉末粒径和流动性的要求。

⑤ 改性高强铝合金粉末 铝合金材料以其优异的性能在航空、航天、汽车、机械制造、船舶及化学工业等领域获得广泛应用，但是 3D 打印高强铝合金材料仍然存在困难，尤其针对 6 系和 7 系的铝合金，打印制品中含有较多的凝固裂纹，这主要是由于微型熔池在快速凝固过程中熔融铝合金未能补缩粗大枝晶间的间隙，并在凝固后期在拉应力的作用下形成裂纹。如果能将凝固组织优化为等轴晶组织，那么可以极大抑制枝晶裂纹的产生。将高强铝合金丝材校直后送入到三束汇聚等离子射流的中心，同时将 $TiCl_4$ 和 CH_4 混合气体通入等离子射流中，发生化学反应合成碳化物 TiC[$TiCl_4(g)+CH_4(g)\longrightarrow TiC(s)+4HCl(g)$]，那么生成的纳米 TiC 就会在雾化破碎的高强铝合金液滴表面形核生长，冷却凝固后形成陶瓷颗粒相分布相对均匀的复合粉末；同样可以将碳化物 SiC 加入高强铝合金粉末中［$SiCl_4(g)+CH_4(g)\longrightarrow SiC(s)+4HCl(g)$，$CH_3SiCl_3(g)\longrightarrow SiC(s)+3HCl(g)$］，从而实现丝材熔化、雾化破碎和碳化物陶瓷相形核剂的化学合成及同步添加。

AP&C 公司采用等离子雾化技术制备的钛及钛合金粉末以其优异的性能在航空航天和医学领域获得广泛应用。因此，基于等离子雾化技术及装备具有重要的潜在研发价值与市场应用前景，我国亟待自主研发丝材低压等离子雾化装备，打破国外垄断，解决阻碍增材制造技术发展的"卡脖子"装备及材料，从而提升及推动增材制造行业技术水平及市场竞争力。

（4）射频等离子球化

射频等离子球化技术是利用射频等离子体的高温特性把送入到等离子体中的不规则形状粉末颗粒迅速加热熔化，熔融的颗粒在表面张力和极高的温度梯度共同作用下迅速凝固而形成球形粉体。球形粉末具有纯度高、粒径分布均匀、流动性好、空心粉少等优点。射频等离子球化过程如图 2-37 所示。

射频等离子体具有温度高（约 10^4K）、等离子体炬体积大、能量密度高、无电极污染、传热和冷却速度快等优点，是制备组分均匀、球形度高、流动性好的高品质球形粉

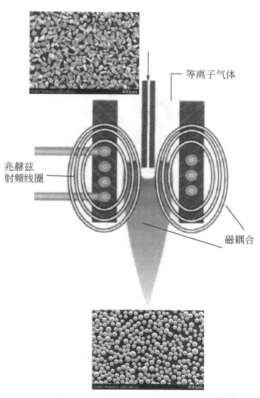

图 2-37 射频等离子球化过程示意图[55]

末的良好途径，尤其在制备稀有难熔金属、氧化物、氮化物、碳化物等球形粉末方面优势明显，如 W、Mo、Ta、Nb、WC、TiN、ZrO_2 等。射频等离子球化制粉设备一般包括等离子发生装置、球化反应系统、水冷却及气体循环系统、控制系统等，设备构造非常复杂。加拿大 TEKNA 公司是全球顶尖的等离子研究与球化设备制造单位，应用等离子体技术已实现 W、Mo、Re、Ta、Ni、Cu 等金属粉末和 SiO_2、ZrO_2、YSZ、Al_2O_3 等氧化物陶瓷粉末的球化处理。国内北京科技大学、核工业西南物理研究院、中国科学院过程工程研究所等科研机构自行研发组装等离子设备，但所组装的设备自动化程度较低、安全隐患大、生产效率低、可持续稳定运行时间短，难以规模化工业生产，因此目前国内以引进加拿大 TEKNA 公司的设备开展相关领域的研究和生产为主。

原料在射频等离子体高温作用下容易发生物理和化学变化：低熔点或低沸点的金属在等离子球化过程中，难免发生不可控的蒸发、气化，制备的球形粉末表面存在大量由于蒸发、凝固得到的纳米或亚微米级超细粉体，后续收集、清洗、分级工序较为繁琐、困难，造成粉末收得率较低；对于成分敏感的原料，例如铸造碳化钨，等离子体作用下存在碳元素流失问题。另外，等离子球化以不规则粉末为原料，原料粉体粒度过细（$<10\mu m$）易造成流动性差、团聚严重等问题，操作过程中送粉困难，球化无法顺利进行。制备过程中需根据原料粉体特性，通过调控送粉速率、载气流量、等离子体功率等工艺参数以实现粉体的充分球化。

随着送粉速率增加，单位时间内通过等离子体的粉末增多，使粉末完全球化所需要的能量也增加，而系统在固定的工艺条件下所能提供的能量为有限的定值，不能满足过多粉末的吸热、熔化和球化的需要，致使粉末的球化率降低。另外，提高送粉速率，使粉末在等离子体炬中的运动轨迹变得混乱，部分颗粒未能穿过高温区也会造成球化率降低。不同送粉速率下球化钽粉形貌如图 2-38 所示。

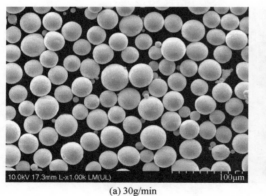

(a) 30g/min   (b) 60g/min

图 2-38　不同送粉速率下球化钽粉形貌

载气流量直接影响粉末射入等离子体高温区的速度和粉体分散状态，进而决定了颗粒在等离子体内的滞留时间、运动轨迹与分散状况。载气流量过大，粉末进入等离子体炬的速度就会过大，粉末在等离子体炬滞留的时间缩短，会导致最终球化效果降低。同时，载气量过大时，粉末的分散状态变差，存在颗粒彼此碰撞而导致颗粒黏结，也会导致粉末的球化率下降。不同载气流量下球化铸造碳化钨粉形貌如图 2-39 所示。

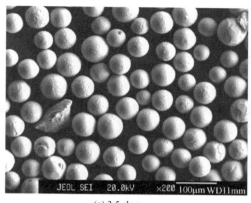
(a) 3.5 slpm

(b) 7.5 slpm

图 2-39　不同载气流量下球化铸造碳化钨粉形貌

$1slpm = 0.06m^3/h$

　　此外，适中的射频等离子体功率，对等离子体球化的效果也十分重要。在球化过程中功率过低时，粉末不能得到足够的能量以使之完全球化；功率过高时，粉末会发生过烧结与蒸发损失现象，同样导致球化率较低。另外等离子球化效果与粉末的粒度及分布也息息相关，这是因为粉末的熔化温度与其粒径有关，原始粒度越细，比表面积越大，熔化温度越低，越容易被蒸发；粉末原始粒度越细，粉末之间的范德华力越强，易以团聚状态存在，导致最终的球化率下降；而粒度分布不均匀时，在穿越等离子体炬时，受热及熔化程度不均匀，使粒径较细的粉末易出现蒸发，最后会导致颗粒的增大。

　　目前，针对射频等离子球化制粉技术的研究主要集中在球化工艺参数的优化方面，而对射频等离子体温度场、速度场、流场等特性对工艺参数和球化过程影响机理缺乏了解。近年来，随着计算机数据处理能力与数值模拟技术的快速提高，有限元等分析软件日趋完善，北京科技大学、西南核物理研究院等单位越来越多地借助数值模拟的方法来认识、分析并解决射频等离子球化的实际问题[53]。等离子体流场、温度场特征，粉体粒度及工艺参数等是影响等离子体球化的主要因素，借助数值模拟的方法，可避免实际球化过程监测困难、成本高、产品开发周期长等问题。北京科技大学曲选辉团队将射频等离子体视为磁流体（MHD），利用 FLUENT 有限元流体分析软件研究了等离子体的传热与流动，计算了流场、温度场和速度场，利用 DPM 离散相模拟研究颗粒在等离子体中的运动轨迹，并根据颗粒运动轨迹对收粉率等问题进行了探讨。

　　射频等离子球化的数值模拟涉及几何建模、网格划分、基本假设、湍流与层流判断、控制方程选择、边界条件与求解器设置以及计算分析等方面。其中基本假设一般为：

① 等离子体发生器完全满足轴对称结构；

② 发生器内部等离子体处于局部热力学平衡（LTE）状态；

③ 等离子体炬区为纯氩气等离子体；

④ 等离子体炬为光学薄的，即辐射的重新吸收和总的辐射损失相比可以忽略不计；

⑤ 等离子体射流是不可压缩状态的流体；

⑥ 等离子体在炬内的流动属于定常、湍流运动等。

对于流体流动状态通常用雷诺数 Re 来判定。当 Re 小于 2300 时，管流为层流，大于 3000 时为湍流。

$$Re = \frac{\rho \nu d}{\mu} \tag{2-2}$$

式中，ρ 为流体密度；ν 为平均流速；d 为流道截面特征尺寸；μ 为流体黏度系数。

整个等离子体系统可视为由电磁场、温度场和流场三部分构成，流过感应线圈变化的电流产生振荡磁场，进而诱发感应电场，电离气体的焦耳热效应形成温度场，射频等离子体炬内气流速度分布用流场来描述，它由入口速度、上下压力差、管壁约束以及气体黏性等因素决定。其控制方程包括电磁场方程和流体力学方程：

① 电磁场方程（麦克斯韦方程组）

$$\nabla \cdot E = \frac{\rho}{\mu_0}$$

$$\nabla \cdot B = 0$$

$$\nabla \cdot E = -\frac{\partial B}{\partial t}$$

$$\nabla \cdot B = \mu_0 \varepsilon_0 \frac{\partial B}{\partial t} + \mu_0 (J_c + J_i)$$

式中，E 为电场强度；B 为磁感应强度；μ_0 为自由空间的磁导率；ε_0 为自由空间的介电常数；J_c 为线圈电流密度；J_i 为感应等离子体的电流密度。

② 流体力学方程

$$\frac{\partial(\rho u)}{\partial x} + \frac{1}{r}\frac{\partial(\rho r v)}{\partial x} = 0$$

$$\rho u \frac{\partial u}{\partial x} + \rho v \frac{\partial u}{\partial r} = -\frac{\partial p}{\partial x} + 2\frac{\partial}{\partial x}\left(\mu \frac{\partial u}{\partial x}\right) + \frac{1}{r}\frac{\partial}{\partial r}\left[\mu r \left(\frac{\partial u}{\partial r} + \frac{\partial v}{\partial x}\right)\right] + F_x$$

$$\rho u \frac{\partial v}{\partial x} + \rho v \frac{\partial v}{\partial r} = -\frac{\partial p}{\partial r} + \frac{2}{r}\frac{\partial}{\partial r}\left(\mu \frac{\partial u}{\partial r}\right) + \frac{\partial}{\partial x}\left[\mu\left(\frac{\partial u}{\partial r} + \frac{\partial v}{\partial x}\right)\right] + F_r$$

$$\rho u \frac{\partial h}{\partial x} + \rho v \frac{\partial h}{\partial r} = \frac{\partial}{\partial x}\left(\frac{\lambda}{C_p}\frac{\partial h}{\partial x}\right) + \frac{1}{r}\frac{\partial}{\partial r}\left[r\frac{\lambda}{C_p}\frac{\partial u}{\partial r}\right] + Q_J - Q_R$$

式中，u 为轴向速度分量；v 为径向速度分量；ρ 为密度；μ 为黏度系数；λ 为热导率；C_p 为比热容；h 为焓；p 为压力；Q_J 为单位体积内的焦耳热；Q_R 为单位体积内辐射热；F_x 为洛伦兹力轴向分量；F_r 为洛伦兹力径向分量。

北京科技大学王建军[56] 采用数值模拟分析了射频等离子体发生器的温度场。模拟发现：等离子体炬最高温度可达 10100K，为难熔金属及化合物粉体、陶瓷粉末的球化提供足够的能量保障；等离子体炬具有较大的温度梯度，等离子体球化过程中送粉枪需选择合适的插入位置，方可保证原料粉末能经过高温区，充分吸热熔融；另外，温度在等离子体炬石英管壁附近降低得很快，有利于延长石英管的使用寿命。

（5）其他技术方法：丝材电爆技术

当圆柱形金属导线中通过高电流密度（$> 10^5 \mathrm{A/cm^2}$）的脉冲电流时，会发生电爆炸，此时金属导线被加热到熔点，熔化后爆炸，这个过程伴随闪光、金属颗粒的飞溅及导线周围气体的冲击波。通过精确控制能量的输入，可以产生不同尺寸分布的金属颗粒。不同尺寸金属颗粒产生的机理并不相同，纳米级的颗粒主要是由类气相冷凝形成，亚微米和微米级的颗粒主要由熔融金属液相——类液相聚集形成。两种机理形成的颗粒在表面张力的作用下，最终都呈球形。丝材电爆设备以及制备的 $5\sim25\mu m$ 钨粉如图 2-40 所示。

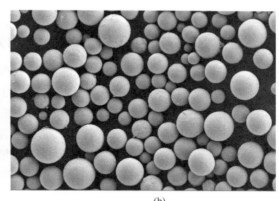

(a)　　　　　　　　　　　　　　　　(b)

图 2-40　丝材电爆设备（a）以及制备的 $5\sim25\mu m$ 钨粉（b）

在制备微米粉的过程中，金属丝在脉冲电流作用下大部分瞬间被雾化成液滴，这些液滴经工作气体冷却，迅速凝结为球形金属颗粒。在整个过程中，物料多数时间处于常温状态，仅雾化到冷凝的过程处于高温状态（约毫秒）。在接触到容器壁之前，粉末已完全冷却到室温。在成形过程中，粉末不接触任何容器，避免了污染。

与其他制备技术相比，丝材电爆技术具有以下的特点：①丝材电爆技术能耗低，不需要长期维持高温；②以金属丝材作为原材料，有利于一些指标的控制，以氧含量为例，目前各种金属丝（包括难熔金属）的氧含量能降低到相当低的水平（小于 0.015%），因此在制粉过程中，采用低氧的金属丝，控制好工作气氛，就能够制备出氧含量很低的金属粉末；③粒径分布容易控制，不同的能量输入，可获得不同粒径分布的粉末，尤其适合制备 $0\sim1\mu m$、$1\sim10\mu m$ 的球形难熔金属粉末；④小批量试制容易实现，$100\sim200g$ 丝材即可制粉末；⑤粉体球形度好，无空心球、卫星球。同样该技术目前仍然存在一些限制：产能较低，单台设备 12h 的产能只有 5kg 左右，故适合于高密度难熔金属；在制备合金时，存在明显成分偏离，需要调整原材料的成分。

（6）金属粉末的后处理技术

3D打印用金属粉末后处理技术主要包括以下步骤。

① 粉末初级筛分　初级筛分处理设备常选用超声波振动筛，配套 60 目、100 目、150 目、270 目筛网。采用 60 目筛网去粗，采用 100 目和 270 目筛网进行分级处理。在 270 目筛分过程中为防止粉末颗粒堵塞筛网，需结合超声波筛分系统对粉末分级处理，以提高筛分效率和质量。

② 粉末精细分级　粉末精细分级采用设备为精细气流筛分机，依据气体动力学原理对粉末进行精准分级。通常用来处理 $53\mu m$ 以下粉末，可精确分级成 $0\sim15\mu m$ 和 $15\sim53\mu m$ 两个粒度范围。其他粒度范围也可根据调整设备频率及送料参数获得。

③ 粉末烘干处理　粉末水分含量对金属粉增氧及流动性有重要影响，使用前需采用

一定手段对粉末进行烘干处理。

④ 粉末储存防护　由于粉末比表面积较大，极易吸附空气中的水分，对粉末质量造成不利影响。因此，粉末在处理过程中，应采用气体保护，并密切关注环境温湿度。粉末储存时，应采用真空塑封或氩气保护包装，并密封存放于干燥通风处，防止粉末氧氮含量发生变化。

2.2.2　金属 3D 打印用粉末制备技术国内外发展现状

金属 3D 打印技术的飞速发展极大地刺激了高品质金属粉末的市场需求。根据"Wohlers Report 2018"[57]，金属 3D 打印设备 2017 年销量为 1768 台/套，较 2016 年的 983 台/套增长了约 80%。而专用金属粉末的市场增长率也超过 30%，其中 2017 较 2016 年增长了 50%。良好的市场前景使 3D 打印金属粉末制备技术也备受瞩目。全球目前主要的 3D 打印用球形金属粉末供应商、技术类型以及产能情况如表 2-3 所示。据估计，全球的金属球形粉末产能大于 4 万吨，主要用于热等静压、喷涂等传统粉末冶金行业。

表 2-3　全球金属粉末的主要生产企业及其产能情况

材料种类	代表企业	制备技术	产能/(t/a)
钛合金	AP&C(加拿大)	等离子雾化	>750
	TLS(德国)	气雾化	>1000
	AMA(美国)	气雾化、等离子雾化	>300
	住友(日本)	气雾化、等离子旋转电极雾化	>600
	中航迈特	气雾化	>600
	西北有色金属研究院	等离子旋转电极雾化	>500
铁合金	Höganäs(瑞典)	气雾化	>5000
	Sandvik Ospry(瑞典)	气雾化	>5000
	爱普生 Atmix(日本)	气雾化	>3000
	北京安泰科技	气雾化	>1000
镍合金	Carpenter(美国)	气雾化	>1000
	住友(日本)	气雾化	>1200
	Sandvik Ospry(瑞典)	气雾化	>2000
	Erasteel(法国)	气雾化	>1000
铝合金	铝业(美国)	气雾化	>7000
	ECKA(德国)	气雾化	>2000
	LPW(英国)	气雾化	>5000
	湖南金天	气雾化	>8000

(1) 气雾化制备技术现状

气雾化技术是 3D 打印球形粉末制备使用最为广泛的技术。代表性的国外工业级气雾化装备生产厂家有英国的 PSI 公司和德国 ALD 公司，其雾化装备适用于 3D 打印粉末，特别是航空航天用的钛合金、镍基高温合金制备。其关键技术除了前文描述的气雾化机理与气体喷嘴以外，还包括对金属原料棒材熔炼过程的控制。以 ALD 公司 EIGA 技术为例，为保证

熔融液流的稳定性，感应线圈的实时功率与棒材熔融温度必须严格耦合，这需要大量的模拟计算与实验研究。

气雾化粉末虽然有产量大、成本相对低等优势，但是粉末由于存在卫星球和空心球等缺陷，对 3D 打印过程和制件性能影响较大，因此国外掌握核心技术的公司致力于气雾化技术的新发展，以适应金属 3D 打印产业的发展需求。例如美国 Ames 实验室 Iowa Powder At-omization Technologies 公司改进气雾化喷嘴和工艺，将气雾化粉末细粉（<45μm）收得率从 40％提高到 60％，极大提高了钛合金的生产效率，降低了生产成本。该公司于 2016 年被美国 PRAXAIR 公司收购，准备实现产业化生产。此外，德国 Nanoval 公司通过对喷嘴结构的设计，实现雾化气体的层流运动，利用剪切力作用得到的雾化粉体空心率、卫星球大幅降低和减少，制备粉末中位径在 30μm 以下，但该技术目前的产量不大，仍有待进一步改进。

我国在气雾化技术方面起步较晚，国内相关研究单位如中南大学、中科院沈阳金属所、北京航空材料研究院、钢铁研究总院等通过引进国外先进制粉设备，逐渐掌握了气雾化制粉技术。根据不完全统计，国内进口气雾化装置超过 50 台。自制气雾化设备技术上不适宜 3D 打印粉末的批量化稳定生产，因此近年来，中航迈特等国内企业在引进吸收的基础上，研发出 VIGA 和 EIGA 等制粉设备。西北有色金属研究院也在开展水冷铜坩埚真空气雾化技术（VIGA-CC）和装备的研发。总体而言，我国在气雾化制备技术方面与国外存在较大差距，粉末制备过程中稳定性较差，无法实现规模化生产。

（2）等离子旋转电极雾化

等离子旋转电极雾化技术在 20 世纪 70 年代由美国 Nuclear 公司发明，此后苏联将该技术应用于制备航空用镍基高温合金粉末盘的生产。国内西北有色金属研究院和郑州机械研究所均自制研发了 PREP 设备，特别是西北有色金属研究院自 20 世纪 80 年代开始，至今已经发展了三代装备，电极转速大于 18000r/min，制备的钛合金粉已经批量应用于定向能量沉积 3D 打印技术。目前，其下属的西安赛隆公司正在研发新一代超高转速装备，以满足粉床 3D 打印技术的需求。目前国内装备有 20 余台 PREP 设备，主要从事满足航空航天等高端需求的钛合金、镍基高温合金、钴铬合金的生产。

（3）等离子雾化技术

国际上，加拿大 AP&C 公司拥有垄断技术，其生产的球形钛合金粉末供应全球 50％以上的粉末床 3D 打印设备。其母公司 Arcam 于 2017 年被 GE 收购。然而该公司不出售等离子雾化设备，国内此方面研究尚属空白。最新动态表明，加拿大 PyroGenesis 公司在 2017 年宣布取得了等离子雾化技术的专利授权，并投资建立 3D 打印专用钛合金粉末生产线。

（4）射频等离子球化

加拿大 TEKNA 公司是该技术的代表性企业，他们在开发出工业级球化设备的基础上，实现了各种难熔金属的球化处理。国内目前有 30 余台等离子球化设备，其中绝大部分进口自 TEKNA 公司。国内研究机构，如中科院过程工程研究所、西南物理研究院、北京科技大学等单位开发了自主的等离子球化设备，但是其稳定性和实用化较国外设备存在一定差距，没有实现商业化。

综上所述，金属 3D 打印用粉末制备技术仍有很大的发展空间，需要加强粉末制备技术的基础研究。例如气雾化机理涉及气体动力学、气液两相流场耦合等多学科交叉；等离子体技术也需要等离子物理、等离子流体力学的共同支撑，只有突破了装备背后的原理机理，才能实现高端制粉技术的全面突破。

2.3 金属 3D 打印用粉末发展趋势及建议

目前，全球工业级金属 3D 打印装备累积装机量为 5743 台，其中 90％以上的装备采用金属粉末作为原料。随着 3D 打印技术的发展，金属粉末原料市场潜力巨大，国际知名企业纷纷积极布局 3D 打印金属粉末市场。金属 3D 打印用粉末发展呈现以下发展趋势：

① 具有明确 3D 打印应用需求的公司，积极整合上游产业链，将 3D 打印金属粉末纳入其整体解决方案。例如 GE 公司，2017 年收购了 Concept Laser 和 Arcam 公司，后者拥有的粉末制造商 AP&C 更是占据 50％以上的粉末床 3D 打印钛合金市场。GE 公司因而拥有了全球最完整的金属 3D 打印产业链，从而形成材料-设备-工艺的整体方案，并努力拓展新应用领域。

② 3D 打印金属粉末生产企业通过高质量、高效率、低成本的粉末制备技术的研发，在市场上争取有利地位。例如英国 Metalysis 公司开发的金红石（TiO_2）熔盐电解技术，有望使定向能量沉积（DED）用钛合金粉末价格降至原来的 1/30；2015 年成立的加拿大 Equispheres 公司，通过其专利技术的新型雾化器，改善气雾化粉末的质量和粒度分布，制备出流动性能优异的 3D 打印金属粉末。该公司 2016 年获得洛克希德马丁公司 500 万美元投资。

③ 3D 打印金属粉末供应商对粉末性能进行优化，针对不同厂商的 3D 打印装备进行了粉体性能适用性研究，提供系列针对性的合金产品和金属粉末解决方案。以德国 Scheftner 公司为例，该公司发布的 Co-Cr 齿科系列材料，分别对应 EOS、Concept Laser 和 SLM Solution 的 3D 打印装备；英国 LPW 公司通过建立金属粉体特性分析数据库对其粉末产品进行生命周期管理，对粉体存储、运输、使用过程以及回收利用全过程粉末特性变化进行管理，并根据用户的 3D 打印设备的不同提供整体解决方案。

国内大部分企业和研究机构仍处于从传统的粉末冶金行业转向 3D 打印金属球形粉末行业的起步研发阶段，存在以下突出问题：

① 国内相关企业和研究机构尚缺乏对 3D 打印产业链的整合能力，粉末制备与 3D 打印应用研究脱节。

② 在制粉装备和技术方面，进口装备的技术与部件仍然依赖进口，导致生产成本居高不下。而国产制粉装备制备的金属粉末存在的主要问题集中在产品质量和批次稳定性等方面，包括：粉末成分的稳定性（夹杂数量、成分均匀性），粉末物理性能的稳定性（粒度分

布、粉末形貌、流动性、松装比等），成品率问题（细粉收得率）等。

③ 国内 3D 打印技术研究存在重工艺、轻材料的问题。粉末性能对 3D 打印工艺的适用性研究缺乏，使得企业无法有针对性地形成粉末产品线，缺乏竞争力。

为抢占金属 3D 打印技术的制高点，结合国际 3D 打印金属粉末的发展趋势，针对国内存在的问题，提出以下发展建议：

① 建立装备-材料-工艺协同发展机制，构建适用国产 3D 打印装备和技术的粉末原料体系，建立金属 3D 打印粉末的国家标准。

② 加快发展具有自主知识产权的高端制粉装备和技术，重点攻克高品质细粒径金属粉末低成本规模化制备技术。

③ 大力支持粉末性能-打印工艺-制件质量的系统研究，掌握 3D 打印金属粉末性能的调控规律。

参考文献

［1］ Gu D D, Meiners W, Wissenbach K, et al. Laser additive manufacturing of metallic components: materials, processes and mechanisms [J]. International Materials Reviews, 2012, 57 (3): 133-164.

［2］ U. S. Department of Energy. [2015] Quadrennial Technology Review, Chapter 6: Additive Manufacturing.

［3］ Royal Academy of Engineering. [2013] Additive manufacturing: Opportunities and constraints.

［4］ Olakanmi E O. Effect of mixing time on the bed density, and microstructure of selective laser sintered aluminium powders [J]. Materials Research, 2012, 15 (2): 167-176.

［5］ 2017 年 9 月颗粒测试与表征技术培训. Insearch Technology Inc, 2017.

［6］ Sames W J, List F A, Pannala S, et al. The metallurgy and processing science of metal additive manufacturing [J]. International Materials Reviews, 2016, 61 (5): 1-46.

［7］ Li R, Shi Y, Wang Z, et al. Densification behavior of gas and water atomized 316L stainless steel powder during selective laser melting [J]. Applied Surface Science, 2010, 256 (13): 4350-4356.

［8］ Irrinki H, Dexter M, Barmore B, et al. Effects of Powder Attributes and Laser Powder Bed Fusion (L-PBF) Process Conditions on the Densification and Mechanical Properties of 17-4PH Stainless Steel [J]. JOM, 2016, 68: 860-868.

［9］ Ahsan M N, Pinkerton A J, Moat R J, et al. A comparative study of laser direct metal deposition characteristics using gas and plasma-atomized Ti-6Al-4V powders [J]. Materials Science & Engineering A, 2011, 528 (25-26): 7648-7657.

［10］ Strondl A, Lyckfeldt, Brodin H, et al. Characterization and Control of Powder Properties for Additive Manufacturing [J]. JOM, 2015, 67 (3): 549-554.

［11］ Sun Y Y, Gulizia S, Oh C H, et al. Manipulation and Characterization of a Novel Titanium Powder Precursor for Additive Manufacturing Applications [J]. JOM, 2015, 67 (3): 564-572.

［12］ Gu Hengfeng, Gong Haijun, Dilipet J J S, et al. Effects of Powder Variation on the Microstructure and Tensile Strength of Ti6Al4V Parts Fabricated by Selective Laser Melting Solid Free Fabr. Proc, 2014: 470-483.

［13］ Spierings A B, Voegtlin M, Bauer T, et al. Powder flowability characterisation methodology for powder-bed-based metal additive manufacturing [J]. Progress in Additive Manufacturing, 2016, 1 (1-2): 9-20.

[14] Hausner H H . Friction condition in a mass of metal powder [J]. International Journal of Powder Metallurgy, 1967, 3 (3): 7-13.

[15] Wong C Y . Characterisation of the flowability of glass beads by bulk densities ratio [J]. Chemical Engineering Science, 2000, 55 (18): 3855-3859.

[16] http: //www. lpwtechnology. com/wp-content/uploads/2017/04/LPW-PowderLab-Karl-Fischer-moisture-analysis. pdf.

[17] Vluttert N. The absorption of moisture by metal powder in a humid environment and the effects on its composition [D]. University of Twente, 2016.

[18] Nguyen Q B, Nai M L S, Zhu Z, et al. Characteristics of inconel powders for powder-bed additive manufacturing [J]. Engineering, 2017, 3: 695-700.

[19] Liu Bochuan, Wildman Ricky, Tuck Christopher, et al. Investigation the effect of particle size distribution on processing parameters optimisation in selective laser melting process [J]. Solid Free Fabr Proc, 2011: 227-238.

[20] Karlsson J, Snis A, Engqvist H, et al. Characterization and comparison of materials produced by Electron Beam Melting (EBM) of two different Ti-6Al-4V powder fractions [J]. Journal of Materials Processing Technology, 2013, 213 (12): 2109-2118.

[21] Lee Y S, et al. Mesoscopic simulation of heat transfer and fluid flow in laser powder bed additive manufacturing [J]. Solid Free Fabr Proc, 2015: 1154-1165.

[22] Otto A, Schmidt M. Towards a universal numerical simulation model for laser material processing [J]. Physics Procedia, 2010, 5: 35-46.

[23] Boley C D, Khairallah S A, RubenchikA M. Calculation of laser absorption by metal powders in additive manufacturing [J]. Applied Optics, 2015, 54: 2477-2482.

[24] Gusarov A V, Laoui T, Froyen L, Titov V I. Contact thermal conductivity of a powder bedin selective laser sintering [J]. International Journal of Heat and Mass Transfer, 2003, 46: 1103-1109.

[25] Khairallah S A, Anderson A T, Rubenchik A, et al. Laser powder-bed fusion additive manufacturing: Physics of complex melt flow and formation mechanisms of pores, spatter, and denudation zones [J]. Acta Mater, 2016, 108: 36-45.

[26] Leung C L A, Marussi S, Atwood R C, et al. In situ X-ray imaging of defect and molten pooldynamics in laser additivemanufacturing [J]. Nature Communication, 2018, 9: 1355.

[27] Tapia G, Elwany A H, Sang H . Prediction of porosity in metal-based additive manufacturing using spatial Gaussian process models [J]. Additive Manufacturing, 2016, 12: 282-290.

[28] Spierings A B, Levy G. Comparison of density of stainless steel 316L parts produced with selective laser melting using different powder grades [J]. Solid Free Fabr Proc, 2015: 342-353.

[29] Tan J H, Wong W L E, Dalgarno K W . An Overview of powder granulometry on feedstock and part performance in the selective laser melting process [J]. Additive Manufacturing, 2017, 18: 228-255.

[30] Röttger A, Geenen K, Windmann M, et al. Comparison of microstructure and mechanical properties of 316L austenitic steel processed by selective laser melting with hot-isostatic pressed and cast material [J]. Materials Science and Engineering A, 2016, 678: 365-376.

[31] Kurz W, Giovanola B, Trivedi R . Theory of microstructural development during rapid solidification [J]. Acta Metallurgica, 1986, 34 (5): 823-830.

[32] Wang Y M, Voisin T, Mckeown J T, et al. Additively manufactured hierarchical stainless steels with high strength and ductility [J]. Nature Materials, 2017, 17 (1): 63-71.

［33］ Starr T，Rafi K，Stucker B，Scherzer C. Controlling phase composition in selective laser melted stainless steels ［J］. Proc Solid Free Fabr Symp，2012：439-446.

［34］ Simchi A . The role of particle size on the laser sintering of iron powder ［J］. Metallurgical &. Materials Transactions B，2004，35（5）：937-948.

［35］ Tang H P，Qian M，Liu N，et al. Effect of powder reuse times on additive manufacturing of Ti-6Al-4V by selective electron beam melting ［J］. JOM，2015，67（3）：555-563.

［36］ Averyanova M，Cicala E，Bertrand P，et al. Experimental design approach to optimize selective laser melting of martensitic 17-4PH powder：Part Ⅰ—single laser tracks and first layer ［J］. Rapid Prototyping Journal，2012，18（1）：28-37.

［37］ Olakanmi E O，Dalgarno K W，Cochrane R F . Laser sintering of blended Al-Si powders ［J］. Rapid Prototyping Journal，2012，18（2）：109-119.

［38］ Bourell D，Spierings A B，Herres N，et al. Influence of the particle size distribution on surface quality and mechanical properties in AM steel parts ［J］. Rapid Prototyping Journal，2011，17（3）：195-202.

［39］ Attar H，Prashanth K G，Zhang L C，et al. Effect of powder particle shape on the properties of in situ Ti-TiB composite materials ［J］. Journal of Materials Science and Technology，2015，31（10）：1001-1005.

［40］ Yan M，Xu W，Dargusch M S，et al. Review of effect of oxygen on room temperature ductility of titanium and titanium alloys ［J］. Powder Metallurgy，2014，57（4）：251-257.

［41］ Kruth J. Selective laser melting of iron-based powder ［J］. Journal of Materials Processing Technology，2004，149（1-3）：616-622.

［42］ 张玮，尚青亮，刘捷. 气体雾化法制备粉体方法概述 ［J］. 云南冶金，2018，47（6）：59-63.

［43］ 刘平，崔良，史金光. 增材制造专用金属粉末材料的制备工艺研究现状 ［J］. 浙江冶金，2018，4：3-6.

［44］ 郭士锐，姚建华，陈智君，等. 喷嘴结构对气雾化激光熔覆专用合金粉末的影响 ［J］. 材料工程，2013，7：50-60.

［45］ See J B，Runkle J C，King T B. The disintegration of liquid lead streams by nitrogen jets ［J］. Metallurgical Transactions，1973，4（11）：2669-2673.

［46］ Lasheras J C，Hopfinger E J. Liquid jet instability and atomization in a coaxial gas stream ［J］. Annual Review of Fluid Mechanics，2000，32（1）：275-308.

［47］ 叶珊珊，张佩聪，邱克辉. 气雾化制备 3D 打印用金属球形粉的关键技术与发展趋势 ［J］. 四川有色金属，2017，2：51-54.

［48］ Erwin W，Stephan F，Tarek E G. Rapid solidification electrode-processof steel droplets in the plasma-rotating ［J］. ISIJ International，1995，35：764-770.

［49］ Miller S A，Roberts P R. The Rotating electrode process ［J］. ASMandbook，1998，7：97-101.

［50］ 陶宇，冯涤，张义文，等. PREP 工艺参数对 FGH95 高温合金粉末特性的影响 ［J］. 钢铁研究学报，2003，15：46-50.

［51］ Method of production of metal and ceramic powders by plasma atomization：US 5707419，1998.

［52］ Eng M E M，Allaire F，Tsantrizos P，et al. Plasma atomization：A new process for the production of fine，spherical powders ［J］. JOM：the Journal of the Minerals，Metals &. Materials Society，1996，48（6）：53-55.

［53］ 廖先杰，赖奇，张树立. 球形钛及钛合金粉制备技术现状及展望 ［J］. 钢铁钒钛，2017，38（5）：1-5.

［54］ https：//www. ge. com/additive/additive-manufacturing/materials/apc/ti-6al-4v-5.

［55］ Boulos M. Plasma power can make better powder ［J］. Metal Powder Report，2004，59：16-21.

［56］ 王建军. 射频等离子体制备球形粉末及数值模拟的研究 ［D］. 北京：北京科技大学，2014.

［57］ 3D Printing and Additive Manufacturing State of the Industry Annual Worldwide Progress Report. Wohlers Report，2018.

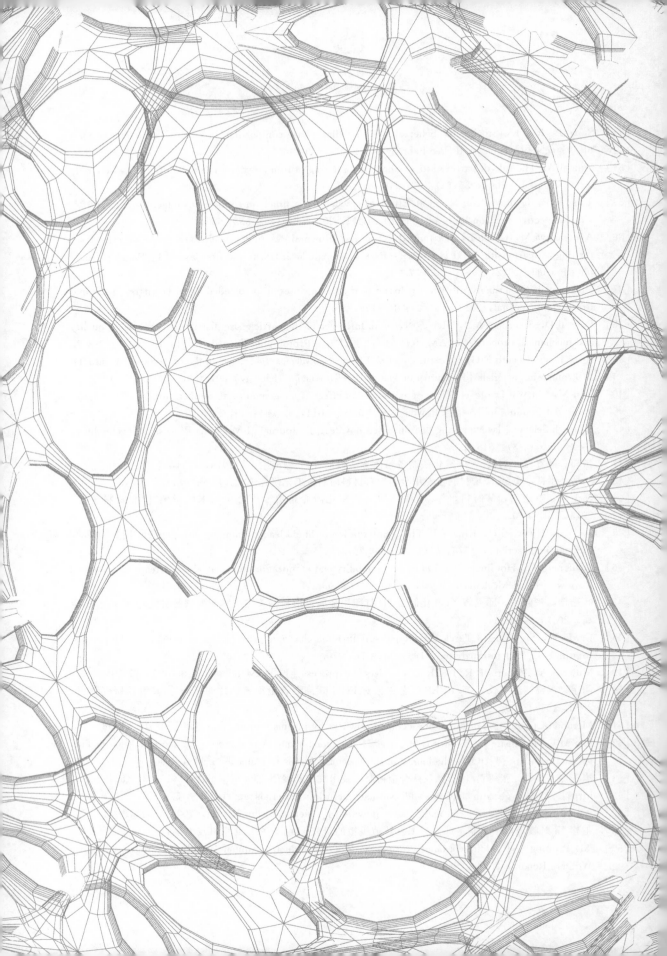

第 3 章
金属 3D 打印的基础科学问题

3.1 基础科学问题概述

3D打印是通过激光、电子束、电弧、等离子等能量源，对金属粉末、丝材进行逐点、逐线扫描，将粉末或丝材进行熔化后，逐线搭接、逐层凝固堆积，实现三维复杂零件的"近净成形"[1~4]。近年来，随着装备的快速发展，3D打印技术得到迅速发展，但总的来说，目前的焦点更多关注的是高端设备，而对于增材技术本身涉及的基础科学问题的研究与技术本身存在脱节，要实现3D打印技术的全面发展，需要全面系统地研究和掌握这些基础科学问题。根据3D打印技术目前的发展，其核心基础问题主要体现在以下几个方面：

① 3D打印是粉末、丝材等原材料在激光等能量源的极短的快速交互作用下产生的冶金行为，极速加热过程中的冶金行为与能源特性、原材料特性、加热环境等多因素之间存在交互作用，识别和探究原材料与能量源之间的作用机制，进而通过对改善原材料物理特性，选择匹配性较好的能量源，提高原材料对能量源的高效吸收，建立适合的3D打印方法，是加快3D打印技术发展的科学问题。

② 3D打印过程是原材料在极速加热/冷却过程的非平衡物理冶金和热物理过程，粉体-液相-固相转变过程中超高温度梯度，冶金机理与传统冶金行为既相通，又有其独特性，制造过程中多尺度、多因素、多形式热物理间耦合交互作用是影响3D打印最终性能的关键[5~10]。3D打印过程中移动微区熔池超常冶金机理及晶粒生长行为是非平衡物理冶金的重要体现，但介观尺度熔池演变过程很难通过实验方法进行实时监测，因此冶金行为的研究，将主要依赖于有限元仿真进行模拟，温度函数物理性质非线性变化及模型建立，熔池中复杂多变热毛细对流形式；复杂约束反复循环加热条件下材料层间冶金行为及内部质量演化是3D打印过程"材料物理冶金"和"材料热物理"等的重要研究内容，是切实解决"热应力控制和变形开裂预防"及构件"内部质量和力学性能控制"等长期制约高性能金属构件3D打印发展和应用"瓶颈难题"的基础。

③ 3D打印沉积态组织是逐层烧结凝固、非平衡冶金、重复加热及制造方式等多因素作用下的产物，3D打印方法决定了固态相组织的分布不均匀和微观组织分布不均匀，粗大柱状晶及晶内超细晶结构[5~10]，这些组织特征是决定制造后性能的关键。因此，建立3D打印沉积态固态相变行为及组织形成机理、层与层间的界面形成机理、内应力形成与消除机理是沉积态合金最终态组织调控方法的关键基础，也是构件3D打印宏/微观后处理控形、控性调控技术的关键。

④ 3D打印冶金缺陷和应力控制是结构件最终服役性能的关键，3D打印冶金缺陷的形成过程，是原材料极速熔化后的流动性、黏性等物理特性，微区熔池流动特性、润湿性以及凝固过程流体物理特性，冷却条件，二次重熔等多重因素耦合作用的结果[11~15]。研究和揭示缺陷的种类以及形成机理是控制3D打印后的缺陷并最终实现结构件性能控制的关键。目

前，针对 3D 打印后的缺陷检测方法及检测标准无法真实反映极端冶金状态下的缺陷种类及形式，更无法获得其缺陷形成机制，通过有限元仿真，发展高精度检测技术和实现在线和离线全方位检测，并建立系统的标准，是实现 3D 打印全面发展和应用的关键问题。

⑤ 3D 打印是实现复杂结构件，制造难度大、制造成本高等结构件快速精准制造的变革性技术，该技术的实现在冶金机理、微观组织、结构形式、缺陷形式等方面与传统的制造有着很大的差异，因此传统的标准及其评价方法已经无法适应新的产品的需求。依据 3D 打印技术的特征，探索综合性能评价方法，拓扑结构形式下的评价标准及评价方法是实现该技术工程化应用的关键核心问题。

3.2 能量源与原材料多元融合交互作用机制

3D 打印依靠吸收激光/电子束/电弧等能量源的能量，将金属粉末或丝材原材料熔化，逐层凝固堆积，实现金属构件的成形制造[1~14]。3D 打印过程中能量源/金属之间存在热/力等多场耦合交互作用（包括热源与金属粉末/丝材原材料、金属固体基底、熔池合金熔体及熔池上方气体或光致等离子体等的交互作用）。3D 打印成形过程的主要影响因素见图 3-1。金属粉末/丝材等的物理特性、能量源特性、作用环境等因素间的作用机理是 3D 打印工艺

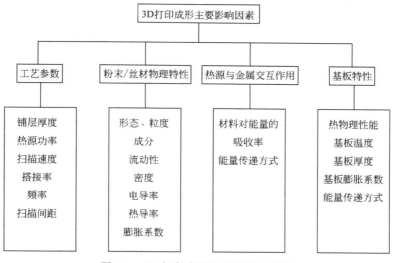

图 3-1 3D 打印成形的主要影响因素

参数确立的基本依据。通过研究找出热源与材料之间的作用机制才能有效实现对热源吸收率、吸收能量的有效利用率和金属构件 3D 打印效率的主动控制。

3.2.1　金属粉末/丝材对能量源的吸收行为

3D 打印的实现是能量源与金属粉末或金属直接作用产生的，能量源对金属的快速高效熔化，是 3D 打印的重要基础条件，金属材料对能量源的吸收率是多少、吸收的能量中多少用于熔化金属（有效能量）、多少消耗于构件本体的热传导（无效能量）等基本问题，是有效提高金属构件 3D 打印效率等的关键。能量源与金属相互作用包括复杂的微观量子过程，也包括所发生的宏观现象，如激光的反射、吸收、折射、衍射、偏振、光电效应、气体击穿等事实。粉末对激光的吸收率受耦合作用方式、传输深度、激光波长、粉末成分、粉末粒度、熔化过程等因素的影响[1~14]。上述基本问题也是激光表面修复、表面合金化等加工领域长期未明确回答的基本问题。3D 打印过程热源与粉末的匹配性至关重要，影响到粉末能否熔透，铺层厚度或送粉、送丝量等关键参数，同时直接影响成形后的零件质量。

3.2.2　粉末物理特性与 3D 打印的交互作用机制

粉末物理特性主要包括形貌、粒径、流动性、表面积等，流动性、表面积等与形貌和粒径有着直接的关系，因此，形貌和粒径分布是影响 3D 打印质量的关键因素。华中科技大学史玉升等人采用气雾化和水雾化制备了不锈钢粉末研究粉末形貌对增材的影响，结果表明，两种粉末粒径分布基本接近，但其颗粒形状存在较大差异，水雾化形貌不规则、球形度差、铺粉效果不佳，气雾化粉末球形度较好、铺粉效果好、成形质量好。北京工业大学张冬云[16] 发现，粉末粒度对 SLM 成形质量有直接影响，在一定范围内，粒度越小越有利于金属粉末的熔化成形，成形制件的致密度更高。在相同条件的激光光斑作用下，小粒度的粉末颗粒比表面积相对较大，更易于熔化，从而获得较高的致密度，但粒度太小的粉末（粒径小于 $10\mu m$）流动性差，不易于铺粉，易造成粉层厚度不一致，降低制件的成形质量。Izhar Abd Aziz[17]、P. A. Kobryn 等人[18,19] 采用了不同制粉方法，获得了不同粒径的粉末，并进行了 SLM 激光选区熔覆实验，结果表明，使用气雾化粉末获得的 3D 打印件的杨氏模量、屈服强度、抗拉强度和硬度等力学性能测试表明都好于传统 Ti-6Al-4V 材料。

金属粉末属于松散状物质，其性能综合反映了金属本身的性质和单个颗粒的性状及颗粒群的特性。一般将金属粉末的性能分为物理性能、化学性能和工艺性能。物理性能包括粉末的平均粒度和粒度分布，粉末的比表面和真密度，颗粒的形状、表面形貌和内部显微结构；化学性能是指金属含量和杂质含量；工艺性能是一种综合性能，包括粉末的流动性、松装密度、振实密度、压缩性等。

粉末的粒径直接影响 3D 打印过程中逐层的厚度，决定打印部件最小特征尺寸，研究表明[20~33]，粉末粒径越小，特征尺寸越小，表面粗糙度越低。此外粒度分布越宽，在 SLM 工艺中，更易获得高的松装密度、振实密度以及铺粉密度，从而使制件致密度更高，力学性

能更优异。

采用 SEBM 技术，Joakim Karlsson[20] 打印 Ti-6Al-4V 合金 $25\sim45\mu m$ 和 $45\sim100\mu m$ 两种粒径分布粉末的样件，通过对比发现样件在化学成分、宏观和微观组织以及力学性能上存在的差异不大，粉末粒径分布对其影响不明显，仅在表面粗糙度上存在差别。这是因为相比较粉末床激光 3D 打印，SEBM 电子束功率较大，即使较大的颗粒也可以熔融充分，从而降低了打印过程对粉末粒径分布参数的敏感性。

（1）粉末微观形貌对 3D 打印过程的影响

粉末物理特性的影响，首先体现在粉末的微观形貌上。北京工业大学张冬云[16] 等人采用气雾化和水雾化制备了不锈钢粉末，结果表明，两种粉末粒径分布基本接近，但其颗粒形状存在较大差异。图 3-2 是两种不锈钢粉末的微观形貌，水雾化的颗粒呈不规则形状，气雾化粉末颗粒为较规则的球形。粉末颗粒形状会影响粉末的流动性，进而影响铺粉的均匀性。结果表明在相同工艺参数下，粉末颗粒形状直接影响着选择性激光熔化成形制件的致密度和表面质量，球形颗粒粉末相对不规则颗粒粉末，更适合选择性 3D 打印成形。

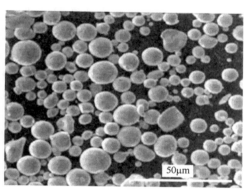

(a) 水雾化　　　　　　　　　　　　　　　　　(b) 气雾化

图 3-2　两种不锈钢粉末的微观形貌

（2）金属粉末粒度组成对 3D 打印的影响

粉末的粒径以及粒径分布是影响 3D 打印工艺方法和参数的又一重要物理特性。美国 Waikato 大学 Izhar Abd Aziz[17]、日本大阪大学 Abe F 等人[21] 采用了不同的制粉方法，获得了不同粒径的粉末，并进行了 SLM 激光选区熔覆实验，结果表明，气雾化获得粉末 3D 打印后的杨氏模量、屈服强度、抗拉强度和硬度等力学性能测试表明都好于传统 Ti-6Al-4V 材料。国内，北京工业大学张冬云、史玉升等人[16,22~25] 研究结果表明，粉末粒度对 SLM 成形质量有直接影响。在一定范围内，粒度越小更有利于金属粉末的熔化成形，成形制件的致密度更高。在相同条件的激光光斑作用下，小粒度的粉末颗粒比表面积相对较大的更易于熔化，从而获得较高的致密度。但粒度太小（粒径小于 $10\mu m$），粉末流动性差，不易于铺粉，易造成粉层厚度不一致，降低制件的成形质量。

（3）粉末的流动性对打印性能的影响

粉末的流动性、密度等参数是粉末材料的工艺性能，由金属粉末的物理性能直接决定，即粉末的粒度分布、形貌以及表面质量决定了粉末流动性、松装密度和振实密度等参数。松装密度是指粉末试样自然地充填规定的容器时，单位容积内粉末的质量；振实密度是指在振动或敲击下，粉末紧密填充规定的容器后所得的密度。通常情况下，豪斯纳比率（Hausner Ratio，松装密度/振实密度比值）越小，粉末流动性越好[26~33]。此外，材料本身的内在性能，如内摩擦系数，也会影响粉末流动性。以 SLM 打印技术为例，形貌好、球形度高的粉末流动性好，粉末床上的铺粉密度（powder bed density）越高，制件的致密性越高[33~37]。也有研究表明粉末的流动性对铺粉密度的影响并不显著，来自不同生产商的 3D 打印 TC4 粉末的粉末休止角差异较大，但是在打印过程中的铺粉密度却无显著差别。这是因为粉末流动性的表征是休止角、崩溃角以及压缩率等不同参数的综合指标，不仅限于休止角的测量。Spierings 等[37,38] 采用旋转粉末分析仪（revolution powder analyzer）系统地评价了 23 种 SLM 打印 Fe、Ni 合金粉末的流动性指标，并与豪斯纳比率、压缩率、崩溃角以及崩溃表面分数等参数进行对比分析后认为，在不考虑粉末粒径分布和形状的情况下，豪斯纳比率不能很好地表征细粉的流动性，而崩溃角以及崩溃表面分数则与旋转粉末分析仪所获得的流动性结果一致，并建议将其作为 3D 打印粉末流动性测试的 ASTM 标准。值得一提的是，金属粉末流动性的量化指标是与储粉、铺粉技术和设备相关的，同样的粉末材料，用铺粉尺（ruler，如 Concept Laser 设备）和粉鼓（roller，如 EOS 设备），其铺粉密度也不相同。

（4）金属粉末物理特性与 3D 打印工艺窗口的建立

国内，张冬云、史玉升等人[16,22~25] 对不同粒度粉末进行 SLM 实验建立了粉末物理特性与 3D 打印的匹配性工艺窗口，见图 3-3。粉末粒径较大时，铺粉时粉末容易出现分布不均的现象，且粉末比表面积较小，对能量的吸收较小，导致 3D 打印后有球化现象，表面粗糙度差，只有粉末比例适当，且粒径大小在一定范围内，才有比较好的制造效果。粉末颗粒大造成铺粉不均匀，扫描宽度不均匀，表面粗糙，易球化，比表面积小，能量吸收少，易发生熔不透或熔化不完全现象。不同粒径熔化后形成的熔化道宽度也不相同，不同种类的粉末粒径，熔化道的搭接率需要进行优化。

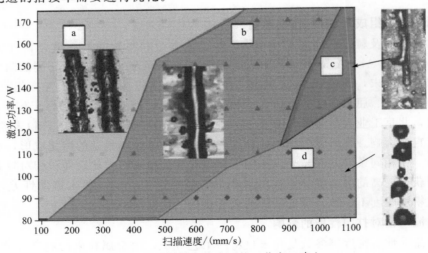

图 3-3　不同粉末粒度下的工艺窗口建立

3.3 多尺度、多因素热物理耦合作用下非平衡凝固冶金机理

3D 打印金属构件的逐层熔化沉积，实质是微细聚焦的能量源作用下的微熔池冶金行为。粉末或丝材在熔化后的微流体的熔化、冷却、凝固过程的冶金动力学行为及其形核、长大过程直接决定了最终 3D 打印构件的冶金组织（如晶粒尺寸、晶粒形态、晶体取向、晶界结构及化学成分均匀性等）以及最终的力学性能[15~30]。整个熔化过程处于动态移动中，且对参数等具有较高敏感性及复杂多变，给零件内部冶金组织一致性和力学性能稳定性控制带来巨大困难。显然，要实现对 3D 打印金属构件凝固组织和力学性能的主动控制，就需要建立构件凝固晶粒形态和取向及构件不同部位晶粒形态与取向的主动控制方法。

3.3.1 极速熔化及冷却过程的熔池内单晶粒生长行为

3D 打印过程的有限元仿真的建立首先需要对温度场进行模拟。英国利兹大学 Childs 等[39~41] 建立了单层粉末成形过程的熔池尺寸与温度场分布数值模型，但该数值模型忽略了粉末对激光吸收率的变化、扫描速度的增加减小了热散失、热作用过程等因素对 SLM 成形过程的影响，如图 3-4 所示。美国亚拉巴马州立大学 Gong 等人[42,43]，利用 ABAQUS 有限元软件，建立了电子束 3D 打印的有限元仿真模型，并计算了单晶粒生长规律，柱状晶生长规律和过冷度等在晶粒生长中的作用。华中科技大学佳桂利用 ANSYS 参数化设计语言（APDL）建立了有限元数值模型并进行了求解，并标明熔化成形过程中温度场等值线呈椭圆状，已凝固部分在光斑再次扫描至邻近部位和上层粉末时由于热传导作用而发生重熔；熔

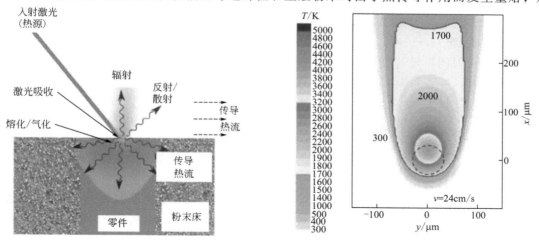

图 3-4 3D 打印微区熔池模型建立（见彩图）

池的尺寸大小随吸收能量的增加而逐渐增大，如图 3-5 所示。但从模拟仿真的结果来看，现有的仿真计算只能从趋势上给出一些说明，还不能完全精确地实现微熔池的有限元仿真。

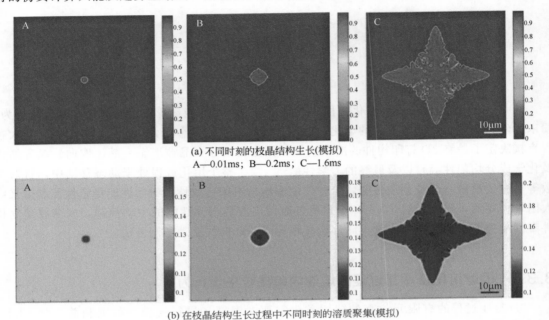

(a) 不同时刻的枝晶结构生长(模拟)
A—0.01ms；B—0.2ms；C—1.6ms

(b) 在枝晶结构生长过程中不同时刻的溶质聚集(模拟)
A—0.01ms；B—0.2ms；C—1.6ms

图 3-5　微区熔池形核及长大过程仿真 （见彩图）

3.3.2　循环受热过程沉积层界面重熔及其冶金机理

金属构件的激光 3D 打印过程，实际上是一个逐点扫描、逐线搭接、逐层堆积的长期循环往复过程，在长时间的 3D 打印过程中，零件不同部位的每一沉积层的固体材料，在随后的逐层沉积过程中都经历了多周期、变循环、微区剧烈加热和冷却的短时热历史，即构件不同部位的材料均经受了如图 3-6 所示的一系列短时、变温、非稳态、强约束、循环固态相变过程或微热处理 （micro-heat treatment） 过程[44~60]。这种微热处理的加热及冷却速度极快、相变持续时间极短，而且每一微热处理的相变温度、加热及冷却速度和相变持续时间均随热循环次数的变化而变化，导致激光 3D 打印金属构件的显微组织结构独特并表现出对激光 3D 打印工艺条件的强烈依赖性和多变性[49~60]。金属构件激光 3D 打印过程极端超常条件下的金属固态相变动力学特性，将与传统热处理固态相变存在巨大差异，有关上述金属固态相变特性的研究尚鲜有报道。另外，激光 3D 打印过程极端超常的固态相变动力学条件也为获得超常特殊显微组织和力学性能提供了新的机会。

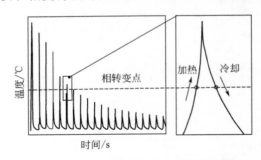

图 3-6　激光选区熔化过程中的热循环
及循环微热处理固态相变

3.3.3　3D 打印沉积组织特征

　　材料的组织决定了材料的最终性能，对于激光立体成形技术而言也不例外[44~60]。柱状晶是 3D 打印过程中极易形成的粗大贯穿组织，它垂直铺覆界面生长，常常贯穿铺覆零件的高度方向，粗大晶粒内部因快速冷却形成细小片层或者针状马氏体组织，往往仅在底部和顶部出现少量等轴或细小晶粒，形成极不均匀的激光熔覆典型组织[44~60]。产生这一结果的主要原因是激光熔覆成形过程材料的熔化、凝固和冷却都是在极短的时间内进行的，且熔覆时熔池内部温度梯度大、底层温度高，逐层铺覆时，已沉积层在熔池作用下重熔与新熔池形成一体，导致粗大的贯穿柱状晶的产生[44~60]。近年来，很多学者主要从控制成形过程的工艺参数以及后续热处理工艺上来降低柱状晶的尺寸。

（1）激光沉积钛合金宏微观组织

　　激光沉积成形，通过同轴送粉方式将粉末熔化逐层沉积，在逐层熔覆过程中沿着堆积方向形成粗大的柱状初生 β 晶，并在冷却过程中转变为 α′ 马氏体，晶内针状马氏体尺寸细小，但保留了 β 晶界，如图 3-7 所示[60~62]。

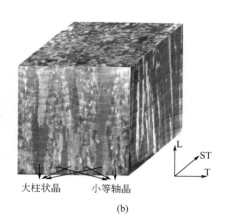

(a)　　　　　　　　　　　　　　　　(b)

图 3-7　激光沉积钛合金宏微观组织

（2）激光选区熔化钛合金的宏微观组织

　　激光选区熔覆成形，通过逐层铺粉并烧结成形，沿着堆积方向仍然存在柱状的初生 β 晶，宽度方向为 $70 \sim 140 \mu m$，晶粒内部为马氏体组织，针宽度小于 $1 \mu m$，长度为 $1 \sim 30 \mu m$，试样顶部存在细小两相组织，如图 3-8 所示[11~13]。

（3）电子束选区熔化成形钛合金的宏微观组织

　　电子束选区熔化，同样是通过逐层铺粉并烧结成形，初生 β 晶较激光成形的更大，且由于电子束增材过程基本一般需要预热至 $600℃$ 以上，所以成形过程过冷度较小，只有在靠近顶部区域有马氏体组织，其他区域由于反复加热形成两相组织，如图 3-9 所示[63~68]。

（4）电弧/电子束增材成形钛合金的宏微观组织

　　电弧/电子束送丝 3D 打印技术，通过逐层将丝材进行熔化并烧结成形，沿着堆积方向形成贯穿的粗大柱状初生 β 晶，只在顶部存在少量马氏体组织，其他区域内部为两相，成形效率高，电子束熔丝成形钛合金的微观组织如图 3-10 所示[59,69~74]。

图 3-8　激光选区熔化钛合金的宏微观组织

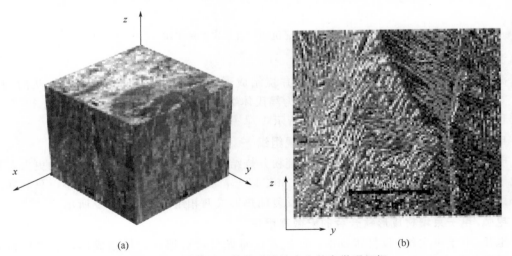

图 3-9　电子束选区熔化成形钛合金的宏微观组织

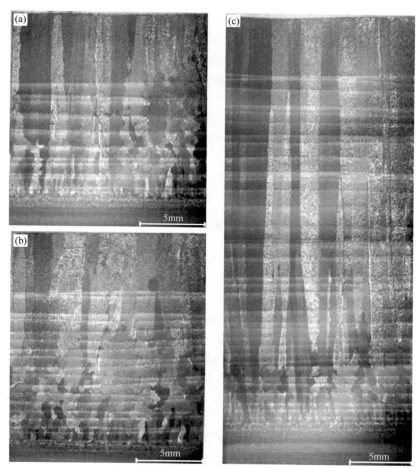

图 3-10　电子束熔丝成形钛合金的微观组织

3.4　3D 打印沉积态组织演化机理及形/性调控工艺与方法

　　3D 打印技术能量源种类包括激光、电弧、等离子、电子束等，涉及材料形式包括粉末和丝材，但不管能量源和制品形式如何改变，其凝固过程的冶金特征基本相同：金属微区在集中热源的作用下被快速加热，急冷快速凝固，随后逐层沉积过程中历经多周期、变循环、剧烈加热和冷却[44~60]，相邻的一层或几层发生循环重熔冷却，其他沉积层晶粒则被循环微热处理。循环重熔和微热处理，导致 3D 打印金属构件的显微组织结构独特。以钛合金为例，激光选区熔化、激光沉积成形等晶粒垂直于基板界面生长成粗大的原始 β 晶粒、柱状晶，仅在底部和顶部出现少量等轴或细小晶粒，形成极不均匀的组织特征[10~12]，这种粗大组织在能量密度更高的电子束、电弧增材工艺中，甚至发展成为贯穿柱状晶[64~74]。尽管如此，极速冷却也为粗大晶粒内部带来了细小片层或者针状马氏体组织这一超常特殊组织，这也是为何 3D 打印钛合金结构件沉积态力学性能普遍高于铸件甚至锻件的主要因素。

围绕这一问题，国内外学者已经开展了大量探索性研究，从 3D 打印工艺本身、添加强化颗粒细化晶粒及利用磁场、电场、超声、激光、微锻造等方式进行微观组织的调控。

3.4.1 3D 打印工艺参数的冶金组织调控

很多学者从控制成形过程工艺参数以及后续热处理工艺上试图通过工艺来降低柱状晶的尺寸。P. A. Kobryn 等人[12,18,19] 研究了 Ti-6Al-4V 合金激光熔覆的柱状晶产生规律，结果表明高温度梯度和大冷却速率有利于柱状晶的生长，高的扫描速度可降低柱状晶的大小。Cranfield 大学王福德等人[59] 在研究电弧送丝 3D 打印时发现，组织仅在初始五层和结束五层上存在等轴晶，中间部分与其他 3D 打印组织类似，均为粗大的初生 β 相晶界和粗大的柱状晶。Xu 等人[11~13] 对激光选区工艺参数和热处理后的组织演变研究发现：通过激光能量密度的控制可以实现对晶内组织长大的控制，同时该研究也表明合理地控制后处理的温度参数可以避免后续的晶粒组织长大。吴鑫华等人[14] 的研究表明，通过控制工艺条件能够控制柱状晶的尺寸（高度：1~20mm，宽度：0.2~4mm）。王华明、黄卫东等课题组[1,2,62] 在工艺上对微观组织的控制等也做了大量的研究，部分研究成果表明随着激光功率的提高和扫描速度的降低，柱状晶的长度变短、间距增加，最终转变为类似等轴晶的不规则粗大晶粒。葛文君等人[45] 在研究电子束选区熔化 Ti-6Al-4V 合金时，通过改变电子束体能量密度来改善钛合金的微观组织，结果显示，沉积态组织为魏氏组织和网篮组织，内部组织为细针状马氏体；随着体能量密度的增加，内部组织由细长片状魏氏组织变为魏氏组织，片状 α 相的厚度也由 1~2μm 增加到 2~4μm。

3.4.2 3D 打印构件的微观组织调控

掌握和获得沉积态合金的固态相转变规律，是 3D 打印后微观组织演变及其调控的基础。但是沉积态合金由于零件结构、制造方法等不同造成结构内的相成分差异很大，因此，需要针对合金的特点、零件的特点掌握沉积后的相组成和相分布才能进一步进行热处理规划。

针对钛合金，有学者利用差热分析的方法研究了其相变行为，选区沉积钛合金的相变温度在 970~980℃。测试结果会出现两次峰值，第一次峰值在 440~590℃消除应力时产生的，第二个峰值为 760~850℃马氏体转变。沉积态合金目前的热处理主要是消除应力退火，在组织改善上还需要进一步研究。日本学者进行了多阶段热处理调整组织和性能，强度不仅没有降低反而略有提高，与之前的研究有差异。日本学者在对相变研究的基础上开发了如图 3-11 所示的三级热处理工艺[75]，使得 3D 打印后的力学性能较沉积态更稳定，且有一定的提升。

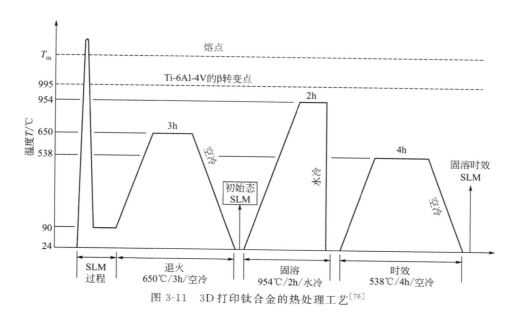

图 3-11　3D 打印钛合金的热处理工艺[76]

一般 3D 打印产品钛合金材料的强度很高，而塑性不足，需要后续热处理。在 β 相变点下，热处理最高温度对力学性能影响非常大。提高温度，屈服强度和极限强度下降，断裂应变上升，这是由于针状马氏体变成了更粗的 α＋β 混合体。并且 3D 打印件和传统工艺制件组织结构不同需要不同的热处理。张霜银等[46] 研究发现 TC4 制件经退火处理后性能改善不明显，塑性有所提高。而制件经固溶时效处理后得到等轴 α、网篮 α 和转变 β 相的三态组织，晶界 α 相变得不连续甚至消失，α 相的宽度增加，试样的塑性明显提高，强度却降低不多，具有良好的综合力学性能。

3.4.3　添加增强相或合金化元素实现 3D 打印组织细化

美国 Banerjee 等[76] 利用激光立体成形技术成功制备出 Ti-TiB 和 Ti-6Al-4V-TiB 复合材料，TiB 增强体可以均匀分布在沉积态合金内，并可以在一定程度上细化组织。B. J. Kooi 等[77] 也利用激光熔覆方法制备了 Ti-6Al-4V＋TiB$_2$/TiB 复合材料，显微组织观察发现增强体颗粒与基体之间界面结合良好，与基体相比，增强体表现出优异的耐磨性。法国 S. Pouzet 等[78] 通过混合 Ti-6Al-4V 合金粉末与 B$_4$C 化合物粉末，采用金属直接成形（DMD）技术原位制备了 TiC＋TiB 增强钛基复合材料薄壁件，对比直接沉积合金，增强相强化了晶界，促进了晶粒形核，组织得到细化。顾冬冬等[79～84] 也采用选择性激光熔化沉积技术（SLM）实现了 TiC/(TiAl$_3$＋Ti$_3$AlC$_2$) 复合材料样件的制备，虽然在制备过程中存在部分晶粒长大现象，但与初始组织相比，仍旧实现了组织细化，增强相尺寸都保持在 1μm 以下。John H. 等人[58,85] 通过引入纳米颗粒成核剂（hydrogen-stabilized zirconium）进行粉末表面修饰，加入熔池内反应生成 Al$_3$Zr，成为形核质点，抑制 3D 打印中的热撕裂行为，实现组织细化（如图 3-12 所示）。

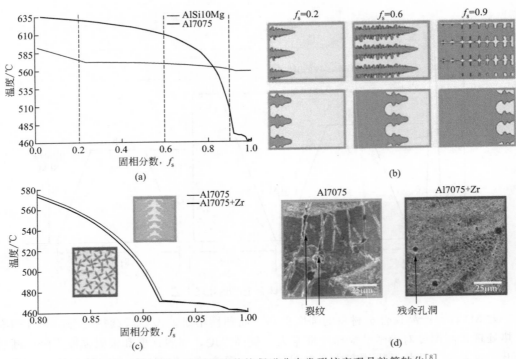

图 3-12　金属粉末表面纳米修饰促进非自发形核实现晶粒等轴化[8]

3.4.4　辅助外场解决和实现铸造组织细晶强化

超声振动细晶强化在铸造铝合金、焊接和轧压中都已经有比较成熟的应用，利用超声振动的空化效应和机械效应，减少熔覆层气孔、细化晶粒、均匀成分、减小残余应力、抑制熔覆层开裂倾向。沈阳航空航天大学王维等人[82]的研究表明在熔覆过程中复合超声振动可降低熔覆过程中相邻层间的温差，增强了熔池对流且熔池温度场更加均匀稳定，使得熔覆层组织均匀、晶粒有效细化、残余应力减小，气孔尺寸和数量显著减小。戚永爱等人[82~84]在镍基高温合金激光熔覆过程中引入超声冲击，处理后的熔覆层等轴晶晶粒较为细小，有效消除熔覆层中的残余应力，使得最大主应力值减小 81.64%。

激光-感应复合熔覆成形技术是激光熔覆成形技术和涂层感应熔覆技术的结合，主要用于表面涂层的强化。在激光熔覆过程中引入第二热源，使得熔覆过程中能量变多，一方面可以提高能量的利用率；另一方面第二热源具有预热缓冷作用，大大降低了熔覆层的开裂敏感性。德国 Frounhofe 研究所采用同轴送粉式 $2kW$ CO_2 激光熔覆系统和 $15kW$ 的高频感应系统进行环形阀的复合熔覆成形工艺研究。结果表明：采用感应辅助工艺大大提高了粉末沉积率，从 $8.5g/min$ 提高到 $38g/min$，成形时间由 $118s$ 减少到 $24s$，熔覆速度提高了 5 倍。但并没有显著降低沉积态合金的晶粒组织。

3.4.5　辅助塑性变形实现 3D 打印组织细晶强化

传统的承力构件主要采用锻造塑性变形获得所需要的细晶组织和性能，大塑性变形也是

细晶强化的核心技术。基于此,国内外学者均尝试将塑性变形引进 3D 打印过程。英国 Martina 等人[85,86] 为解决电弧送丝沉积态粗大的初生 β 晶界,设计制造了不同类型具有高压的轧辊,对熔覆层进行轧制,原始的初生柱状晶转变为 56～139μm,大晶粒被破坏,仍然保留了魏氏体组织的内部形态,如图 3-13 所示。国内华中科技大学张海鸥教授[87] 开发了以电弧、等离子束为热源的智能微铸锻铣复合制造技术,该技术取得了一定的效果,但组织细化的程度还未有文献详细报道。燕山大学席明哲等人[88] 采用连续点式锻压的方式进行沉积组织的调控,采用冷锻并利用重熔时产生的热发生二次再结晶,该方法对组织产生了一定的效果,但从纤维组织来看原始的晶粒仍有一定程度的保留。广州工业大学张永康教授[89～91] 采用激光冲击方法对 3D 打印组织进行塑性强化;北京航空制造技术研究院赵冰研究员[92] 的发明专利表明,采用热机械法进行边增材边搅拌,可产生大塑性变形实现晶粒细化,但是该技术对于定量化的塑性变形难以控制。

图 3-13　微铸锻/轧压复合 3D 打印技术[86,87]

3.5　内应力、冶金缺陷的形成机制及构件变形开裂预防控制

3.5.1　内应力演化及其变形

残余应力是激光成形中除微观组织外另一个影响成形和使用性能的关键缺陷之一,它的产生是制造过程中周期性、剧烈、非稳态、循环加热和冷却及其短时非平衡循环固态相变以及强约束下移动熔池的快速凝固收缩产生的,残余应力的存在容易造成使用过程受载失稳而

过早发生断裂，导致零件破坏，缩短成形件的使用寿命[93~96]。与应力相伴随的问题是裂纹，裂纹是成形过程中最常见、破坏性最大的一种缺陷，成形过程中裂纹一旦产生，该零件只能报废处理。激光熔覆过程产生的裂纹主要发生在再次熔覆时已沉积层的受热熔化再次冷却阶段；当内部热应力在冷却过程释放时易导致内部微裂纹甚至贯穿裂纹。西北工业大学黄卫东[2]课题组通过研究认为大线能量、大送粉量时易于产生裂纹，通过严格控制成形工艺参数，可以防止和消除裂纹的发生。但裂纹的控制不能完全地消除激光熔覆中的残余应力，往往通过后续的热等静压和消除应力等方法进一步消除。

残余应力是激光成形中除微观组织外另一个影响成形和使用性能的关键缺陷之一；残余应力的存在容易造成使用过程受载失稳而过早发生断裂，导致零件破坏，缩短成形件的使用寿命。熔覆过程激光能量集中，熔池及其附近部位以远高于周围区域的速度被急剧加热产生局部熔化。这部分材料因受热而膨胀，而热膨胀受到周围较冷区域的约束，产生热应力，冷却后就比周围区域相对缩短、变窄或减小，容易在顶部形成拉伸应力，底部形成压缩应力，整体样将发生变形。

3.5.2 辅助塑性变形细晶组织

与铸造合金类似，气孔和未熔合等内部缺陷会严重影响3D打印金属构件的性能。由于粉体吸附或空心粉体所包囊的气体在熔池凝固过程中未能及时逸出，留在凝固组织内形成气孔，在成形制件中都有分布且大多分布在晶粒内部。未熔合是指由于成形过程中工艺参数控制不当，各熔覆层之间未形成致密冶金产生的熔合不良缺陷。为消除以上缺陷，一些学者通过合理控制工艺参数可将气孔和未熔合缺陷的尺寸都限制在 $50\mu m$ 以下。但研究表明，这些不可检缺陷是造成成形零件疲劳寿命降低的主要因素之一，尤其是 $50\mu m$ 以下的未熔合缺陷将是承力结构件致命的疲劳萌生源。这也必然是影响激光成形零件可靠性的隐患之一。目前，国内外航空用钛合金的粉末冶金及铸造技术普遍结合热等静压技术来消除缩松、缩孔和气孔等缺陷，以提高内部质量[89~96]。

综上所述，控制成形零件中微观组织和缺陷，提高零件成形质量和性能成为激光熔覆成形技术发展的关键问题。以钛合金为例，激光熔覆 Ti-6Al-4V 合金结构件疲劳性能明显低于锻件，即使通过激光成形＋热等静压，制件疲劳寿命与铸件最高水平或锻件最低水平相当，距离完全替代传统的复杂锻件、铸件还存在一定的提升空间。因此，关注和解决激光熔覆过程微观组织改善和缺陷控制对于促进该技术的推广应用具有重要的理论和现实意义。

参考文献

[1] 王华明.高性能大型金属构件激光3D打印若干材料基础问题 [J].航空学报，2014，35（10）：2690-2698.

[2] 黄卫东，林鑫.激光立体成形高性能金属零件研究进展 [J].中国材料进展，2010（6）：12-27.

［3］ 李涤尘，贺健康，田小宇，等.3D打印：实现宏微观一体化制造［J］.机械工程学报，2013，49（6）：129-135.

［4］ 巩水利，锁红波，李怀学.金属 3D 打印技术在航空领域的发展与应用［J］.航空制造技术，2013（13）：66-70.

［5］ Bermingham M J，Kent D，Zhan H，et al. Controlling the microstructure and properties of wire arc additive manufactured Ti-6Al-4V with trace boron additions［J］. Acta Materialia，2015，91：289-303.

［6］ 赵志国，柏林，李黎，等.激光选区熔化成形技术的发展现状及研究进展［J］.航空制造技术，2014（19）：46-49.

［7］ 张义文.3D打印技术在航空发动机上的应用［J］.粉末冶金工业，2015（06）：61.

［8］ 罗丽娟，余森，于振涛，等.3D打印钛及钛合金医疗器械的优势及临床应用现状［J］.生物骨科材料与临床研究，2015（06）：72-75.

［9］ Attar H，Calin M，Zhang L C，et al. Manufacture by selective laser melting and mechanical behavior of commercially pure titanium［J］. Materials Science and Engineering：A，2014，593：170-177.

［10］ Hagedorn Y. 6 -Laser additive manufacturing of ceramic components：Materials，processes，and mechanisms［M］//Brandt M. Laser Additive Manufacturing. Woodhead Publishing，2017：163-180.

［11］ Thijs L，Verhaeghe F，Craeghs T，et al. A study of the microstructural evolution during selective laser melting of Ti-6Al-4V［J］. Acta Materialia，2010，58（9）：3303-3312.

［12］ Kobryn P A，Moore E H，Semiatin S L. The effect of laser power and traverse speed on microstructure，porosity，and build height in laser-deposited Ti-6Al-4V［J］. Scripta Materialia，2000，43（4）：299-305.

［13］ Xu W，Sun S，Elambasseril J，et al. Ti-6Al-4V additively manufactured by selective laser melting with superior mechanical properties［J］.JOM，2015，67（3）：668-673.

［14］ Xu W，Lui E W，Pateras A，et al. In situ tailoring microstructure in additively manufactured Ti-6Al-4V for superior mechanical performance［J］. Acta Materialia，2017，125：390-400.

［15］ Xu W，Brandt M，Sun S，et al. Additive manufacturing of strong and ductile Ti-6Al-4V by selective laser melting via in situ martensite decomposition［J］. Acta Materialia，2015，85：74-84.

［16］ 张冬云.粉末材料特性对 SLM 模型制造过程的影响因素的研究［J］.应用激光，2007，27（1）：9-12.

［17］ Aziz I A G B. Direct metal laser sintering of a Ti6Al4V mandible implant［J］. Key engineering materials，2012，1933（520）：220-226.

［18］ Kobryn P A，Semiatin S L. Microstructure and texture evolution during solidification processing of Ti-6Al-4V［J］. Journal of Materials Processing Technology，2003，135（2）：330-339.

［19］ Kobryn P A，Moore E H，Semiatin S L. The effect of laser power and traverse speed on microstruture，porosity and build height in laser-deposited Ti-6Al-4V［J］. Scripta Mater，2000，43（4）：299-305.

［20］ Karlsson J，Snis A，Engqvist H，et al. Characterization and comparison of materials produced by Electron Beam Melting（EBM）of two different Ti-6Al-4V powder fractions［J］. Journal of Materials Processing Technology，2013，213（12）：2109-2118.

［21］ Abe F，Osakada K，Shiomi M，et al. The manufacturing of hard tools from metallic powders by selective laser melting［J］. Journal of Materials Processing Technology，2001，11：210-215.

［22］ 鲁中良，史玉升，刘锦辉，等.Fe-Ni-C 合金粉末选择性激光熔化成形［J］.华中科技大学学报（自然

3D打印金属材料
Metal
Materials
for 3D Printing

科学版），2007，35（8）：93.

[23] 付立定.不锈钢粉末选择性激光熔化直接制造金属零件研究［D］.武汉：华中科技大学，2008.

[24] 王黎.选择性激光熔化成形金属零件性能研究［D］.武汉：华中科技大学，2012.

[25] 孙大庆.金属粉末选区激光熔化实验研究［D］.北京：北京工业大学，2007.

[26] Simchi A. Direct laser sintering of metal powders：Mechanism，kinetics and microstructural features［J］. Materials Science and Engineering：A，2006，428（1-2）：148-158.

[27] Zhu H H，Fuh J Y H，Lu L. The influence of powder apparent density on the density in direct laser-sintered metallic parts［J］. International Journal of Machine Tools and Manufacture，2007，47（2）：294-298.

[28] Yuan P，Gu D. Molten pool behaviour and its physical mechanism during selective laser melting of TiC/AlSi10Mg nanocomposites：simulation and experiments［J］. Journal of Physics D-Applied Physics，2015，48（0353033）.

[29] 舒霞，吴玉程，程继贵，等.Mastersizer 2000 激光粒度分析仪及其应用［J］.合肥工业大学学报（自然科学版），2007（02）：164-167.

[30] 张宁，陈岁元，于笑，等.激光 3D 打印 TC4 球形合金粉末的制备［J］.材料与冶金学报，2016（04）：277-284.

[31] 叶珊珊，张佩聪，邱克辉，等.气雾化制备 3D 打印用金属球形粉的关键技术与发展趋势［J］.四川有色金属，2017（02）：51-54.

[32] 赵少阳，陈刚，谈萍，等.球形 TC4 粉末的气雾化制备、表征及间隙元素控制［J］.中国有色金属学报，2016（05）：980-987.

[33] 王昌镇，王森，张元彬，等.钛合金粉末的流动性研究［J］.粉末冶金技术，2016（05）：330-335.

[34] Yadroitsev I，Bertrand Ph，Smurov I. Parametric analysis of the selective laser melting process［J］. Applied Surface Science，2007（2）：88-93.

[35] Rombouts M，Kruth J P，Froyen L，et al. Fundamentals of Selective Laser Melting of alloyed steel powders［J］. CIRP Annals-Manufacturing Technology，2006，55（1）：187-192.

[36] Matthew Wong，Sozon Tsopanos，Chris J Sutcliffe，et al. Selective laser melting of heat transfer devices［J］. Rapid Prototyping Journal，2007，13（5）：291-297.

[37] Spierings A B，Herres N，Levy G. Influence of the particle size distribution on surface quality and mechanical properties in AM steel parts［J］. Rapid Prototyp J，2011，17（3）：195-202.

[38] Spierings A B，Levy G. Comparison of density of stainless steel 316L parts produced with selective laser melting using different powder grades［C］. In：Proceedings of the 20th solid freeform fabrication symposium，Austin，Texas，2009：324-353.

[39] Hauser C，Childs T H C，Dalgarno K W，Eane R B. Atmospheric control during selective laser sintering of stainless steel 314S powder［C］. In：Proceedings of the 10th solid freeform fabrication symposium，Austin，TX，1999：265-272.

[40] Hauser C，Childs T H C，Dalgarno K W. Selective laser sintering of stainless steel 314S HC processed using room temperature powder beds［C］. In：Proceedings of the 10th solid freeform fabrication symposium，Austin，Texas，1999：273-280.

[41] Kruth J P，Levy G，Klocke F，Childs T H C. Consolidation phenomena in laser and powder-bed based layered manufacturing［J］. Ann CIRP，2007，56（2）：730-759.

[42] Xibing Gong，Kevin Chou. Phase-Field modeling of microstructure evolution in electron beam additive

manufacturing [J]. JOM, 2015, 67 (5): 1176-1178.

[43] Gunenthiram V, Peyre P, Schneider M, et al. Experimental analysis of spatter generation and melt-pool behavior during the powder bed laser beam melting process [J]. Journal of Materials Processing Technology, 2018, 251: 376-386.

[44] 汪洋, 王远, 张述泉, 等. 激光熔化沉积 AerMet100 超高强度钢凝固组织及高温稳定性 [J]. 金属热处理, 2011 (3): 60-63.

[45] 葛文君, 郭超, 林峰. 工艺参数对电子束选区熔化成形 Ti6Al4V 合金显微组织的影响 [J]. 稀有金属材料与工程, 2015 (12): 3215-3218.

[46] 张霜银, 林鑫, 陈静, 等. 热处理对激光成形 TC4 合金组织及性能的影响 [J]. 稀有金属材料与工程, 2007 (7): 1263-1266.

[47] 郑增, 王联凤, 严彪. 3D打印金属材料研究进展 [J]. 上海有色金属, 2016 (1): 57-60.

[48] 顾冬冬, 戴冬华, 夏木建, 等. 金属构件选区激光熔化 3D 打印控形与控性的跨尺度物理学机制 [J]. 南京航空航天大学学报, 2017 (5): 645-652.

[49] Cao S, Chen Z, Lim C V S, et al. Defect, microstructure, and mechanical property of Ti-6Al-4V alloy fabricated by high-power selective laser melting [J]. JOM, 2017, 69 (12): 2684-2692.

[50] Shi X, Ma S, Liu C, et al. Selective laser melting-wire arc additive manufacturing hybrid fabrication of Ti-6Al-4V alloy: Microstructure and mechanical properties [J]. Materials Science and Engineering: A, 2017, 684: 196-204.

[51] Simonelli M, Tse Y Y, Tuck C. On the Texture Formation of Selective Laser Melted Ti-6Al-4V [J]. Metallurgical and Materials Transactions A-physical Metallurgy and Materials Science, 2014, 45A (6): 2863-2872.

[52] 杨晶晶, 喻寒琛, 韩婕, 等. 激光选区熔化成形 TC4 合金的 β 转变温度 [J]. 材料热处理学报, 2016 (9): 80-85.

[53] Vrancken B, Thijs L, Kruth J, et al. Heat treatment of Ti6Al4V produced by selective laser melting: Microstructure and mechanical properties [J]. Journal of Alloys and Compounds, 2012, 541: 177-185.

[54] Malinov S, Sha W, Guo Z, et al. Synchrotron X-ray diffraction study of the phase transformations in titanium alloys [J]. Materials Characterization, 2002, 48 (4): 279-295.

[55] 徐勇, 杨湘杰, 乐伟, 等. 多道次轧制 TC4 钛合金微观组织与力学性能研究 [J]. 特种铸造及有色合金, 2017 (7): 697-700.

[56] Antonysamy A A, Prangnell P B, Meyer J. Effect of wall thickness transitions on texture and grain structure in additive layer manufacture (ALM) of Ti-6Al-4V [J]. Mater Sci Forum, 2012, (706-709): 205-210.

[57] Antonysamy A A. Microstructure, Texture and mechanical property evolution during additive manufacturing of Ti6Al4V alloy for aerospace applications [M]. Manchester: Universityof Manchester, 2012.

[58] John H, Martin B D, Yahata J M, Hundley J A, Mayer T A, et al. 3D printing of high-strength aluminium alloys [J]. Nature, 2017, 549: 365-369.

[59] Wang Fude, Stewart Williams, Paul Colegrove, et al. Microstructure and mechanical properties of wire and arc additive manufactured Ti-6Al-4V [J]. Metall Mater Trans A, 2013, 44 (2): 968-977.

[60] Wu X H, Liang J, Mei J F, et al. Microstructures of laser-deposited Ti-6Al-4V [J]. Materials and Design, 2004, 25 (2): 137-144.

[61] Qiu Chunlei, Ravi G A, Chris Dance, Andrew Ranson, Steve Dilworth, Moataz M Attallah. Fabri-

3D打印金属材料
Metal
Materials
for 3D Printing

cation of large Ti-6Al-4V structures by direct laser deposition. Journal of Alloys and Compounds，2015，629：351-361.

[62] 汪洋，王华明，等.激光熔化沉积 AerMet100 超高强度钢凝固组织及高温稳定性 [J].金属热处理，2011，36（3）：60-63.

[63] 锁红波，陈哲源，李晋炜.电子束熔融快速制造 Ti-6Al-4V 的力学性能.第十三届全国特种加工学术会议专栏，2009，6：18-22.

[64] Al-Bermani S S，Blackmore M L，Zhang W，Todd I. The origin of microstructural diversity，texture，and mechanical properties in electron beam meltec Ti-6Al-4V [J]. Metall Mater Trans A，2010，41：3422-3434.

[65] Amit Bandyopadhyay. Influence of porosity on mechanical properties and in vivo response of Ti6A14V implants [J]. Acta Biomaterialia，2010，6：1640-1648.

[66] Vamsi Krishna Balla，Subhadip Bodhak. Porous tantalum structures for bone implants：Fabrication，mechanical and in vitro biological properties [J]. Acta Biomaterialia，2010，6：3349-3359.

[67] Karlsson J，Snis A，et al. Characterization and comparison of materials produced by Electron Beam Melting（EBM）of two different Ti-6Al-4V powder fractions [J]. Journal of Materials Processing Technology，2013，213：2109-2118.

[68] Safdar A，Wei L Y，et al. Evaluation of microstructural development in electron beam melted Ti-6Al-4V [J]. Materials Characterization，2012，65：8-15.

[69] Baufeld B，van der Biest O，Gault R. Mechanical properties of Ti-6Al-4V specimens produced by shaped metal deposition [J]. Science and Technology of Advanced Materials，2009，10（1）：1-10.

[70] Baufeld B，Brandl E，van der Biest O. Wire based additive layer manufacturing：Comparison of microstructure and mechanical properties of Ti-6Al-4V components fabricated by laser-beam deposition and shaped metal deposition [J]. Journal of Materials Processing Technology，2011，211（6）：1146-1158.

[71] Baufeld B，van der Biest O，Gault R，et al. Manufacturing Ti-6Al-4V components by Shaped Metal Deposition：Microstructure and mechanical properties [J]. 2011 IOP Conf Ser Mater Sci Eng，2011.

[72] Lscohar-Palafox G，Gault R，Ridgway K. Rohotic manufacturing by shaped metal deposition：State of the art [J]. Industrial Robot，2011，38（6）：622-628.

[73] Kazanas，Deherkar，Almeida P，et al. Lahrication of geometrical features using wire and arc additive manufacture，Proceedings of the Institution of Mechanical Engineers，fart B [J]. Journalof Engineering Manufacture，2012，226（6）：1042-1051.

[74] Bermingham M J，Kent D，Zhan H，et al. Controlling the microstructure and properties of wire arc additive manufactured Ti-6Al-4V with trace boron additions [J]. Acta Materialia，2015，91：289-303.

[75] Yuya Sakurai，Koji Kakehi. Microstructure and Mechanical Properties of Ti-6Al-4V parts build by Selective Laser Melting [J]. J Japan Inst Met Mater，2017，81（3）：120-126.

[76] Banerjee R，Collins P C，Fraser H L. Laser deposition of in situ Ti-TiB composites [J]. Advanced Engineering Materials，2002，4（11）：847-851.

[77] Kooi B J，Pei Y T，Hosson J Th M De. The evolution of microstructure in a laser clad TiB-Ti composite coating [J]. Acta Materialia，2003，51（3）：831-845.

[78] Pouzet S，Peyre P，Gorny C，et al. Additive layer manufacturing of titanium matrix composites using the direct metal deposition laser process [J]. Mater Sci Eng A，2016，677：171-181.

[79] GU D D，Wang Z，Shen Y，et al. In-situ TiC particle reinforced Ti-Al matrix composites：Powder preparation by mechanical alloying and selective laser melting behavior [J]. Applied Surface Science，2009，55（22）：9230-9240.

[80] GU D D. Laser Additive Manufacturing of High-Performance Materials [M]. DOI 10. 1007/978-3-662-46089-4，2015.

[81] 韩远飞，孙相龙，邱培坤，毛建伟，吕维洁，张荻. 颗粒增强钛基复合材料先进加工技术研究与进展 [J]. 复合材料学报，2017，34（8）：1625-1635.

[82] 钦兰云，王维，杨光，等. 激光沉积成形用超声振动系统的研制 [J]. 制造技术与机床，2013（3）：50-54.

[83] 范鹏翔. 超声振动下钛合金激光快速成形试验研究 [D]. 沈阳：沈阳航空航天大学，2011.

[84] 戚永爱. 基于超声冲击的激光快速成形镍基高温合金强化技术研究 [D]. 南京：南京航空航天大学，2014.

[85] Martina Filomeno，Paul A Colegrove，Stewart W Williams，Jonathan Meyer. Microstructure of Inter-pass Rolled Wire＋Arc Additive Manufacturing Ti-6Al-4V Components [J]. Metall Mater Trans A，2015，46（12）：6103-6118.

[86] Donoghue J，Antonysamy A A，Martina F，et al. The effectiveness of combining rolling deformation with Wire-Arc Additive Manufacture on β-grain refinement and texture modification in Ti6Al4V [J]. Materials Characterization，2016，114：103-114.

[87] 张海鸥，等. 零件或模具的无模熔融层制造方法 [P]：ZL2008101970014，2008-09-17.

[88] 席明哲，吕超，吴贞号，等. 连续点式锻压激光快速成形 TC11 钛合金的组织和力学性能 [J]. 金属学报，2017，53（9）：1065-1074.

[89] 张永康，杨智帆，于秋云，杨丰槐，杨青天. 一种金属梯度材料激光冲击锻打复合 3D 打印方法及装置 [P]：ZL201710253448 8，2017-04-18.

[90] 张永康，杨智帆，张峥，关蕾. 一种电弧熔积激光冲击锻打 3D 打印方法和装置 [P]：ZL201710353741 1，2017-05-18.

[91] 张永康，秦艳，张峥，杨青天. 一种金属零件激光光内送丝熔覆激光冲击锻打复合 3D 打印方法 [P]：ZL2017103916672，2017-05-27.

[92] 赵冰，李志强，韩秀全，等. 应用冷床熔炼的金属 3D 打印方法及金属零件和应用 [P]：ZL2014108149692，2014-12-23.

[93] Murray J，Peruzzi A，Abriata J P. The Al-Zr（aluminum-zirconium）system [J]. J Phase Equilibria，1992，13：277-291 .

[94] Murty B S，Kori S A，Chakraborty M. Grain refinement of aluminium and its alloys by heterogeneous nucleation and alloying [J]. Int Mater Rev，2002（47）：3-29.

[95] Dehoff R R，et al. Site specific control of crystallographic grain orientation through electron beam additive manufacturing [J]. Mater Sci Technol，2015（31）：931-938.

[96] Martorano M A，Beckermann C，Gandin C A. A solutal interaction mechanism for the columnar-to-equiaxed transition in alloy solidification [J]. Metall Mater Trans，2003（34）：1657-1674.

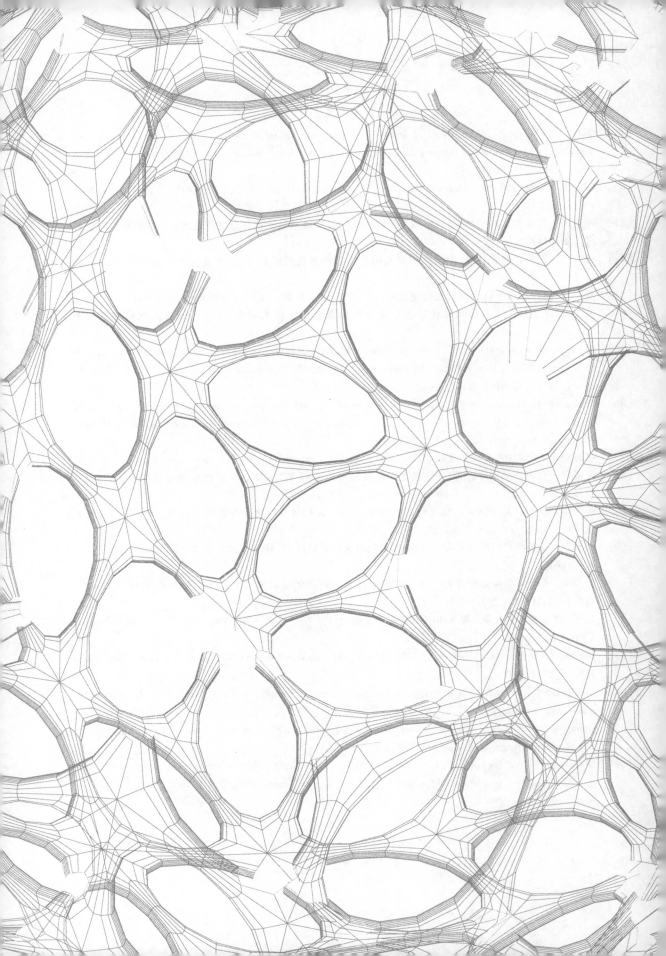

第 4 章
3D 打印钛合金

4.1　3D 打印钛合金概述

钛合金具有密度小、比强度高、耐腐蚀、耐热、低温性能好、无磁性等良好的综合力学和物理化学特性，在航空航天、生物医疗、石油化工等领域获得了广泛应用[1]。然而，钛合金的导热性差、弹性模量低、变形抗力大、加工过程对应变速率敏感、锻造温度范围窄、高氧亲和力等特点使复杂钛合金零件的制备存在诸多困难，甚至由于零件结构过于复杂而无法加工成形。金属 3D 打印技术不仅可以从根本上解决这些问题，而且材料利用率高，成形不受零件的形状和尺寸大小的限制[2]。因此，自金属 3D 打印技术出现，钛合金的 3D 打印就成为研究的热点和发展的重点。

本章将基于现有的文献报道，针对目前研究最为广泛的几种钛合金，着重探讨钛合金 3D 打印成形过程中特殊的物理冶金过程以及由此产生的独特的显微组织形成与演变特征，缺陷的形成与消除机理，以及其所呈现出的优异力学性能。

4.2　3D 打印钛合金的组织特点

在 3D 打印钛合金的成形过程中，高能束热源快速移动产生的微小熔池中，多重循环热处理以及超高温度梯度与冷却速度，导致 3D 打印钛合金的微观组织显著区别于传统制备工艺。根据现有的文献报道，钛合金的 3D 打印成形主要是以激光选区熔化（selective laser melting，SLM）技术、电子束选区熔化（selective electron beam melting，SEBM）技术和定向能量沉积（direct energy deposition，DED）技术为主，这三种金属 3D 打印技术的参数特点如表 4-1 所示。由于 3D 打印技术在粉末原料和技术特点等方面的差异，造成 3D 打印过程中的微熔池经历热历史的不同，因而，即便是同种材料采用不同的打印技术，最终形成的微观组织也不尽相同。因此，本小节以目前研究最为成熟的 CP-Ti、Ti-6Al-4V 以及 TiNbZrSn 等合金来阐述不同工艺下不同类型钛合金的微观组织演变。

表 4-1　常见钛合金 3D 打印技术的参数特点

参数	激光选区熔化技术	电子束选区熔化技术	定向能量沉积技术
打印尺寸	有限的,较小	有限的,较小	较大
束斑尺寸	小,$0.1\sim0.5$mm	小,$0.2\sim0.5$mm	大,$2\sim4$mm
粉末粒度	$<45\mu$m	$45\sim105\mu$m	$74\sim250\mu$m
层厚	小,$30\sim100\mu$m	小,$50\sim100\mu$m	大,$500\sim1000\mu$m
打印效率	低,约 $20\sim35$cm³/h	低,$55\sim80$cm³/h	高,$16\sim320$cm³/h
表面光洁度	非常好,R_a $9\sim12\mu$m	好,R_a $25\sim35\mu$m	粗糙,R_a $20\sim50\mu$m（与束斑尺寸相关）
残余应力	高	低	高
热处理	去应力退火,推荐热等静压	可以热等静压	去应力退火,推荐热等静压
成分变化	无	Al 元素挥发	无
打印能力	薄壁、中空、桁架等复杂精细结构	薄壁、中空、桁架等复杂精细结构	相对较简单的几何形状
修复/再制造能力	有限（基于平面的再制造）	无	有

4.2.1　3D 打印 α 型钛合金的微观组织

α 型钛合金在退火状态下一般具有单相的 α 组织，β 相转变温度较高，具有良好的组织稳定性和耐热性，焊接性能好，焊缝性能与基体接近。工业纯钛是最为典型的 α 型钛合金，其中不含其他合金元素，强度不高，但工艺塑性好[3]。纯 Ti 的 β 相转变温度为 882℃，在较高温度下会从体心立方的 β 相转变为较低温度下的密排六方 α 相。然而，在 3D 打印过程中，高能束快速移动形成的微小熔池导致粉末完全熔化、快速冷却以及多重的循环热处理将对纯钛的微观组织产生显著影响。

（1）不同打印工艺下纯钛的微观组织

铸造纯钛的典型微观组织是由锯齿状 α 相和针状 α 相的混合物组成，如图 4-1(a) 所示。激光选区熔化和定向能量沉积制备的纯钛微观组织与铸态相比，产生了显著的改变。同时，与其他钛合金材料相比，纯钛中没有合金元素，因此 3D 打印纯钛的微观组织中没有出现激光熔化的轨迹（熔池轮廓）。

在 3D 打印过程中，工艺参数是决定材料冷却速度的关键因素，从而最终决定了相组成和微观形貌特征。如图 4-1(b) 所示，激光选区熔化技术提供了极高的冷却速度和复杂的后续循环热处理，使得材料内部的微观组织主要是由板条状 α' 和一些细小针状 α' 马氏体组成。如图 4-1(c) 和 (d) 所示，能量直接沉积制备的纯钛微观组织则明显区别于以上两种技术，没有发现 α' 马氏体相，其主要是以粗大的片层和魏氏组织构成，在一些区域还出现了锯齿状 α 相和细小的板条状 α 相，这是由于激光直接能量沉积技术投入的能量过大、扫描速度过低，从而导致材料的冷却速度远远小于 SLM 技术造成的。

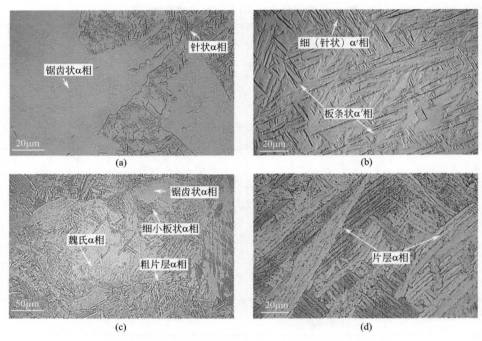

图 4-1　不同技术制备的 CP-Ti 微观形貌对比

（a）铸造态；（b）激光选区熔化技术；（c）、（d）直接能量沉积

与 SLM 技术不同，SEBM 技术中，为了减少粉末床的电荷积累抑制而引发的"吹粉"现象，需要在每一层熔化前用电子束将粉末预烧结，这一工艺被称为预热处理。因此，SEBM 的粉末床长时间保持在较高的温度下，导致 3D 打印零件经历了随形热处理，零件内部的热应力得到大幅度释放。由快速冷却和反复预热过程引起的复杂热历史以及逐层制造过程中固有的重复热输入必然影响制造的微结构。图 4-2 给出了电子束选区熔化成形 CP-Ti 的 EBSD 分析结果。可以看出，SEBM 制备的纯钛内部是由单一的 α 相组成，没有发现任何的 β 相。样品顶部的晶粒细小（约 $40\mu m$），内部的一些晶粒呈现出板条状特征。另外，对于传统工艺制备的纯钛，由于密排六方结构中可动位错滑移系的数量有限，所制备的 CP-Ti 通常各向异性严重，即样品内部的择优取向明显。然而，在 SEBM 沉积态的样品内部没有发现任何的择优取向，现有研究表明，纯钛在快速冷却时发生的 β→α′ 转变是造成这一现象的主要原因。

（2）3D 打印工艺参数对 CP-Ti 微观组织的影响

对于激光选区熔化技术，现有研究发现 CP-Ti 的微观组织演变与 SLM 工艺参数密切相关，即扫描速度的改变将影响过冷度和凝固速度最终导致材料组织的差异[4]，如图 4-3 所示。在额定的功率下，低的扫描速度导致较高的线能量密度，材料的凝固和冷却较慢，微观组织中出现了粗大的片层 α 相，如图 4-3(a) 所示。当扫描速度提高至 200mm/s，出现了马氏体转变发生，形成的 α′ 马氏体转变为了沉积态中的细小针状 α 相 [图 4-3(b)]。当扫描速度继续增加至 300mm/s 时，α′ 马氏体继续细化，最终形成了尺寸≤10μm 的"之字形"α′ 马氏体 [图 4-3(c)]。

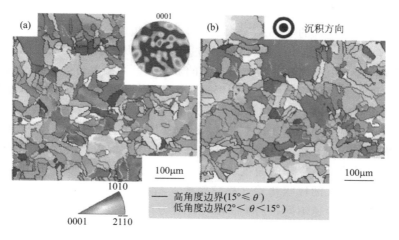

图 4-2 电子束选区熔化技术成形 CP-Ti 的电子背散射衍射（EBSD）分析结果（见彩图）

(a) 顶部（插图，由顶部的 EBSD 数据构成的极图）；(b) 底部

低角度边界（2°＜θ＜15°）和高角度边界（15°≤θ）分别用白线和黑线表示

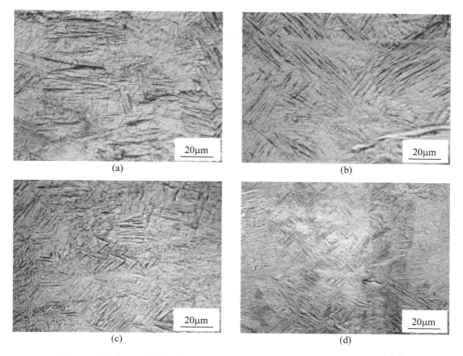

图 4-3 激光选区熔化成形工艺参数对商业纯钛微观组织的影响[4]

(a) 900J/m，100mm/s；(b) 450J/m，200mm/s；(c) 300J/m，300mm/s；(d) 225J/m，400mm/s

4.2.2 3D打印 α+β 型钛合金的微观组织

Ti-6Al-4V（TC4 合金）是 α+β 型钛合金的典型代表，它是目前应用最为广泛的钛合

金，具有优异的综合性能和加工性能，在航空、航天以及民用领域得到了广泛的应用。经过多年的发展，研究最为深入的 Ti-6Al-4V 合金的 3D 打印工艺基本成熟。

Ti-6Al-4V 合金的室温组织是由材料凝固过程中所经历的热历史决定的。在一定的温度范围内发生凝固，合金由液体转变为体心立方的 β 固体。当温度持续降低至固相线，材料的晶粒尺寸、形态以及晶体结构是由合金的形核、生长特性以及凝固时的热环境决定。随着冷却温度持续降低至固相线以下，β 晶粒逐渐长大，其生长速度则取决于温度、冷却速度和晶粒长大的驱动力。当温度降低至 β 转变点，β 相向密排六方结构 α 相的转变开始发生，这一转变遵循布拉格关系，即 α 相可以转变为 β 相相关的 12 个特定取向之一。β→α 转变的程度以及 α 相的尺寸和形貌是由冷却的速度决定的。现有研究结果表明，3D 打印 Ti-6Al-4V 合金的显微组织普遍由粗大的柱状初始 β 晶粒组成，晶粒尺寸可达数百微米。β 晶粒的内部，由于成形工艺不同导致冷速不同，初生 β 相可转变为马氏体、片层组织、块状转变组织或者混合组织[5]，如图 4-4 所示。因此，本部分内容将详细阐述 3D 打印 Ti-6Al-4V 合金显微组织的演变规律。

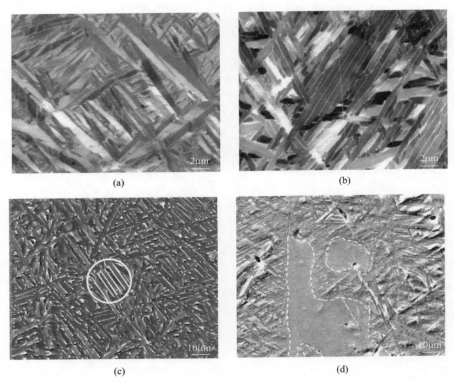

图 4-4　SLM 和 SEBM 制备 Ti-6Al-4V 合金显微组织
(a) 马氏体（SLM）；(b) 全片层组织（SLM）；(c) 部分片层、
马氏体混合组织（SEBM）；(d) 块状转变组织（SEBM）

（1）定向能量沉积技术

定向能量沉积技术制备的 Ti-6Al-4V 合金的组织结构特征，如图 4-5 所示。可以看出，在生长方向表现出明显的柱状晶特征，同时还出现了分布均匀的层带。现有研究认为 β 柱状晶是由基板外延生长导致的，层带是由当前层熔化时将上一层部分熔化后产生的微小热影响区（micro-heat affect zone，micro-HAZ）造成。另外，低能量密度条件下获得的微观组织为针状 α′ 马氏体，高能量密度条件下获得了 α′+（α+β）混合组织，并且在初生 β 相周围出现了厚度约为 $1\sim2\mu m$ 的 α 层[6]。

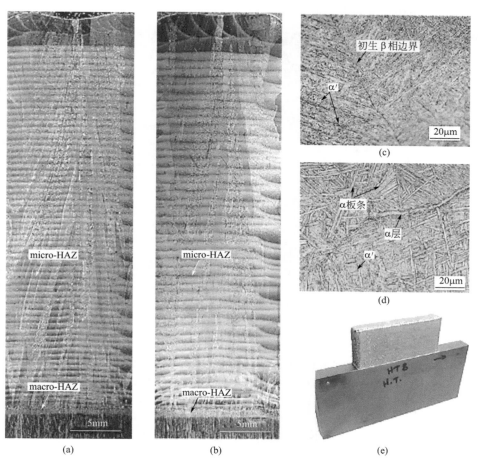

图 4-5　定向能量沉积 Ti-6Al-4V 材料的微观组织特征[6]
（a）低能量密度条件的低倍金相组织；（b）高能量密度条件的低倍金相组织；（c）低能量密度条件的
高倍金相组织；（d）高能量密度条件的高倍金相组织；（e）样品的宏观照片

为了阐明工艺参数对 Ti-6Al-4V 微观组织的影响，美国空军研究实验室材料和制造局（Air Force Research Laboratory Materials and Manufacturing Directorate）[7] 选用了两种不同类型的激光器进行了 Ti-6Al-4V 合金的工艺实验，即低功率的 Nd:YAG 激光器（750W，1mm 光斑直径，能量高斯分布）和高功率的 CO_2 激光器（1400W，13mm 方形光斑，能量均匀分布），结果如图 4-6 所示。低功率下，β 晶粒的宽度分别为 $120\mu m$ 和 $115\mu m$，而高功率激光器下制备的 Ti-6Al-4V 中 β 柱状晶的宽度为 $750\mu m$。粗大 β 柱状晶的出现表面凝固速度非常快，因此晶粒不会在固液界面前沿形核。柱状晶的生长角度是由激光束在扫描过程中快速移动时热流方向的变化决定的。对于 Nd:YAG 激光器，热流方向受激光运动的影响显著，而 CO_2 系统中，热流方向不受影响。Nd:YAG 激光系统获得的微观组织基本相近，细小魏氏组织内部包含着细小的晶内和晶界等轴 α 相，表明低功率、小光斑条件下 Ti-6Al-4V 的冷却速度非常高。对于 CO_2 激光器，相对较高的能量投入以及大光斑下，冷却速度较慢，晶粒内部的魏氏组织尺寸较大，但在晶界处还是发现了连续的 α 相。

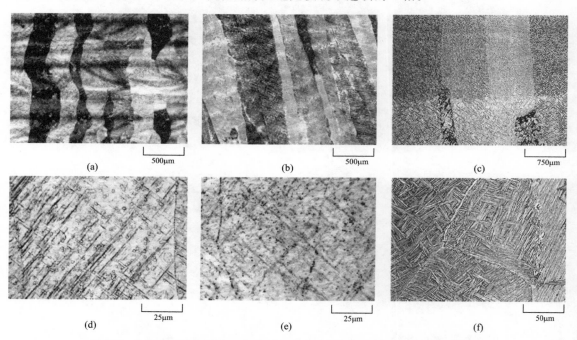

图 4-6　激光器类型对直接能量沉积 Ti-6Al-4V 合金微观组织的影响[7]
(a)，(d) Nd:YAG 激光器参数 1；(b)，(e) Nd:YAG 激光器参数 2；(c)，(f) CO_2 激光器

（2）激光选区熔化技术

与 DED 技术类似，SLM 成形的 Ti-6Al-4V 也同样表现出了明显的外延生长特征[8]。由于激光选区熔化的冷却速度较快，因此，在 β 晶粒中存在大量的针状 α′ 马氏体，如图 4-7 所示。晶粒的宽度与扫描路径的宽度大致相同。随着热量输入的增加，扫描路径的宽度变得更大，导致晶粒越发粗大。此外，局部热传导决定了马氏体的取向。由于局部热传导受扫描策略的影响，马氏体的取向也受扫描策略的影响。对于 Z 字形扫描，微观组织在水平面上表现出了人字形花样，在竖直方向，晶粒倾斜约 20°。

最近的研究结果表明，SLM 成形工艺参数对 Ti-6Al-4V 的微观组织影响显著[9]。单道和多层扫描，粉层厚度，离焦量和能量密度的变化均会对材料的微观组织产生影响。结果表明，当粉末床预热至 200℃时，层厚度在 30～90mm 之间变化时，可以通过优化工艺参数实现 α′ 马氏体的原位分解，从而不需热处理直接打印出韧性优异的细小 α+β 片层结构，如图 4-8 所示。

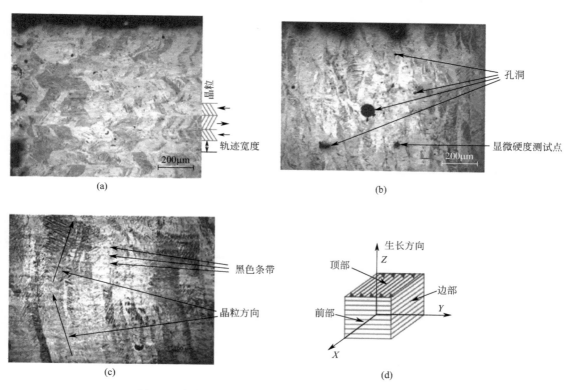

图 4-7　激光选区熔化成形 Ti-6Al-4V 合金的微观组织[8]

（a）X-Y 平面的人字形结构；（b）靠近顶端处 X-Z 平面的微观组织；

（c）X-Z 平面的微观组织；（d）激光选区熔化扫描策略示意

（3）电子束选区熔化技术

SEBM 成形 Ti-6Al-4V 合金沉积态典型组织为沿竖直方向的柱状原始 β 晶粒及内部复杂 α+β 组织，见图 4-4。SEBM 技术成形的 Ti-6Al-4V 合金的组织形成经历了凝固和固态相变两个过程。凝固形成粗大柱状原始 β 晶形貌的主要原因包括：

① 溶质元素 Al 和 V 在 Ti 中的生长限制因子 [growth restriction factor Q，$Q = mC_0$ $(k-1)$，式中，m 为液相线斜率；C_0 为溶质浓度；k 为溶质的平衡分配系数] 接近 0，不易形成成分过冷（constitutional supercooling），限制了固液界面前沿中新晶粒的形核。

② Ti-6Al-4V 合金的液固两相区较窄，有利于固相的外延性生长。

③ SEBM 成形过程中较高的温度梯度（$3 \times 10^3 \sim 5 \times 10^3$ K/cm）和沿竖直方向的单向散热特征，促进了液态金属从固相外延长的过程，或因液态金属中新的晶核来不及形成即被外延生长的柱状晶体所"吞没"，形成柱状晶形貌。

另外，高能的电子束使液态 Ti-6Al-4V 合金过热程度较大，非自发形核的数目减少，也促进了柱状晶的外延生长。在层层堆积的过程中，处于不利取向（<001>方向较大偏离竖直方向）的原始 β 晶粒的生长被抑制，因而形成了图 4-9 所示的粗大柱状晶形貌。

3D打印金属材料
Metal
Materials
for 3D Printing

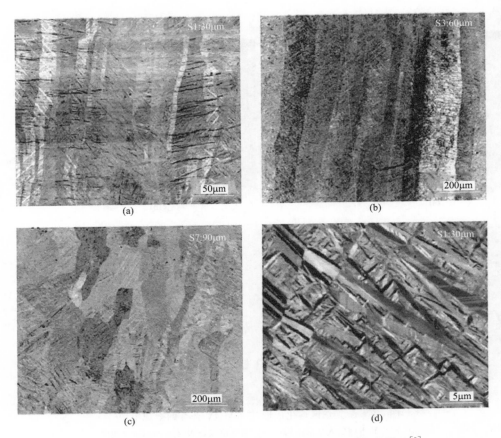

图 4-8　粉层厚度对 SLM 成形 Ti-6Al-4V 合金微观组织的影响[9]

（a）粉层厚度 30μm：内部含有大量马氏体的细小柱状晶（晶粒直径约 15μm）；
（b）粉层厚度 60μm：超细的 α+β 片层结构；（c）粉层厚度 90μm：针状马氏体与 α+β
片层的混合结构；（d）（a）中的初生细小柱状晶内部显微结构

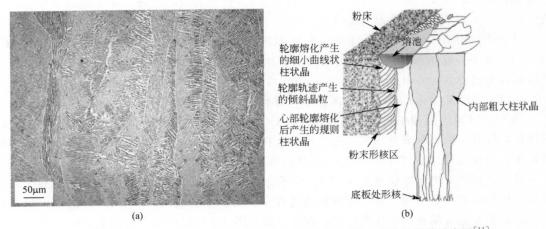

图 4-9　SEBM 成形 Ti-6Al-4V 合金中侧面由外向里的原始 β 晶粒的形貌示意图[11]

Kobryn 和 Semiatin[7] 在研究 Ti-6Al-4V 合金的定向凝固时绘制了合金的凝固路径图，Al-Bermani 等人[10] 采用 Rosenthal 方程得出了 SEBM 成形 Ti-6Al-4V 合金在不同工艺参数下的凝固路径（见图 4-10）。虽然熔池的凝固末端均进入了等轴晶区，且计算得凝固末端满足界面失稳的条件（即满足成形成分过冷的条件）：

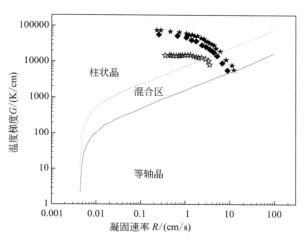

图 4-10　SEBM 成形 Ti-6Al-4V 合金凝固路径图

$$\frac{G}{R}<\frac{\Delta T_{\mathrm{E}}}{D_{\mathrm{L}}} \tag{4-1}$$

式中，G 为温度梯度，K/m；R 为凝固速率，m/s；ΔT_{E} 为凝固温度区间，K；D_{L} 为液态中的溶质扩散常数，$\mathrm{m^2/s}$。但在沉积态组织中并没有观察到等轴晶的存在，这可能是由于熔池末端凝固速率太快而新的晶粒短时间内无法形核造成的。有限元数值模拟和 Rosenthal 方程分析了高能束（激光或者电子束）成形 Ti-6Al-4V 的凝固过程，发现增大高能束的功率可以使熔池的凝固末端进入等轴晶区，但在 SEBM 成形过程中尚未实现。

除沿竖直方向生成的柱状原始 β 晶外，SEBM 技术成形的 Ti-6Al-4V 合金样品侧面受周围未熔化粉末的影响产生"皮肤区"，形成图 4-9 所示的由外到里呈层状的凝固组织形貌[11]：

① 取向杂乱的包括侧面未完全熔化粉末的细晶区；

② 向内且斜向上生长至轮廓扫描路径中心线的细柱状晶区；

③ 次外层中取向优先的晶粒沿轮廓扫描路径中心线向上生长形成的"轴向"晶区；

④ 轮廓扫描路径中心线内侧的柱状晶区；

⑤ 竖直生长的粗大无规则柱状晶区（即中间扫描填充区）。

1～2mm 厚的样品，主要包含①～③区域的组织；>2mm 厚的样品，则包含①～⑤所有区域的组织。

Lu 等人[12] 在 SEBM 成形 Ti-6Al-4V 合金过程中，首次发现并表征了块状相变和块状相晶粒形貌特征（图 4-11）。SEBM 技术成形 Ti-6Al-4V 合金过程中，块状相变发生的温度区间为 800～893℃，块状相晶粒生长最大速率约为 152μm/s。块状相晶粒大部分在原始 β 界处形核并可跨原始 β 晶界生长，并且 Ti-6Al-4V 合金内块状相可通过原位分解转变为超细的 α+β 组织，丰富了现有经典微观组织形貌。同时，块状相的分解遵守 Burgers 位向关系：$[111]$ // $[2\bar{1}\bar{1}0]$，(110) // (0002)，或近 Burgers 位向关系：$[111]$ // $[1\bar{2}\bar{1}3]$，$(0\bar{1}1)$ // $(0\bar{1}11)$。

对 SEBM 技术成形 Ti-6Al-4V 合金沉积态组织进行电子背散射衍射扫描并重构了柱状原始 β 晶粒，结果发现柱状原始 β 晶粒具有较强的 <001>//Z（竖直方向）的织构成分（极密度强度为 10）和沿垂直方向呈 45°旋转的取向组成，且原始 β 晶内具有较复杂的亚结构[13]。Antonysamy 等人[11,14] 的工作也证实了沉积态中较强的 <001>//Z 的织构组成

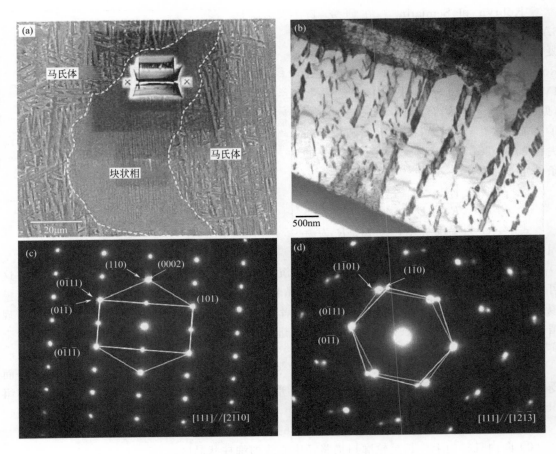

图 4-11　块状相变和块状相晶粒形貌特征[12]

（a）SEBM 技术制备块状相区内 TEM 样品的位置；（b）块状相内组织的明场像，其中深色的点状和
条状相为 β 相，基体为块状 α_m 相，块状相内 α_m 基体与 β 析出相的位向关系 ［(c)和（d）］；（c）为典型的
Burgers 位向关系；（d）取自另外一个块状相内的 TEM 样品，显示近 Burgers 位向关系 ［111］//［$1\bar{2}1\bar{3}$］

（极密度强度为 8），但他们发现随着与底板距离的升高，织构的成分也在相应变化。在近底板时主要为立方织构（0.5mm 处），随后逐渐从＜001＞立方织构（5mm 处）变为＜001＞//Z 的线织构（25mm 处），在接近成形样品顶部表面时变为上述两种织构成分的混合（见图 4-12）。

　　扫描速度是电子束选区熔化技术中最为关键的参数之一，京都工业大学的研究人员基于 Arcam 公司的 S12 型 SEBM 成形系统，研究了电子束扫描速度对 Ti-6Al-4V 组织和性能的影响[15]。结果如图 4-13 所示，可以看出，Ti-6Al-4V 合金呈现出典型的柱状晶生长特征。在慢速扫描条件下，冷却速度较慢，Ti-6Al-4V 的室温组织由稳态的 α 相和 β 相组成，随着扫描速度的增加使得合金冷却速度加快，β 柱状晶的尺寸以及内部组织的尺寸均不断减小，同时 α′马氏体开始出现并且体积分数不断增加。

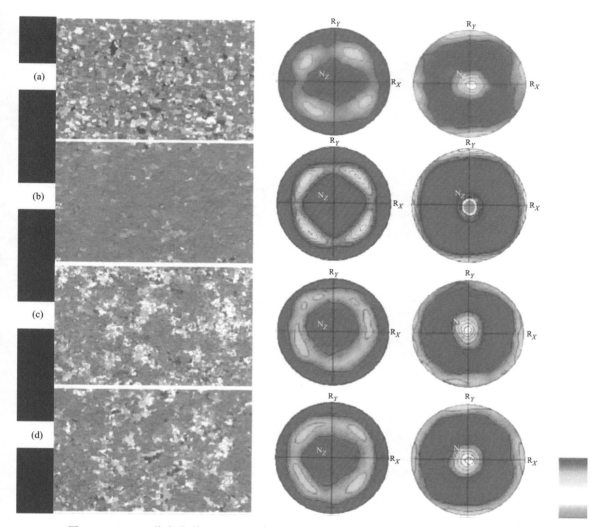

图 4-12　SEBM 技术成形 Ti-6Al-4V 合金距底板不同距离处的织构变化信息（见彩图）[11]
(a) 0.5mm；(b) 5mm；(c) 25mm；(d) 35mm

4.2.3　3D 打印 β 型钛合金的微观组织

近年来，由于优异的生物相容性、耐腐蚀性和较低的弹性模量，商业纯钛（CP-Ti）和 Ti-6Al-4V 合金已被作为生物金属材料应用于临床。但纯钛的强度过低，并且现有研究已经发现，Ti-6Al-4V 合金中的 Al 和 V 元素在长期植入过程中可能会对人体产生一些诸如阿尔茨海默病及其他的过敏反应[16,17]，使得低模量、不含毒性元素的 β 生物医用钛合金的开发成了研究的热点。另外，随着个性化诊疗的不断深入，同时 3D 打印 Ti-6Al-4V 合金在生物医疗领域取得的巨大成功，越来越多的研究开始关注 3D 打印 β 型钛合金，但相关研究仅处于起步阶段。因此，本部分内容主要介绍目前报道的 β 型钛合金的组织结构特点。

3D打印金属材料
Metal
Materials
for 3D Printing

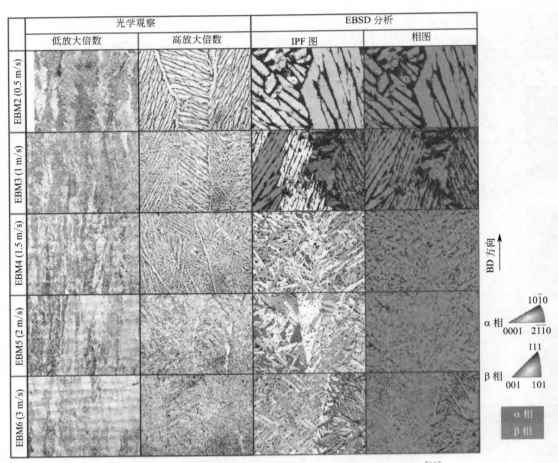

图 4-13　扫描速度对 Ti-6Al-4V 微观组织的影响（见彩图）[15]

（1）TiNb 系合金

比利时鲁汶大学以气雾化粉末为原料，采用激光选区熔化技术研究了 Ti-45Nb 合金的组织和性能[18,19]。结果如图 4-14 所示，激光束的移动轨迹形成的微小熔池边际清晰可见，形成了宽度约 50μm 的晶粒。这些晶粒是由内部大量 1μm 大小的超细胞状亚晶粒组成的，并且胞状亚晶粒的方向是沿生长方向。上述组织与常规 SLM 成形获得的粗大柱状晶明显不同，这是由于合金中溶质元素含量高，凝固时固液界面极不稳定，凝固模式从 SLM 成形 Ti-6Al-4V 的平面模式转变为了胞状模式，同时大量溶质元素导致异质成核质点数量的增加也是超细胞状亚晶粒形成的另一原因。

在激光选区熔化制备的 Ti-26Nb 合金样品中同样发现，微观组织完全是由被拉长的非柱状 β 晶粒组成，并且晶粒表现出＜100＞择优取向的外延生长[17]（见图 4-15）。

哈尔滨工业大学的研究人员以等离子旋转电极雾化制备的球形粉末为原料，采用激光选区熔化技术制备了 Ti-30Nb-5Ta-3Zr 块体材料，并对其微观组织进行了分析[20]，结果如图 4-16 所示。Ti-30Nb-5Ta-3Zr 合金内部是由大量等轴 β 相和少数 α 相组成以及极少量的板条状 α′马氏体组成。沉积态样品的平均晶粒尺寸约为 17.6μm，是铸态样品的约 1/9（约 157.4μm）。

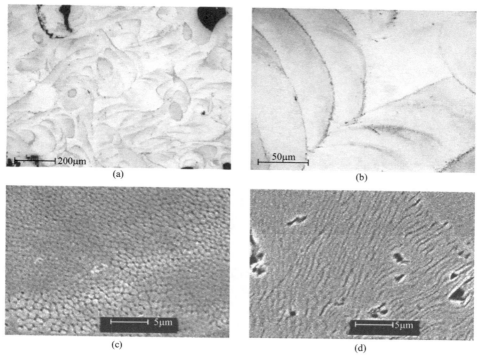

图 4-14　激光选区熔化形成的 Ti-45Nb 合金微观组织[18]

（a），（b）XY 平面金相；（c）XY 平面 SEM；（d）YZ 平面 SEM

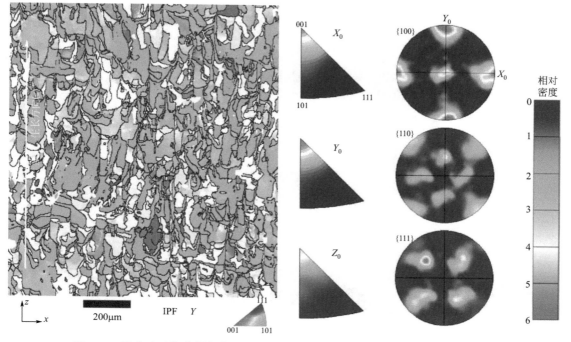

图 4-15　激光选区熔化制备的 Ti-26Nb 合金样品的 EBSD 结果分析（见彩图）[17]

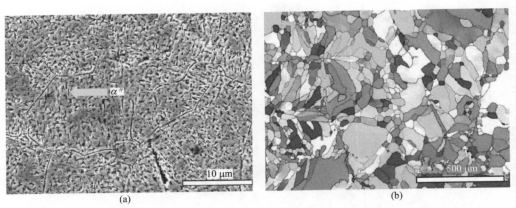

(a) (b)

图 4-16　激光选区熔化技术制备的 Ti-30Nb-5Ta-3Zr 合金微观形貌（a）和晶界分布结果（b）（见彩图）[20]

（2）TiNbZrSn 合金

　　Ti-24Nb-4Zr-7.9Sn 合金是我国自主开发的新型低模量 β 型钛合金，由中国科学院金属研究所研制开发，该合金在保持了钛合金优良力学性能的同时，具备了较低了弹性模量（约40GPa）。图 4-17 给出了 SLM 和 EBM 打印 Ti-24Nb-4Zr-7.9Sn 合金的微观组织[16,21~24]。由于 EBM 成形是在 Ti-24Nb-4Zr-7.9Sn 合金的时效温度之上，在粉床长时间保温过程中，

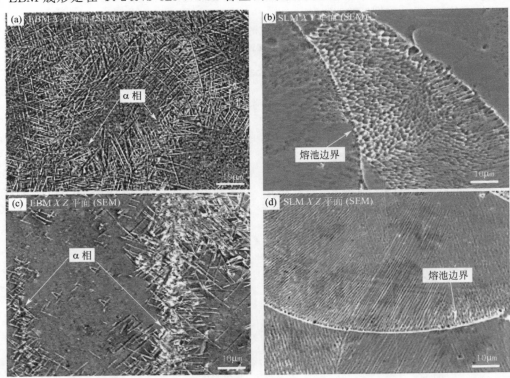

图 4-17　EBM 和 SLM 成形 Ti-24Nb-4Zr-7.9Sn 合金的微观组织[24]

（a），（c）EBM 成形的水平和竖直方向；（b），（d）SLM 成形的水平和竖直方向

针状 α 相在 β 相晶界大量形核，并向晶粒内部生长。在 β 相内部也析出了少量 α 相。对于 SLM，由于整个成形过程是在 200℃以下进行，并且流动的 Ar 气带走了大量的热量，导致 SLM 成形的过程中的冷却速度要远远高于 EBM，从而使得 α 相的析出被彻底抑制，最终形成了单一 β 相组织。从扫描电镜的结果中还可以看到激光束熔化粉末形成的熔池边界。

4.2.4 热等静压及热处理对 3D 打印钛合金微观组织的影响

现有 3D 打印钛合金的研究中，对于后期的热等静压及热处理主要是针对 Ti-6Al-4V 合金。因此，本部分首先介绍 3D 打印钛合金零件中的主要缺陷及其产生原因，随后重点阐述热等静压及后续热处理对 Ti-6Al-4V 微观组织的影响。

4.2.4.1 3D 打印钛合金零件中的典型缺陷

3D 打印技术成形零件中的微观缺陷主要有气孔和熔合不良两类。气孔［见图 4-18(a)］的主要来源有：①气雾化原料粉末中的空心粉；②粉末表面吸附的气体在快速凝固时来不及逸出而保留在成形件内；③成形件表面（水平面）的粗糙度影响粉层质量[5,25]。

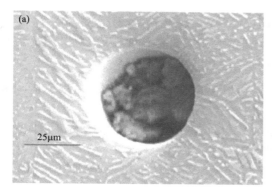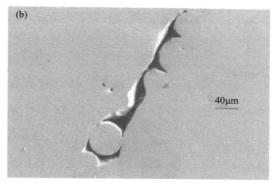

图 4-18　3D 打印 Ti-6Al-4V 中的典型缺陷[5]
(a) 残留气孔；(b) 熔合不良

采用含空心粉较少的等离子旋转电极雾化（plasma rotating electrode process，PREP）技术制备的钛合金粉末为原料可减少气孔的数量，PREP 技术制备的粉末可以直接满足激光熔化沉积技术的需要，但由于粉末粒度偏粗，只有部分可用于 SEBM 技术成形，但现有 PREP 技术还难以满足 SLM 技术的需要[26,27]。

熔合不良主要指由于成形工艺参数不当或粉层的不均匀等原因导致某些区域的粉末没有被完全熔化而在成形件中留下类球形粉末和狭长孔洞的现象［见图 4-18(b)］。

不同技术生产的球形金属粉末微观形貌及内部空隙特征如图 4-19 所示。

对于粉床电子束 3D 打印，Murr 等人[28] 认为产生熔合不良的缺陷主要是因为扫描填充工艺不合理和电子束的不稳定造成的。美国阿贡国家实验室采用高速 X 射线成像技术（high-speed synchrotron hard X-ray imaging and diffraction techniques）实时监测了粉床激光 3D 打印成形的整个过程（图 4-20）。该工作是以前所未有的空间和时间分辨率来定量研

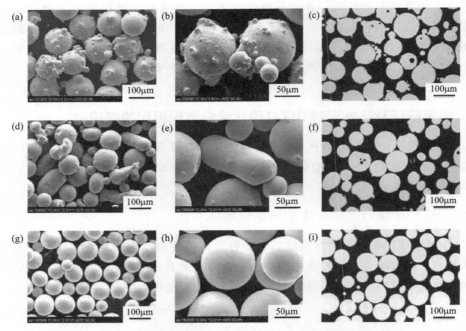

图 4-19　不同技术生产的球形金属粉末微观形貌及内部孔隙特征

（a）～（c）气雾化技术；（d）～（f）旋转雾化技术；（g）～（i）等离子旋转电极雾化技术

究钛合金粉床激光 3D 打印的重要物理过程，包括熔池动力学、粉末喷射、快速凝固和相变[29]。

　　现有研究结果表明，3D 打印内部的微观缺陷会对材料的力学性能产生影响，并且这些缺陷的分布在生长方向上存在不均匀性[30]，如图 4-21 所示，但对于这种不均匀现象产生的机制尚不清楚。直径为 $10\sim50\mu m$ 的球形缺陷被认为是由于粉末原料中的气孔遗传效应形成的，有报道称，降低 EBM 的扫描速度为气体逃逸出熔池提供了充分的时间，可有效减少孔缺陷的数量。热等静压已经被多次证明可以有效地减少这种微观缺陷的数量[25,31,32]。

4.2.4.2　热等静压对 3D 打印 Ti-6Al-4V 合金组织的影响

　　现有研究结果表明，3D 打印钛合金的动态力学性能，在沉积态条件下还无法与锻件相媲美。这主要是由于 3D 打印钛合金中普遍存在一定的孔缺陷，如图 4-22 所示。为提高 3D 打印钛合金的动态力学性能，热等静压（HIP）通常被用来消除上述孔缺陷。大量研究结果表明，经过 HIP 处理后，3D 打印 Ti-6Al-4V 的疲劳性能能够达到锻件水平。此外，HIP 还能够使 3D 打印钛合金的显微组织和力学性能趋于一致，并且消除或缓解沉积态条件下展现出的各向异性，这对于 3D 打印钛合金的工程应用具有重要的意义。

　　图 4-23 给出了热等静压温度对 EBM 成形 Ti-6Al-4V 板材（3mm）微观组织的影响，可以看出，沉积态下 β 柱状晶内部分布的正交的板条 α′ 马氏体、α 片层、少量的残余 β 相以及晶界 α 相。870℃热等静压处理后，α+β 片层以及晶界 α 相的尺寸都明显增大，但正交分布的板条 α′ 马氏体形貌特征依然可见。当热等静压温度提高至 900℃以上，马氏体彻底消

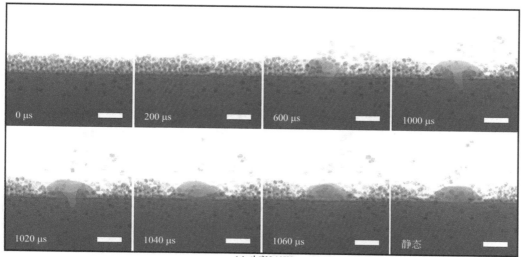

(a) 功率340W

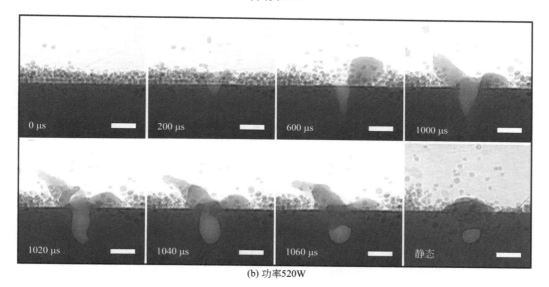

(b) 功率520W

图 4-20　粉床激光 3D 打印成形过程中的缺陷产生过程[29]

失，Ti-6Al-4V 合金的组织进一步粗化[25]。

4.2.4.3　热处理对 3D 打印 Ti-6Al-4V 合金组织的影响

钛合金的相变是钛合金热处理的基础，为了改善钛合金的性能，除了采用合理的 3D 打印工艺外，还需要配合适当的热处理才能实现。常规钛合金的热处理种类较多，常用的有退火处理、时效处理、变形热处理和化学热处理等。但对于 3D 打印金属制备的 Ti-6Al-4V 零件，由于零件形状比较复杂，因此一般仅限于普通的退火处理，其目的在于消除热应力，提高合金的塑性及稳定组织。

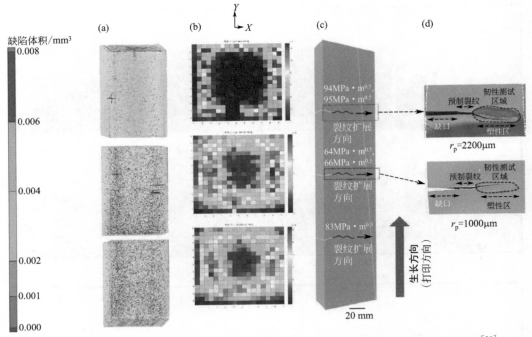

图 4-21　EBM 成形 Ti-6Al-4V 合金高度方向缺陷分布及对力学性能的影响（见彩图）[30]

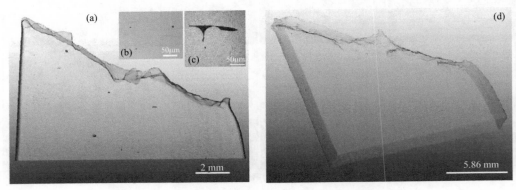

图 4-22　热等静压处理前后钛合金的 μ-CT 扫描结果[25]

(a) 沉积态；(b) 球形孔；(c) 熔合不良；(d) 热等静压态

(1) 热处理对 SEBM 成形 Ti-6Al-4V 合金组织的影响

对于 SEBM 成形的 Ti-6Al-4V 合金，比利时布鲁塞尔自由大学的研究人员系统研究了热处理温度以及冷却方式对合金组织的影响规律。实验人员在 β 转变点上下各 50℃选择了两个温度及两种冷却方式进行了热处理工艺研究[33]，结果如图 4-24 所示。β 转变点以下（950℃）热处理对合金微观组织的影响有限，柱状晶的特点依然保留，并且 β 晶粒的宽度没有显著增加。这是由于在 β 转变点以下热处理，残余的初生 α 相是沿着 β 柱状晶的晶界，导致柱状晶受到晶界 α 相的阻碍无法长大，仅仅发生了 α 片层的粗化。α 片层粗化的程度是由热处理时的冷却速度决定，炉冷条件下粗化严重。β 转变点以上热处理，抑制 β 晶粒长大的

横截面(XY平面)　　　　　　　　　　竖直面(ZX平面)

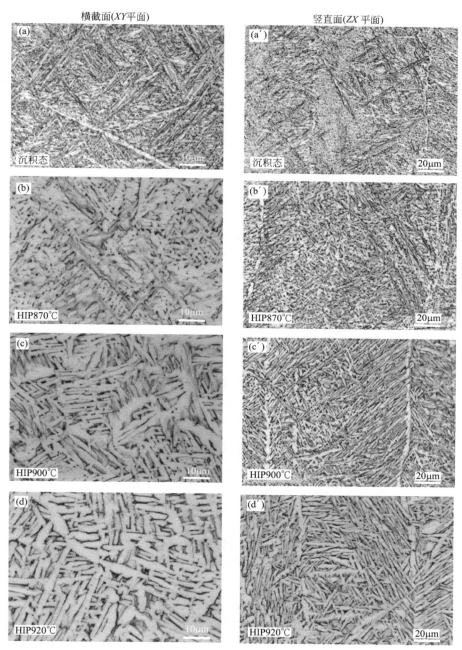

图 4-23　热等静压工艺参数对 EBM 成形 Ti-6Al-4V 合金微观组织的影响[25]
(a)，(a′) 沉积态；(b)，(b′) 870℃/2h；(c)，(c′) 900℃；(d)，(d′) 920℃

阻碍消失，β 晶粒迅速长大，原始的柱状晶被粗大的等轴晶替代。在空冷条件下，β→α 转变生成了细小的 α 片层；炉冷时，α 相首先在晶界处形核，最终形成了连续的晶界 α 相。随后，α 片层从晶界 α 相形核并向 β 相内生长，形成了大量取向一致的 α 集束。α 片层持续长

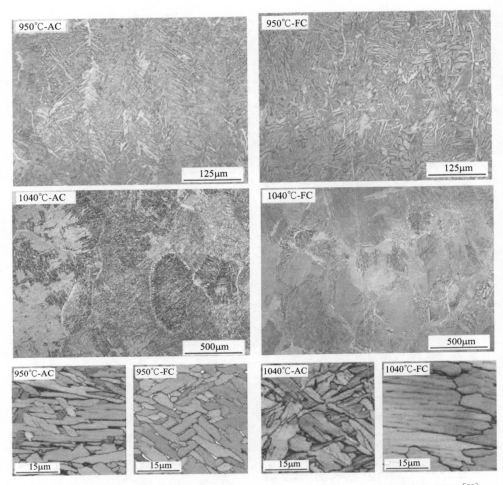

图 4-24 　热处理温度以及冷却方式对 SEBM 成形 Ti-6Al-4V 组织的影响（见彩图）[33]

AC—空冷；FC—炉冷

大，直至相互接触或者遇到 β 晶界。因此，β 退火后的片层尺寸通常大于 500μm。

(2) 热处理对 SLM 成形 Ti-6Al-4V 合金组织的影响

与 SEBM 不同，SLM 的整个成形过程中没有预热，激光束将粉末颗粒熔化成液体，然后再冷却到固体的过程中，会出现 6.7% 的体积收缩，导致 SLM 成形 Ti-6Al-4V 零件内部的残余应力较大。因此，SLM 后通常会将零件进行去应力退火，温度一般选择在 730℃，退火后的组织形貌如图 4-25 所示。可以看到，退火后的合金内部组织变化并不明显，柱状晶以及内部的 α+β 片层并没有发生明显变化，针状 α' 马氏体的量略有减少[34~36]。

与 SEBM 相同，SLM 成形的 Ti-6Al-4V 合金也分别在 β 转变点上下进行了热处理。对于 β 转变点以上，在水冷（WQ）条件下获得的组织形貌如图 4-26 所示。原始柱状晶的结构被彻底改变，出现了 200μm 左右的 β 等轴晶，内部分散着 1μm 的针状 α' 马氏体。然而研究发现，1050℃水冷获得的马氏体尺寸要明显大于 SLM 沉积态的马氏体[34]。

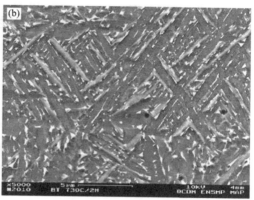

图 4-25　去应力退火（730℃/2h）后 SLM 成形 Ti-6Al-4V 合金的组织形貌[34]
（a）未腐蚀的背散射形貌；（b）腐蚀后的二次电子形貌

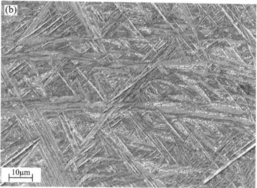

图 4-26　β 退火（1050℃/1h/WQ）对 SLM 成形 Ti-6Al-4V 合金微观组织的影响[34]

在 β 转变点以下热处理的结果与 SEBM 的结果类似，柱状晶的特点被完全保留，针状的 α′马氏体被彻底分解，产生的晶界 α 相阻碍了等轴 β 晶界的移动和长大，同时快速冷却下合金内部还是产生了一些新的 α′马氏体（图 4-27）。

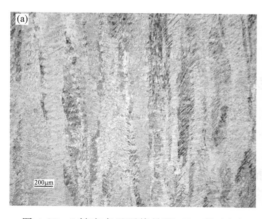
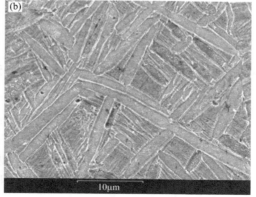

图 4-27　β 转变点以下热处理（950℃/1h/WQ）对 SLM 成形 Ti-6Al-4V 合金组织的影响[34]

4.3 3D打印钛合金的力学性能

金属粉末与高能束的快速交互作用以及由此产生的超高冷却速率（$10^3 \sim 10^5 \mathrm{K/s}$）诱导的快速凝固行为使得材料的微观组织显著改变，并因此产生优于传统工艺的力学性能。3D打印 Ti-6Al-4V 合金的显微组织是由粗大的柱状初始 β 晶粒组成，但 β 晶粒内部的组织十分细小，这导致 3D 打印 Ti-6Al-4V 合金，在直接成形状态（沉积态）或经后续热处理后，其室温屈服强度、抗拉强度、塑性等能够全面达到锻件水平，如表 4-2 所示。但需要关注的是，3D 打印钛合金的微观组织与成形工艺参数和后续热处理制度密切相关。因此，本小结中列举了现有文献报道的 3D 打印 Ti-6Al-4V 静态拉伸和动态疲劳性能，同时分析了工艺参数和后续热处理对 Ti-6Al-4V 性能的影响规律。

表 4-2　3D 打印技术制备 Ti-6Al-4V 合金室温拉伸性能

技术类型	研究机构	状态	屈服强度/MPa	抗拉强度/MPa	延伸率/%
DED-L	美国 AeroMet 公司	热处理态	827～896	896～999	9～12
	西北工业大学	沉积态	890～955	955～1000	10～18
		热处理态	920～1080	1050～1130	13～15
DED-D	美国 NASA	沉积态	837	907	11
	北京航空制造研究所	沉积态	≥853	≥942	≥8.5
DED-A	英国 Crankfield 大学	热处理态	805～865	918～965	8.2～14.1
SLM	德国 EOS 公司	热处理态	945～965	1055～1075	13～14
SEBM	瑞典 Arcam 公司	沉积态	950	1020	14
	西北有色金属研究院	沉积态	822～960	910～1039	13.5～17.8
锻件标准		退火态	≥825	≥895	≥8～10

4.3.1 3D打印零件力学性能测试的相关标准

美国材料实验协会（ASTM）为 3D 打印中力学性能测试样品的命名和术语制定了国际标准 ISO/ASTM 52921-13[37]，如图 4-28 所示。标准中规定，矩形测试样品需要三个字母（X，Y 和 Z）来提供完整的方向指定，其中 X 轴指定为平行于机器的前部，而 Z 轴指向垂直方向，Y 轴垂直于 X 轴和 Z 轴，正方向遵循右手定则坐标系。名称中的第一个字母表示对应于平行于最长外形尺寸的轴，而第二个和第三个字母表示对应于平行于第二个和第三个最长外形尺寸的轴。

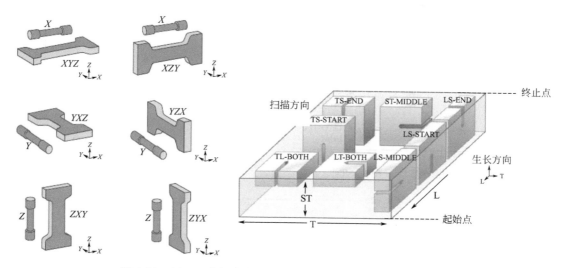

图 4-28　ASTM 中规定的 3D 打印样品取样测试时的命名方法

4.3.2　3D 打印钛合金的静态拉伸力学性能

图 4-29、图 4-30 和表 4-3～表 4-5 汇总了当前文献报道的部分 3D 打印成形 Ti-6Al-4V 合金的静态拉伸力学性能数据[6,10,25,27,31,32,34~36,38~72]。从现有数据可以看出，以激光束为能量源的打印技术，无论是激光选区熔化还是定向能量沉积技术，制备的 Ti-6Al-4V 合金在沉积态下，延伸率均难以达到锻造退火态的最低要求（10%），而抗拉强度可以很容易达到指标要求。造成这一现象的主要原因在于 3D 打印 Ti-6Al-4V 内部微观组织尺寸要明显小于常规铸造和锻造态，但残余应力和孔隙缺陷导致了材料塑性的降低。对于电子束选区熔化技术而言，由于相对较高的粉末床温度（基板通常设定在约 730℃），在成形的过程中即完成了对零件的退火处理，因此通常不需要去应力退火处理即可获得较高的强度和延伸率。

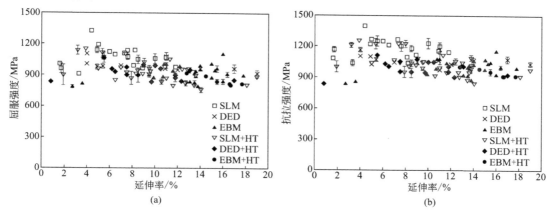

图 4-29　3D 打印 Ti-6Al-4V 合金静态拉伸力学性能

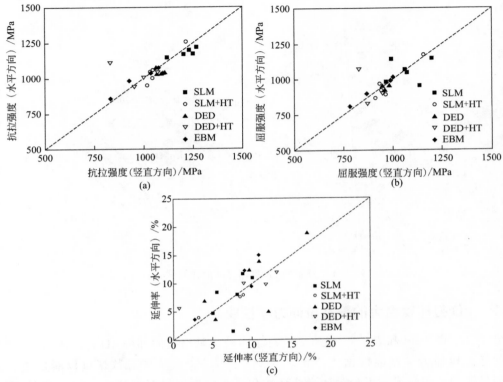

图 4-30　3D 打印 Ti-6Al-4V 合金力学性能各向异性

表 4-3　定向能量沉积技术制备的 Ti-6Al-4V 合金静态力学性能

序号	状态	取样方向	粉末氧含量 （质量分数） /%	屈服强度 /MPa	抗拉强度 /MPa	延伸率 /%	参考文献
1	沉积态	竖直	0.092	976±24	1099±2	4.9±0.1	[53]
2	沉积态	竖直	0.08	950±2	1025±10	12±1	[32]
3	沉积态	水平	0.08	950±2	1025±2	5±1	
4	沉积态	竖直	0.173	960±26	1063±20	10.9±1.4	[54]
5	沉积态	水平	0.173	958±19	1064±26	14±1	
6	沉积态	竖直	0.19	1105±19	1163±22	4±1	[52]
7	沉积态	竖直	—	1005	1103	4	[6]
8	沉积态	水平	—	990	1042	7	
9	沉积态	竖直		984±25	1069±19	5.4±1.0	[51]
10	沉积态	水平		958±14	1026±17	3.8±0.9	[51]
11	沉积态			1069	1172	11	[50]
12	沉积态			1077	973	11	[49]

续表

序号	状态	取样方向	粉末氧含量（质量分数）/%	屈服强度/MPa	抗拉强度/MPa	延伸率/%	参考文献
13	沉积态	竖直	0.17	961±40	1072±33	17±4	[40]
14	沉积态	水平	0.17	916±34	1032±31	19±4	[40]
15	700~730℃，2h	竖直	0.104	832	832	0.8	[46]
16	700~730℃，2h	水平	0.104	1066	1112	5.5	
17	760℃，1h，AC	竖直	—	1000	1073	9	[6]
18	760℃，1h，AC	竖直		991	1044	10	
19	950℃，AC	竖直	0.19	975±15	1053±18	7.5±1	[52]
20	950℃，FC	竖直	0.19	959±12	1045±16	10.5±1	
21	1050℃，AC	竖直	0.19	931±16	1002±19	6.5±1	
22	1050℃，FC	竖直	0.19	900±14	951±15	7.5±1	
23	980℃，1h，FC	竖直		870±37	953±18	11.8±1.3	[51]
24		水平		830±15	942±13	9.7±2.2	
25	β相区以下退火并时效处理	—	—	839	900	12.3	[45]
26	退火			827~965	896~1000	1~16	[44]
27	轧制后退火			958	1027	6.2	[43]
28	900℃，100MPa，2h	竖直	0.104	949	1006	13.1	[46]

表 4-4　激光选区熔化技术制备的 Ti-6Al-4V 合金静态力学性能

序号	状态	取样方向	粉末氧含量（质量分数）/%	屈服强度/MPa	抗拉强度/MPa	延伸率/%	参考文献
1	沉积态	竖直	—	910±9.9	1035±29	3.3±0.76	[64]
2	沉积态	竖直	—	1125	1250	6	[63]
3	沉积态	竖直	0.13	1137±20	1206±8	7.6±2	[34]
4	沉积态	水平	0.13	962±47	1166±25	1.7±0.3	
5	沉积态	竖直		1110±9	1267±5	7.28±1.12	[65]
6	沉积态	竖直	0.19	990±5	1095±10	8.1±3	[66]
7	沉积态	水平		1140±10	1040±10	8.2±0.3	
8	沉积态	竖直		1100±12	1211±3	6.5±0.6	[62]
9	沉积态	竖直	0.123	986	1155	10.9	[36]
10	沉积态	水平	0.14	1008	1080	1.6	[35]
11	沉积态	竖直		1330	1400	4.4	[70]

续表

序号	状态	取样方向	粉末氧含量（质量分数）/%	屈服强度/MPa	抗拉强度/MPa	延伸率/%	参考文献
12	沉积态	竖直		1070±50	1250±50	5.5±1	[31]
13	沉积态	水平		1050±40	1180±30	8.5±1.5	
14	沉积态	竖直		1195±19	1269±9	5±0.5	[67]
15	沉积态	水平		1143±30	1219±20	4.89±0.6	
16	沉积态	竖直		1060±50	1230±50	10±2	[48]
17	沉积态	水平		1070±50	1200±50	11±3	
18	沉积态	竖直	—	967±10	1117±3	8.9±0.4	[39]
19	沉积态	水平	—	978±5	1143±6	11.8±0.5	[39]
20	沉积态	水平	—	1075±25	1199±49	7.6±0.5	[39]
21	540℃,2h,WQ	竖直	—	1118±39	1223±52	5.36±2.02	[65]
22	850℃,2h,FC	竖直	—	955±6	1004±6	12.84±1.36	
23	850℃,5h,FC	竖直	—	909±24	965±20	—	
24	1050℃,0.5h,AC+843℃,2h,FC	竖直	—	801±20	874±23	13.45±1.18	
25	1020℃,2h,FC	竖直	—	760±19	840±27	14.06±2.53	
26	705℃,3h,AC	竖直	—	1026±35	1082±34	9.04±2.03	
27	940℃,1h,AC+650℃,2h,A C	竖直	—	899±27	948±27	13.59±0.32	
28	1050℃,0.5h,AC+730℃,2h,AC	竖直	—	822±25	902±19	12.74±0.56	
27	640℃,4h	竖直		1104±8	1225±4	7.4±1.6	[42]
28	640℃,4h	竖直		1140±43	1214±24	3.2±2.0	
29	640℃,4h	水平		1152±11	1256±9	3.9±1.2	
30	700℃成形	水平	0.08	约850	约940	6.5	[71]
31	700℃,1h,10℃/min	水平	0.148	1051	1115	11.3	[36]
32	900℃,2h+700℃,1h,10℃/min 冷却	水平	0.148	908	988	9.5	[36]
33	900℃,100MPa,2h+900℃,2h+700℃,1h,10℃/min 冷却	水平	0.148	885	973	19	[36]
34	730℃,2h,AC	竖直	0.13	965±16	1046±6	9.5±1	[34]
35	730℃,2h,AC	水平	0.13	900±101	1000±53	1.9±0.8	[34]

续表

序号	状态	取样方向	粉末氧含量 (质量分数) /%	屈服强度 /MPa	抗拉强度 /MPa	延伸率 /%	参考文献
36	950℃,1h,WQ+ 720℃,2h,AC	竖直	0.13	944±8	1036±30	8.5±1	[34]
37	950℃,1h,WQ+ 720℃,2h,AC	水平	0.13	925±14	1040±4	7.5±2	[34]
38	1050℃,1h,WQ+ 820℃,2h,AC	竖直	0.13	913±7	1019±11	8.9±1	[34]
39	1050℃,1h,WQ+ 820℃,2h,AC	水平	0.13	869±64	951±55	7.9±2	[34]
40	800℃,2h	水平	0.14	962	1040	5	[35]
41	1050℃,2h	水平	0.14	798	945	11.6	[35]
42	920℃,100MPa,2h	水平	0.14	912	1005	8.3	[35]
43	800℃,2h,Ar	水平	—		1228.1±32.4	8±1.5	[41]
44	1050℃,2h,真空	水平	—		986.4±45.2	13.8±0.8	[41]
45	920℃,100MPa,2h	水平	—		1088.5±26.3	13.8±1.3	[41]
46	950℃,0.5h	竖直		960±19	1042±20	13±0.6	[41]
47	1000℃,1h,FC(4h)	—	—	826.87	945.85	12.67	[55]
48	1000℃,1h,FC(34h)			804.77	908.63	18.11	[55]
49	热处理制度1	竖直	0.19	835±5	915±5	10.6±0.6	[66]
50	热处理制度2	水平	0.19	870±15	990±15	11.0±0.5	[66]
51	730℃,2h,FC	竖直	—	937±9	1052±11	9.6±0.9	[39]
52	730℃,2h,FC	水平	—	958±6	1057±8	12.4±0.7	[39]
53	730℃,2h,FC	水平	—	974±7	1065±21	7.0±0.5	[39]

表 4-5　电子束选区熔化技术制备的 Ti-6Al-4V 合金静态力学性能

序号	状态	取样方向	氧含量 (质量分数) /%	屈服强度 /MPa	抗拉强度 /MPa	延伸率 /%	断面收缩率 /%	文献
1	沉积态	竖直	0.080	834±10.0	920±10.0	16.0±0.3	54±3.0	[27]
2	沉积态	竖直	0.097	870±8.0	970±10.0	15.0±0.3	46±3.0	
3	沉积态	竖直	0.14	822±25.0	910±20.0	13.5±1.0	53±4.0	
4	沉积态	竖直	0.17	891.5±4.5	986.5±3.5	17.8±0.8	50.0±1.0	
5	沉积态	竖直	0.18	939.6±3.6	1028.1±4.1	15.3±1.8	42.1±4.1	
6	沉积态	竖直	0.19	960±30.0	1039.3±2.7	15.5±0.9	—	

3D打印金属材料
Metal
Materials
for 3D Printing

序号	状态	取样方向	氧含量（质量分数）/%	屈服强度/MPa	抗拉强度/MPa	延伸率/%	断面收缩率/%	文献
7	沉积态	竖直	0.10	903.6±24.6	991.8±21.7	16.4±0.8	51.4±2.4	[72]
8	沉积态	竖直		928.7±13.3	1011.7±14.8	13.6±1.4	38.9±2.8	
9	沉积态	竖直		911.9±34.3	995.5±28.5	13.5±0.4	33.9±1.5	
10	沉积态	—	0.15	950	1020	14	40	[38]
11	沉积态	竖直	0.191	988±25	1060±25	14±5		[57]
12	沉积态	竖直	0.22	984.1±8.5	1032.9±12.9	9.0±2.9		[58]
13	沉积态	水平	0.22	982.9±5.7	1029.7±7	12.2±0.8		
14	沉积态	竖直	0.1	1001±2.5	1073±2.6	10.8±17.6		[59]
15	沉积态	水平	0.1	1006±2.9	1066±0.9	15±12.9		
16	沉积态	—	0.13	830±5	915±10	13.1±0.4		[47]
17	沉积态	水平	—	783±15	833±22	2.7±0.4		[56]
18	沉积态	竖直	—	812±12	851±19	3.6±0.9		
19	沉积态	竖直	0.13	1150	1200	25		[68]
20	沉积态	竖直	0.13	1100	1150	16		
21	沉积态	竖直	—	869±7.2	928±9.8	9.9±1.7		[67]
22	沉积态	水平		899±4.7	978±3.2	9.5±1.2		
23	沉积态	—	0.141	1001±42	1073±45	11±1		[60]
24	沉积态	竖直	0.075	788	870	13.8		[61]
25	沉积态	竖直	0.228	883.7±10.6	993.9±5.6	13.6±0.9		[10]
26	沉积态	竖直	0.233	932.4±3.2	1031.9±2.6	11.6±1.5		
27	沉积态	竖直	0.246	928.8±5.5	1028.9±4.3	13.0±0.7		
28	沉积态	水平	0.14	881.5±12.5	978.5±11.5	10.7±1.5		[69]
29	920℃,100MPa,2h	竖直	0.10	800.1±12.1	909.4±2.4	16.7±0.8	55.8±3.0	[72]
30	920℃,100MPa,2h	竖直	0.10	813.3±14.3	908.8±3.2	17.7±0.9	52.0±1.9	[72]
31	920℃,100MPa,2h	竖直	0.10	813.9±16.2	910.6±4.2	16.6±0.8	51.9±2.5	[72]
32	870℃,100MPa,2h	竖直	—	917±3	999±3	12.8±0.1		[25]
33	900℃,100MPa,2h	竖直	—	888±16	978±7	14.5±1.2		[25]
34	920℃,100MPa,2h	竖直	—	836±24	949±28	15.5±0.5		[25]

对于激光选区熔化技术成形的 Ti-6Al-4V 合金而言，简单的去应力退火（780℃）不会对材料的强度产生明显影响，并且当退火温度低于780℃获得的延伸率还无法达到锻造退火态的最低要求，需要将温度进一步提升至940℃空冷或者炉冷，才能达到要求。当退火温度进一步提升至 β 转变点（995℃）以上，Ti-6Al-4V 合金的延伸率将得到大幅度的提升

（＞10%）。

与激光选区熔化技术相比，SEBM 成形的 Ti-6Al-4V 可以容易地满足锻造退火态的指标要求，尽管偶尔延伸率可能不能达到 10%。因此，针对 SEBM 成形的 Ti-6Al-4V 的后续热处理的研究相对较少。此外，由于相对较高的粉末床温度（基板通常设定在约 730℃），因此通常不需要去应力退火处理。

对以上结果进行进一步的分析后发现，3D 打印技术制备的 Ti-6Al-4V 合金的强度和延展性方面均表现出各向异性，强度和延展性各向异性的趋势相反。后续的热等静压及热处理虽然可以削弱各向异性，但难以彻底消除。SEBM 成形的 Ti-6Al-4V 也存在力学性能的各向异性，但通常比激光打印的 Ti-6Al-4V 程度小。

4.3.3　3D 打印钛合金的疲劳性能

疲劳性能的测试对于评估 3D 打印金属零件在循环载荷下的失效模式至关重要。与常规制备技术相同，3D 打印材料的疲劳性能同样取决于测试样品的表面状态、微观结构和内部缺陷等情况。3D 打印金属材料的疲劳特性与使用传统工艺制造的材料的疲劳特性有所不同。因此，本部分内容将针对目前 3D 打印金属材料中疲劳性能研究最为充分的 Ti-6Al-4V 合金进行论述，表 4-6 列出了关于不同技术下 Ti-6Al-4V 合金在不同状态下的疲劳性能数据。主要讨论 Ti-6Al-4V 合金在应力比（R）为 0.1 和 -1 两个条件下，成形工艺、样品状态以及后处理对疲劳极限的增值（$\Delta\sigma_w$，5×10^6 次循环）和疲劳裂纹扩展阈值（ΔK_{th}）的影响。综合分析现有 3D 打印 Ti-6Al-4V 合金疲劳性能的数据[6,36,56,57,67,73~90]，可以得到以下结论：

表 4-6　3D 打印 Ti-6Al-4V 合金的疲劳性能

成形工艺	样品状态	抗拉强度 /MPa	屈服强度 /MPa	R	$\Delta\sigma_w$ /MPa	ΔK_{th} /MPa·m$^{0.5}$	取样位置	参考文献
SLM		1140	1070	0.1	680~723	3.48		[85]
SLM	AB			0.1	210			[82]
SLM				0.1	510			
SLM	喷丸处理			0.1	435			
LBM	HIP+AB			0.1	158			[83]
LBM	HIP+milling			0.1	540			
LBM	HIP+electr. Pol			0.1	450			
LBM	HIP+blasting			0.1	470			
LENS		1022	923	0.1	540			[73]
EBM	AB			0.1		5.1~5.7	v	[79,90]
EBM	AB			0.1		3.8	h	
SLM		1240~1250	1100~1150	0.1	330~360			[80]
EBM		1010	950~960	0.1	540~600			

续表

成形工艺	样品状态	抗拉强度/MPa	屈服强度/MPa	R	$\Delta\sigma_w$/MPa	ΔK_{th}/MPa·m$^{0.5}$	取样位置	参考文献
SLM	AB			0.1	450			[81]
LENS		1103	1005	0.1		2.87	LP h	
LENS	HT	1073	1000	0.1		3.13	LP h	
LENS		1042	990	0.1		3.49	HP h	
LENS	HT	1044	991	0.1		3.75	HP h	
LENS	ann.	1030	970	0.1		4.81	h	
LENS		1103	1005	0.1		2.87	LP v	
LENS	HT	1073	1000	0.1		3.68	LP v	[6]
LENS		1042	990	0.1		3.19	HP v	
LENS	HT	1044	991	0.1		3.88	HP v	
LENS	ann.	1030	970	0.1		4.9	v	
EBM		1032~1066	973~1006	0.1		3.63	h	
EBM	HT	1294	1039	0.1		3.81	h	
EBM		1073~1116	1001~1051	0.1		4.25	v	
EBM	HT	1294	1039	0.1		5.45	v	
DMLS	HT	1170	1085	0.1	500	3~3.1		
EBM	HT	970±10	870±20	0.1	250	4~4.8		[76]
DMD	HT	870	780±20	0.1	540	5.3		
DMD	HT	810±10	750±25	0.1	450	5.3		
DMLS	HT+AB	1096±7	1017±7	0.1	180			[77]
EBM	HT+AB	965±5	869±7	0.1	135			
DMLS	ann.	1160~1170	1089~1103	0.1	500	3~3.2		
DMLS	HIP	993~1001	891~897	0.1	590	4.2~4.3		[78]
EBM	ann.	860~1084	849~887	0.1	240	4~4.6		
EBM	HIP	884~908	758~790	0.1	590	4.7~5		
SMD		1000	950	0.1	710~750		h	
SMD		950	900	0.1	685~730		v	
SMD	HT	960~1000	930~960	0.1	700~720		h	
SMD	HT	940~950	810~830	0.1	720~735		v	[87]
ALM	HT	980~1000	920~940	0.1	765~780		h	
ALM	HT	890~970	800~880	0.1	700		v	
SLM	AB	1083~1259	1158~1287	0.1	550			[67]
EBM	AB	908~984	855~909	0.1	340			

续表

成形工艺	样品状态	抗拉强度/MPa	屈服强度/MPa	R	$\Delta\sigma_w$/MPa	ΔK_{th}/MPa·m$^{0.5}$	取样位置	参考文献
EBM	AB	789～877	753～813	0.1		10	h	[67]
EBM	AB	813～889	788～836	0.1		9.2	v	
SLM	HT			0.1	400		BPH	[56]
EBM	AB	1040～1085	940～1030	0.1	200～250			[89]
EBM	AB	1060～1085	1020～1035	0.1	200～250		SR	
EBM	HIP	1030	940～950	0.1	550～600			
SLM		1080±30	1008±30	0.1		1.4/1.7	h/v	
SLM	HT 800℃	1040±30	962±30	0.1		3.9±0.4/4.6±0.9	h/v	[57]
SLM	HT 1050℃	945±30	798±30	0.1		3.9±0.4/4.6±0.9	h/v	
SLM	HIP	1005±30	912±30	0.1		3.9±0.4/4.6±0.9	h/v	
SLM	HT+HIP			−1	605～635			
SLM		950		−1	400			
SLM	AB+HIP			−1	300			[36,57]
SLM	HIP	973～974	883～888	−1	500			[36]
SLM	HT			−1	760		BPH	
SLM	HT+HIP			−1	900		BPH	[74]
EBM				−1	790			

注：R—应力比；$\Delta\sigma_w$—疲劳极限的增值；ΔK_{th}—疲劳裂纹扩展阈值；ann.—退火；AB—沉积态；HIP+AB—热等静压+沉积态；HIP+milling—热等静压+锻造态；HIP+blasting—热压静压+喷砂；HIP+electr.Pol—热等静压+电化学抛光。

（1）微观组织对疲劳性能的影响

与粗大的组织相比，细小的组织通常表现出较高的裂纹萌生阻力。然而，裂纹在细晶材料中的扩展路径趋近于平直面，导致材料疲劳裂纹扩展速度加快。因此，细晶材料的抗裂纹扩展的能力通常较高，表现出较低的低周疲劳性能。3D打印过程中的复杂的循环热处理对Ti-6Al-4V合金中晶粒尺寸以及α相和β相的体积分数具有显著的影响。又如，位错移动时经过晶界产生的阻挡效应可以改善材料抵抗变形的能力，从而导致材料应力响应和循环硬化的增加。但同时，Ti-6Al-4V中较软的晶界α相则会加速裂纹的扩展速度。对于Ti-6Al-4V在循环加载条件下，裂纹通常是在等轴的α相或α片层处开始萌生。当减小α集束尺寸即缩短滑移距离时，样品的疲劳性能可以得到有效提高，而对于晶粒尺寸细小的Ti-6Al-4V合金裂纹扩展阈值降低。

（2）孔隙缺陷及表面状态对疲劳性能的影响

孔隙缺陷是另一个影响3D打印金属材料疲劳性能的关键因素。孔洞会导致材料内部的应力集中，从而降低零件的疲劳寿命。当局部微观应力大于屈服强度会引起内部的局部塑性变形，并可能在循环加载下导致疲劳裂纹萌生。与低周疲劳相比，裂纹萌生对高周疲劳寿命的影响更为严重。因此，微观结构不连续性（由缺陷引起）的任何变化，例如裂缝、孔洞和未熔化的粉末，都会加速裂纹的形核，并因此缩短材料的高周疲劳寿命。现有研究表明，微孔缺陷的尺寸及其距离零件表面的距离是影响材料高周疲劳性能的两个关键因素。微孔越大，距离零件表面越近，材料的疲劳强度越低。在较低的应力水平下，微孔的位置比尺寸对疲劳性能的损伤更为严重。

样品表面状态对疲劳性能的影响十分明显，与未加工过的沉积态样品相比，精细车加工后样品的疲劳性能可以提高 40%～50%。同时由于疲劳裂纹是从样品内部开始萌生的，喷丸处理不会改善 3D 打印 Ti-6Al-4V 合金的疲劳性能[91]。这是因为疲劳裂纹是从内部缺陷开始萌生扩展，由后处理引起的拉应力可能对疲劳性能具有相反的效果。

（3）热处理及热等静压对表面状态的影响

由于初生柱状 β 晶粒结构特点，以及 3D 打印样品内部孔隙缺陷不均匀分布和缺乏熔合缺陷以及其他微观结构特征，均导致了 3D 打印 Ti-6Al-4V 的疲劳性能数据比较分散，并且各向异性严重。热等静压处理后 3D 打印 Ti-6Al-4V 零件内部的大部分孔隙及缺陷可以得到消除，使得疲劳强度得到提升。通常情况下，3D 打印 Ti-6Al-4V 合金的疲劳极限强度可以达到 550MPa（10^7 次循环），完全可以达到锻造退火态的水平，并且疲劳性能的各向异性得到了大幅改善。适当的热处理工艺可以改善 3D 打印 Ti-6Al-4V 合金的疲劳强度。然而，热处理不能消除材料内部的孔隙缺陷，因此仍需要进行热等静压处理来保证材料的高周疲劳性能。

4.4　3D 打印钛合金的应用领域

装备、材料和服务是目前 3D 打印产业的主要组成部分。根据 Wholers 协会报道，航空航天和生物医疗是增长最快的两个应用领域，也是金属 3D 打印零件最能发挥效能的领域。

（1）航空航天

金属高性能 3D 打印技术主要是在应对航空航天高技术需求的背景下诞生的，今天世界上主要的航空航天企业和研究机构都在下大力发展金属高性能 3D 打印技术。所以，国内外已经公布的 3D 打印路线图均把航空航天需求作为 3D 打印的第一位工业应用目标。

目前 3D 打印航空航天产品占整个 3D 打印应用领域的 10%～15%，市场份额约为 3 亿～5 亿美元，但其增长的潜力十分巨大。这主要是因为金属 3D 打印技术不仅可直接用于航空航天功能结构件的制造，成形具有复杂功能设计要求、传统方法难以制造甚至无法直接制造的零件，用于结构验证、功能测试、批量直接应用等；可以根据用户设计要求成形制造个性化、小批量、柔性定制产品。同时，这项技术还可用于金属零部件的高性能修复和再制造，实现高性能金属零件的全寿命制造和保障，并可与传统技术相结合形成复合或组合制造，提升传统制造技术的效能，促进传统制造技术的升级改造。ICF 国际技术咨询公司航空运营部的副总裁 Saxena 预测，3D 打印的航空航天零部件市场将在未来十年内达到 20 亿美元。3D 打印钛合金在航空航天领域的应用如图 4-31 所示。

(a) 燃气轮机排气的混合喷嘴　　　(b) 燃气涡轮发动机的压缩机支撑箱　　　(c) 具有内部冷却通道的涡轮机叶片

(d) 涡轮机叶片　　　(e) 空心静态涡轮机叶片　　　(f) 发动机壳体

图 4-31　3D 打印钛合金在航空航天领域的应用

（2）生物医疗

21 世纪是个性化医疗的时代。3D 打印技术作为实现个性化医疗的重要手段，成为各国竞相发展的前沿制造技术，如美国、欧盟、日本、中国、新加坡等在制定 3D 打印国家发展战略时均将生物医疗用 3D 打印列为优先发展方向之一。

据 2015 年 "Wholers report" 报告，全球 3D 打印生物医用产品占 3D 打印行业的 13.1%，仅次于消费电子、汽车与航空航天领域，其中，利用 3D 打印技术制造的医用模型、手术导板及个性化骨科植入物已广泛应用于临床。仅 2014 年，大约有超过 20 项生物 3D 打印的个性化植入物获得或申请了美国食品药品管理局的注册，涵盖颅骨、臀股、膝盖、脊柱等产品，有近 5 万多件个性化髋关节用于患者的个性化治疗。根据 SmarTech 预测，仅牙科领域的 3D 打印市场规模 2020 年就有望达到 31 亿美元。3D 打印钛合金在生物医疗领域的应用如图 4-32 所示。

(a) 髋臼杯　　　　　　　　　(b) 个性化下颌骨　　　　　　　　(c) 义齿

图 4-32　3D 打印钛合金在生物医疗领域的应用

　　除上述航空航天和生物医疗领域外，金属 3D 打印技术在汽车、模具等其他领域同样具有广泛的应用前景，如图 4-33 所示。据 Wholers 协会预测，2020 年，全球 3D 打印服务的市场份额将达百亿美元。因此在未来几年内，金属 3D 打印技术重点聚焦航空航天、生物医疗、汽车模具、电子制造等领域需求，突破产业化核心关键技术，对做大做强我国金属 3D 打印产业具有重要的意义。

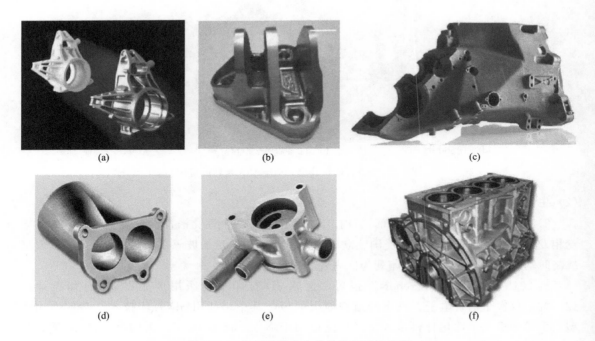

(a)　　　　　　　　　　(b)　　　　　　　　　　(c)

(d)　　　　　　　　　　(e)　　　　　　　　　　(f)

图 4-33　3D 打印钛合金在其他领域的应用
（a）使用 SLS 生产的聚苯乙烯模型通过快速铸造工艺铸造的 F1 立柱；（b）LENS 生产的
Red Bull Racing 悬架安装支架；（c）EBM 生产的赛车变速箱；（d）SLM 生产的排气岐管；
（e）SLM 生产的油泵壳体；（f）使用 3D 打印制造的模具和型芯铸造发动机缸体

4.5 3D打印钛合金存在的主要问题及建议

(1) 3D打印钛合金物理冶金基础研究与过程监控

从原理上看，金属3D打印是金属粉末在高能束作用下快速熔化而形成熔池，一个个微小快速移动的金属熔池相互融合又快速凝固过程。在这个复杂物理冶金过程中，任何缺陷的形成必然与熔池的形成、融合与凝固过程相关，目前国内外学者已经通过各种模拟计算的方法来预测这一特殊条件下的反复熔化-凝固过程。虽然从理论上解释了一些缺陷产生的原因，但准确地实时监控整个成形过程并及时调整成形工艺，仍然无法在现有的金属3D打印设备上实现。

(2) 生产效率与成形质量的矛盾

众所周知，以送粉或者送丝的喂料方式进行的3D打印技术效率高（$>1\text{kg/h}$），可成形数米的大型零件，但成形精度（毫米级）和表面质量低（$R_a > 200\mu\text{m}$），需要对零件进行后续的加工和热处理才能投入使用。粉末床基3D打印虽然成形效率仅为$100\sim500\text{g/h}$，成形尺寸最大仅为$300\text{mm}\times300\text{mm}\times600\text{mm}$，但其精度高、表面质量好，尤其适宜于制备薄壁、多孔、内流道等复杂零件。以上技术特点使得金属3D打印在生产效率和成形质量存在着不可调和的矛盾，这对于未来3D打印技术的发展提出了方向。

(3) 新材料、新结构、多材料

目前3D打印金属研究主要在材料的组织与性能，以及材料缺陷的形成与控制等方面，主要以成熟的工业合金为研究对象，鲜有关于新型合金成分的研究。而实际工程应用的合金，包括铸造和变形等多种类型合金，这些合金在最初成分设计上，除了满足物理、化学和力学性能外，还兼顾了合金的可铸性、可焊性和可加工性等，而这些使用性能在3D打印中已成为不必要因素。因此，应该尽快开展3D打印用合金成形的开发。

(4) 质量检测方法

3D打印金属零件是一个非平衡冶金过程，由于金属成分组成元素多，具有多元多相结构，成形过程中由于多点、多层热循环和累加作用，在成形的金属中往往存在着热应力和组织相变应力导致的裂纹和变形开裂、组织不均匀性、强韧性差等与常规铸造、锻造技术完全不同的质量问题。但目前对3D打印零件的性能检测基本上沿用了传统的性能测试方法和设备，导致金属3D零件的规模化应用和推广受到了限制。

参考文献

[1] 张喜燕，赵永庆，白晨光. 钛合金及应用 [M].北京：化学工业出版社，2005.

［2］ 汤慧萍，王建，逯圣路，等.电子束选区熔化成形技术研究进展［J］.中国材料进展，2015，34（3）：225-235.

［3］ Lütjering G，Williams J C. Titanium［M］. New York：Springer Berlin Heidelberg，2007.

［4］ Gu D，Hagedorn Y-C，Meiners W，et al. Densification behavior，microstructure evolution，and wear performance of selective laser melting processed commercially pure titanium［J］. Acta Mater，2012，60（9）：3849-3860.

［5］ Qian M，Xu W，Brandt M，et al. Additive manufacturing and postprocessing of Ti-6Al-4V for superior mechanical properties［J］. MRS Bulletin，2016，41（10）：775-784.

［6］ Zhai Y，Galarraga H，Lados D A. Microstructure Evolution，Tensile Properties，and Fatigue Damage Mechanisms in Ti-6Al-4V Alloys Fabricated by Two Additive Manufacturing Techniques［J］. Procedia Engineering，2015，114：658-666.

［7］ Kobryn P A，Semiatin S L. The laser additive manufacture of Ti-6Al-4V［J］. JOM，2001，53（9）：40-52.

［8］ Thijs L，Verhaeghe F，Craeghs T，et al. A study of the microstructural evolution during selective laser melting of Ti-6Al-4V［J］. Acta Mater，2010，58（9）：3303-3312.

［9］ Xu W，Brandt M，Sun S，et al. Additive manufacturing of strong and ductile Ti-6Al-4V by selective laser melting via in situ martensite decomposition［J］. Acta Mater，2015，85：74-84.

［10］ Al-Bermani S S，Blackmore M L，Zhang W，et al. The Origin of Microstructural Diversity，Texture，and Mechanical Properties in Electron Beam Melted Ti-6Al-4V［J］. Metallurgical and Materials Transactions A，2010，41（13）：3422-3434.

［11］ Antonysamy A A，Meyer J，Prangnell P B. Effect of build geometry on the β-grain structure and texture in additive manufacture of Ti6Al4V by selective electron beam melting［J］. Materials Characterization，2013，84：153-168.

［12］ Lu S L，Qian M，Tang H P，et al. Massive transformation in Ti-6Al-4V additively manufactured by selective electron beam melting［J］. Acta Mater，2016，104：303-314.

［13］ Tan X，Kok Y，Tan Y J，et al. Graded microstructure and mechanical properties of additive manufactured Ti-6Al-4V via electron beam melting［J］. Acta Mater，2015，97：1-16.

［14］ Antonysamy A A. Microstructure，Texture and Mechanical Property Evolution during Additive Manufacturing of Ti6Al4V Alloy for Aerospace Applications［D］. Manchester：University of Manchester，2012.

［15］ Morita T，Tsuda C，Nakano T. Influences of scanning speed and short-time heat treatment on fundamental properties of Ti-6Al-4V alloy produced by EBM method［J］. Mater Sci Eng A，2017，704：246-251.

［16］ Liu Y J，Li S J，Wang H L，et al. Microstructure，defects and mechanical behavior of beta-type titanium porous structures manufactured by electron beam melting and selective laser melting［J］. Acta Mater，2016，113：56-67.

［17］ Fischer M，Joguet D，Robin G，et al. In situ elaboration of a binary Ti-26Nb alloy by selective laser melting of elemental titanium and niobium mixed powders［J］. Mater Sci Eng C，2016，62：852-861.

［18］ Sasan Dadbakhsh M S G Y，Jean-Pierre Krath，Jan Schrooten，Jan Luyten，Jan Van Humbeeck. Microstructural Analysis and Mechanical Evaluation of Ti-45Nb Produced by Selective Laser Melting towards Biomedical Applications［C］. Proceedings of the TMS 2015 144th Annual Meeting & Exhibition，Orlando，FL，USA，Springer，Cham，2015：421-429.

［19］ Schwab H，Prashanth K，Löber L，et al. Selective Laser Melting of Ti-45Nb Alloy［J］. Metals，

2015, 5 (2): 686-694.

[20] Luo J P, Sun J F, Huang Y J, et al. Low-modulus biomedical Ti-30Nb-5Ta-3Zr additively manufactured by Selective Laser Melting and its biocompatibility [J]. Mater Sci Eng C, 2019, 97: 275-284.

[21] Zhang L C, Klemm D, Eckert J, et al. Manufacture by selective laser melting and mechanical behavior of a biomedical Ti-24Nb-4Zr-8Sn alloy [J]. Scr Mater, 2011, 65 (1): 21-24.

[22] Hernandez J, Li S J, Martinez E, et al. Microstructures and Hardness Properties for β-Phase Ti-24Nb-4Zr-7.9Sn Alloy Fabricated by Electron Beam Melting [J]. J Mater Sci Technol, 2013, 29 (11): 1011-1018.

[23] Liu Y J, Li X P, Zhang L C, et al. Processing and properties of topologically optimised biomedical Ti-24Nb-4Zr-8Sn scaffolds manufactured by selective laser melting [J]. Mater Sci Eng A, 2015, 642: 268-278.

[24] Liu Y J, Wang H L, Li S J, et al. Compressive and fatigue behavior of beta-type titanium porous structures fabricated by electron beam melting [J]. Acta Mater, 2017, 126: 58-66.

[25] Tang H P, Wang J, Song C N, et al. Microstructure, Mechanical Properties, and Flatness of SEBM Ti-6Al-4V Sheet in As-Built and Hot Isostatically Pressed Conditions [J]. JOM, 2017, 69 (3): 466-471.

[26] Sun P, Fang Z Z, Zhang Y, et al. Review of the Methods for Production of Spherical Ti and Ti Alloy Powder [J]. JOM, 2017, 69 (10): 1-8.

[27] Tang H P, Qian M, Liu N, et al. Effect of Powder Reuse Times on Additive Manufacturing of Ti-6Al-4V by Selective Electron Beam Melting [J]. JOM, 2015, 67 (3): 555-563.

[28] Murr L E. Metallurgy of additive manufacturing: Examples from electron beam melting [J]. Additive Manufacturing, 2015, 5: 40-53.

[29] Zhao C, Fezzaa K, Cunningham R W, et al. Real-time monitoring of laser powder bed fusion process using high-speed X-ray imaging and diffraction [J]. Sci Rep, 2017, 7 (1): 3602-3613.

[30] Seifi M, Salem A, Satko D, et al. Defect distribution and microstructure heterogeneity effects on fracture resistance and fatigue behavior of EBM Ti-6Al-4V [J]. Int J Fatigue, 2017, 94 (Part 2): 263-287.

[31] Qiu C, Adkins N J E, Attallah M M. Microstructure and tensile properties of selectively laser-melted and of HIPed laser-melted Ti-6Al-4V [J]. Mater Sci Eng A, 2013, 578: 230-239.

[32] Qiu C, Ravi G A, Dance C, et al. Fabrication of large Ti-6Al-4V structures by direct laser deposition [J]. J Alloys Compd, 2015, 629: 351-361.

[33] Yamanaka K, Saito W, Mori M, et al. Preparation of weak-textured commercially pure titanium by electron beam melting [J]. Additive Manufacturing, 2015, 8: 105-114.

[34] Vilaro T, Colin C, Bartout J D. As-Fabricated and Heat-Treated Microstructures of the Ti-6Al-4V Alloy Processed by Selective Laser Melting [J]. Metallurgical and Materials Transactions A, 2011, 42 (10): 3190-3199.

[35] Leuders S, Thöne M, Riemer A, et al. On the mechanical behaviour of titanium alloy TiAl6V4 manufactured by selective laser melting: Fatigue resistance and crack growth performance [J]. Int J Fatigue, 2013, 48: 300-307.

[36] Kasperovich G, Hausmann J. Improvement of fatigue resistance and ductility of TiAl6V4 processed by selective laser melting [J]. Journal of Materials Processing Technology, 2015, 220: 202-216.

3D打印金属材料
Metal
Materials
for 3D Printing

[37]　ISO/ASTM 52921-13，Standard Terminology for Additive Manufacturing-Coordinate Systems and Test Methodologies ASTM International [S]. West Conshohocken，PA，2013.

[38]　Arcam AB Ti6Al4V Titanium Alloy，http：//www. arcam. com/wp-content/uploads/Arcam-Ti6Al4V-Titanium-Alloy. pdf （accessed May 20，2016）. Google Scholar [R]. 2016.

[39]　Simonelli M，Tse Y Y，Tuck C. Effect of the build orientation on the mechanical properties and fracture modes of SLM Ti-6Al-4V [J]. Mater Sci Eng A，2014，616：1-11.

[40]　Keist J S，Palmer T A. Role of geometry on properties of additively manufactured Ti-6Al-4V structures fabricated using laser based directed energy deposition [J]. Mater Des，2016，106：482-494.

[41]　Leuders S，Lieneke T，Lammers S，et al. On the fatigue properties of metals manufactured by selective laser melting-The role of ductility [J]. J Mater Res，2014，29 （17）：1911-1919.

[42]　Mertens A，Reginster S，Paydas H，et al. Mechanical properties of alloy Ti-6Al-4V and of stainless steel 316L processed by selective laser melting：influence of out-of-equilibrium microstructures [J]. Powder Metallurgy，2014，57 （3）：184-193.

[43]　Lewis G K，Schlienger E. Practical considerations and capabilities for laser assisted direct metal deposition [J]. Mater Des，2000，21 （4）：417-423.

[44]　Griffith M L，Ensz M T，Puskar J D，et al. Understanding the Microstructure and Properties of Components Fabricated by Laser Engineered Net Shaping （LENS） [C]. MRS Proceedings，2011，625：9-20.

[45]　Arcella F G，Froes F H. Producing titanium aerospace components from powder using laser forming [J]. JOM，2000，52 （5）：28-30.

[46]　Kobryn P A，Semiatin S L. Mechanical Properties of Laser-Deposited Ti-6Al-4V [C]. Solid Freeform Fabrication Proceedings，2001.

[47]　Molinari A，Facchini L，Robotti P，et al. Microstructure and mechanical properties of Ti-6Al-4V produced by electron beam melting of pre-alloyed powders [J]. Rapid Prototyping Journal，2009，15 （3）：171-179.

[48]　EOS，Material Data Sheet EOS Titanium Ti64 （2011） [R]. 2011.

[49]　http：//www. optomec. com/3d-Printed-Metals/lens-Materials/ （2015）. Accessed 15 Nov 2015 [EB/OL]. 2015.

[50]　Keicher D M，Miller W D. LENSTM moves beyond RP to direct fabrication [J]. Metal Powder Report，1998，53 （12）：26-28.

[51]　Alcisto J，Enriquez A，Garcia H，et al. Tensile Properties and Microstructures of Laser-Formed Ti-6Al-4V [J]. J Mater Eng Perform，2011，20 （2）：203-215.

[52]　Dinda G P，Song L，Mazumder J. Fabrication of Ti-6Al-4V Scaffolds by Direct Metal Deposition [J]. Metallurgical and Materials Transactions A，2008，39 （12）：2914-2922.

[53]　Yu J，Rombouts M，Maes G，et al. Material Properties of Ti6Al4V Parts Produced by Laser Metal Deposition [J]. Phys Procedia，2012，39：416-424.

[54]　Carroll B E，Palmer T A，Beese A M. Anisotropic tensile behavior of Ti-6Al-4V components fabricated with directed energy deposition additive manufacturing [J]. Acta Mater，2015，87：309-320.

[55]　Beese A M，Carroll B E. Review of Mechanical Properties of Ti-6Al-4V Made by Laser-Based Additive Manufacturing Using Powder Feedstock [J]. JOM，2016，68 （3）：724-734.

[56]　Edwards P，O'Conner A，Ramulu M. Electron Beam Additive Manufacturing of Titanium Compo-

nents: Properties and Performance [J]. Journal of Manufacturing Science and Engineering, 2013, 135 (6): 061016-061017.

[57] Hrabe N, Gnäupel-Herold T, Quinn T. Fatigue properties of a titanium alloy (Ti-6Al-4V) fabricated via electron beam melting (EBM): Effects of internal defects and residual stress [J]. Int J Fatigue, 2017, 94 (Part 2): 202-210.

[58] Hrabe N, Quinn T. Effects of processing on microstructure and mechanical properties of a titanium alloy (Ti-6Al-4V) fabricated using electron beam melting (EBM), Part 2: Energy input, orientation, and location [J]. Mater Sci Eng A, 2013, 573: 271-278.

[59] Galarraga H, Lados D A, Dehoff R R, et al. Effects of the microstructure and porosity on properties of Ti-6Al-4V ELI alloy fabricated by electron beam melting (EBM) [J]. Additive Manufacturing, 2016, 10: 47-57.

[60] Galarraga H, Warren R J, Lados D A, et al. Effects of heat treatments on microstructure and properties of Ti-6Al-4V ELI alloy fabricated by electron beam melting (EBM) [J]. Mater Sci Eng A, 2017, 685: 417-428.

[61] Shui X, Yamanaka K, Mori M, et al. Effects of post-processing on cyclic fatigue response of a titanium alloy additively manufactured by electron beam melting [J]. Mater Sci Eng A, 2017, 680: 239-248.

[62] Hollander D A, von Walter M, Wirtz T, et al. Structural, mechanical and in vitro characterization of individually structured Ti-6Al-4V produced by direct laser forming [J]. Biomaterials, 2006, 27 (7): 955-963.

[63] Vandenbroucke B, Kruth J P. Selective laser melting of biocompatible metals for rapid manufacturing of medical parts [J]. Rapid Prototyping Journal, 2007, 13 (4): 196-203.

[64] Edwards P, Ramulu M. Fatigue performance evaluation of selective laser melted Ti-6Al-4V [J]. Mater Sci Eng A, 2014, 598: 327-337.

[65] Vrancken B, Thijs L, Kruth J-P, et al. Heat treatment of Ti6Al4V produced by Selective Laser Melting: Microstructure and mechanical properties [J]. J Alloys Compd, 2012, 541: 177-185.

[66] Facchini L, Magalini E, Robotti P, et al. Ductility of a Ti-6Al-4V alloy produced by selective laser melting of prealloyed powders [J]. Rapid Prototyping Journal, 2010, 16 (6): 450-459.

[67] Rafi H K, Karthik N V, Gong H, et al. Microstructures and Mechanical Properties of Ti6Al4V Parts Fabricated by Selective Laser Melting and Electron Beam Melting [J]. J Mater Eng Perform, 2013, 22 (12): 3872-3883.

[68] Murr L E, Esquivel E V, Quinones S A, et al. Microstructures and mechanical properties of electron beam-rapid manufactured Ti-6Al-4V biomedical prototypes compared to wrought Ti-6Al-4V [J]. Materials Characterization, 2009, 60 (2): 96-105.

[69] Mohammadhosseini A, Fraser D, Masood S H, et al. Microstructure and mechanical properties of Ti-6Al-4V manufactured by electron beam melting process [J]. Materials Research Innovations, 2013, 17 (Suppl 2): 106-112.

[70] Murr L E, Quinones S A, Gaytan S M, et al. Microstructure and mechanical behavior of Ti-6Al-4V produced by rapid-layer manufacturing, for biomedical applications [J]. J Mech Behav Biomed Mater, 2009, 2 (1): 20-32.

[71] Koike M, Greer P, Owen K, et al. Evaluation of Titanium Alloys Fabricated Using Rapid Prototyping

3D打印金属材料
Metal
Materials
for 3D Printing

Technologies—Electron Beam Melting and Laser Beam Melting [J]. Materials (Basel), 2011, 4 (10): 1776-1792.

[72] Lu S L, Tang H P, Ning Y P, et al. Microstructure and Mechanical Properties of Long Ti-6Al-4V Rods Additively Manufactured by Selective Electron Beam Melting Out of a Deep Powder Bed and the Effect of Subsequent Hot Isostatic Pressing [J]. Metallurgical and Materials Transactions A, 2015, 46 (9): 3824-3834.

[73] Grylls R. LENS Process White Paper: Fatigue Testing of LENS Ti-6-4 [J]. Optomec, 2005.

[74] Günther J, Krewerth D, Lippmann T, et al. Fatigue life of additively manufactured Ti-6Al-4V in the very high cycle fatigue regime [J]. Int J Fatigue, 2017, 94: 236-245.

[75] Mower T M, Long M J. Mechanical behavior of additive manufactured, powder-bed laser-fused materials [J]. Mater Sci Eng A, 2016, 651: 198-213.

[76] Greitemeier D, Dalle Donne C, Schoberth A, et al. Uncertainty of Additive Manufactured Ti-6Al-4V: Chemistry, Microstructure and Mechanical Properties [J]. Applied Mechanics and Materials, 2015, 807: 169-180.

[77] Greitemeier D, Dalle Donne C, Syassen F, et al. Effect of surface roughness on fatigue performance of additive manufactured Ti-6Al-4V [J]. Materials Science and Technology, 2016, 32 (7): 629-634.

[78] Greitemeier D, Palm F, Syassen F, et al. Fatigue performance of additive manufactured TiAl6V4 using electron and laser beam melting [J]. Int J Fatigue, 2017, 94: 211-218.

[79] Seifi M, Salem A, Satko D, et al. Defect distribution and microstructure heterogeneity effects on fracture resistance and fatigue behavior of EBM Ti-6Al-4V [J]. International Journal of Fatigue, 2017, 94 (1): 263-287.

[80] Gong H, Rafi K, Gu H, et al. Influence of defects on mechanical properties of Ti-6Al-4V components produced by selective laser melting and electron beam melting [J]. Mater Des, 2015, 86: 545-554.

[81] Gong H, Rafi K, Starr T, et al. Effect of defects on fatigue tests of as-built Tl-6Al-4V parts fabricated by selective laser melting [C]. Proceedings of the International Solid Freeform Fabrication Symposium-an Additive Manufacturing Conference, 2012.

[82] Wycisk E, Emmelmann C, Siddique S, et al. High Cycle Fatigue (HCF) Performance of Ti-6Al-4V Alloy Processed by Selective Laser Melting [J]. Advanced Materials Research, 2013, 816-817: 134-143.

[83] Bagehorn S, Mertens T, Greitemeier D, et al. Surface finishing of additive manufactured Ti-6Al-4V-a comparison of electrochemical and mechanical treatments [C]. 6th Eur Conf Aerosp Sci Krakau, 2015.

[84] Beretta S, Romano S. A comparison of fatigue strength sensitivity to defects for materials manufactured by AM or traditional processes [J]. Int J Fatigue, 2017, 94: 178-191.

[85] Wycisk E, Solbach A, Siddique S, et al. Effects of Defects in Laser Additive Manufactured Ti-6Al-4V on Fatigue Properties [J]. Phys Procedia, 2014, 56: 371-378.

[86] Bian L, Thompson S M, Shamsaei N. Mechanical Properties and Microstructural Features of Direct Laser-Deposited Ti-6Al-4V [J]. JOM, 2015, 67 (3): 629-638.

[87] Baufeld B, Brandl E, van der Biest O. Wire based additive layer manufacturing: Comparison of microstructure and mechanical properties of Ti-6Al-4V components fabricated by laser-beam deposition and shaped metal deposition [J]. Journal of Materials Processing Technology, 2011, 211 (6): 1146-1158.

[88] Tammas-Williams S, Zhao H, Léonard F, et al. XCT analysis of the influence of melt strategies on

defect population in Ti-6Al-4V components manufactured by Selective Electron Beam Melting [J]. Materials Characterization, 2015, 102: 47-61.

[89] Xu W, Sun S, Elambasseril J, et al. Ti-6Al-4V Additively Manufactured by Selective Laser Melting with Superior Mechanical Properties [J]. JOM, 2015, 67 (3): 668-673.

[90] Seifi M, Dahar M, Aman R, et al. Evaluation of orientation dependence of fracture toughness and fatigue crack propagation behavior of As-Deposited ARCAM EBM Ti-6Al-4V [J]. JOM, 2015, 67 (3): 597-607.

[91] Sato M, Takakuwa O, Nakai M, et al. Using cavitation peening to improve the fatigue life of titanium alloy Ti-6Al-4V manufactured by Electron Beam Melting [J]. Materials Sciences & Applications, 2016, 7 (4): 181-191.

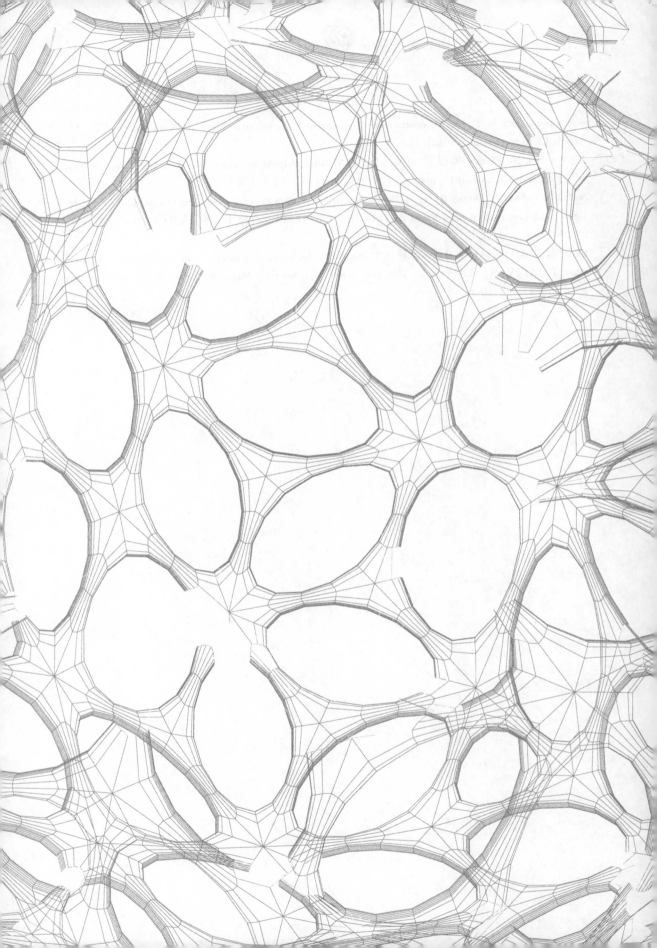

第 5 章
3D 打印钢铁材料

3D打印金属材料
Metal
Materials
for 3D Printing

5.1　3D 打印钢铁材料概述

　　合金钢是在普通碳素钢基础上添加适量的一种或多种合金元素而构成的铁碳合金。根据添加元素的不同，并采取适当的加工工艺，可获得高强度、高韧性、耐磨、耐腐蚀、耐低温、耐高温、无磁性等特殊性能。目前，以合金钢为代表的钢铁材料，由于其性能优异、来源广泛、价格便宜，已经成为国家和国防重大工程及高端装备中使用范围最广、最为重要的合金材料，同时也是 3D 打印技术研究较早的一类合金材料。

　　由于大部分合金钢的塑性及高温抗氧化性较好，钢的 3D 打印工艺特性通常较好。这样，对钢在 3D 打印过程中的组织和性能控制就成了目前的研究重点。在 3D 打印过程中，沉积材料将经历初始熔覆/熔凝沉积过程中的快速熔化、凝固和冷却过程，以及后续熔覆/熔凝沉积对已熔覆沉积体的往复快速再加热退火、回火过程，热历史极其复杂。由于钢具有丰富的固态转变行为，在 3D 打印复杂的热历史条件下，其将会发生复杂的组织转变，相应的力学性能也差异很大。总之，钢的组织和性能与其所经历的凝固过程和热历史密切相关，根据钢的成分和其在加工处理过程中加热冷却速率的不同，合金钢有可能会形成铁素体、奥氏体、马氏体、渗碳体、珠光体、贝氏体、索氏体、托氏体、残余奥氏体等单相、双相或多相组织，并且随着晶粒尺寸、相组成、形态和分布的不同，强度可从几百兆帕变化到几千兆帕。这也意味着，相比其他金属材料，钢在 3D 打印完成后，后续热处理对其组织和性能的进一步调控是至关重要的。

　　目前，3D 打印钢的零部件已在航空航天、汽车、复杂模具、建筑、能源等领域均获得了应用[1]。如，激光 3D 打印制造的用于注塑行业的不锈钢模具，具有复杂形状的随形冷却流道，冷却效果好、冷却均匀，可显著提高模具寿命、注塑效率和产品质量。SLM 技术打印的 316 不锈钢换热器具有紧凑、高效的换热性能，应用于液化天然气的运输。

5.2　3D 打印钢铁材料分类及特征

　　目前，对于 3D 打印钢铁材料，按照能量提供方式可以分为，激光 3D 打印钢和电弧 3D

打印钢，而激光 3D 打印钢又可分为基于粉末送进式的激光立体成形（LSF）和基于粉末床的激光选区熔化（SLM）两种。对于钢的电弧 3D 打印，丝材大多还是采用目前焊接所用的焊丝，较少见到 3D 打印的专用丝材，因此从材料角度，目前对于钢的 3D 打印研究的突破更多的是来自于钢的激光 3D 打印。

表 5-1 给出了目前已经用于 3D 打印的主要钢铁材料。其中奥氏体不锈钢和马氏体不锈钢是目前研究较多的体系，而近年来，随着研究的深入，超高强度钢的 3D 打印也逐渐受到了重视。

表 5-1 目前用于 3D 打印的主要钢铁材料

种类		牌号
特殊性能钢	奥氏体不锈钢	AISI 316,AISI 316L,AISI 304
	马氏体不锈钢	17-4PH,AISI 420,AISI 431,2Cr13,4Cr13
工具钢		H13
结构钢	高强度钢	AISI 4140,34CrNiMo6
	超高强度钢	AISI 4340,300M,AerMet100,AF1410

激光立体成形奥氏体不锈钢以奥氏体相为主。激光选区熔化奥氏体钢的奥氏体晶粒尺寸更细小，具有优异的强韧综合性能。相比激光 3D 打印，电弧 3D 打印奥氏体不锈钢的组织为粗大的柱状奥氏体晶粒，且组织中 δ 相、γ 相和 σ 相析出。

激光 3D 打印马氏体不锈钢的固态相变行为较激光 3D 打印奥氏体不锈钢复杂，因此其组织状态也具有显著的尺寸敏感性，沿沉积方向不同部位的组织存在明显的差异。相比 3D 打印奥氏体不锈钢，3D 打印马氏体不锈钢的强度更高。

3D 打印超高强度钢沉积态试样的组织沿沉积方向同样存在显著差异，底部以马氏体为主，靠近顶部贝氏体的数量增多。3D 打印超高强度钢经热处理后的强度已达到或接近锻件标准，但塑性仍低于锻件标准。

5.3 3D 打印钢铁材料组织特征

5.3.1 奥氏体不锈钢

对于奥氏体不锈钢的 3D 打印，目前研究最多的是 316L 和 304 不锈钢，并且激光 3D 打印和电弧 3D 打印皆有涉及。下面就采用这两种 3D 打印技术所制备的 316L 和 304 不锈钢的组织特征分别进行简要阐述。

林鑫等人[2] 研究了激光立体成形 316L 不锈钢单壁墙试样的组织特征，发现成形件主要由生长方向不一的细长柱状枝晶组成，且成形件从底部到顶部，一次枝晶间距逐渐增大，同时二次枝晶臂逐渐发达，如图 5-1 所示。其 XRD（X 射线衍射）结果如图 5-2 所示，可以看到，基材组织为奥氏体＋高温铁素体相，而激光立体成形 316L 不锈钢为全奥氏体相。

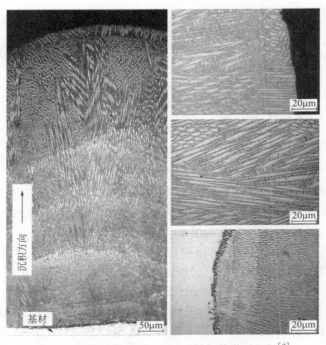

图 5-1　激光立体成形 316L 不锈钢的微观组织[2]

M. Ziętala[3] 采用激光立体成形制备了 316L 不锈钢块体试样，如图 5-3 所示。研究发现，在亚晶界上有高温铁素体相存在，图中不同区域的 EDS 能谱结果如图 5-4 所示。其能谱仪（EDS）面扫描结果如图 5-5 所示，由于 Ni 是奥氏体稳定元素，Ni 元素富集于晶内，Cr 元素富集于亚晶界，可以确定亚晶界上为高温铁素体。

F. Bartolomeu 等人[4] 研究了激光选区熔化 316L 不锈钢的组织。激光选区熔化 316L 不锈钢试样的晶粒平均尺寸为 $13\mu m\pm4\mu m$，小于铸态晶粒尺寸（$91\mu m\pm17\mu m$）和热压烧结晶粒尺寸（$25\mu m\pm4\mu m$），如图 5-6 所示。

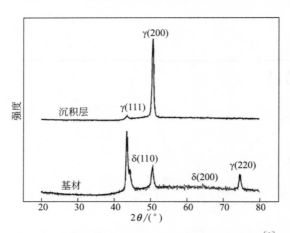

图 5-2　激光立体成形 316L 不锈钢的 XRD 结果[2]

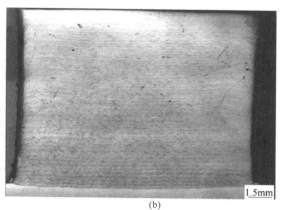

图 5-3　激光立体成形 316L 不锈钢的块体试样[3]

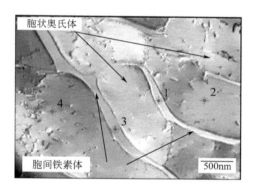

区域	元素质量分数 / %				
	Cr	Mn	Fe	Ni	Mo
1	30.3	1.1	58.7	3.1	6.8
2	21.2	0.9	61.3	12	4.6
3	30	0.2	59.1	4	6.7
4	19.8	1.8	60.9	13.5	4

图 5-4　激光立体成形 316L 不锈钢的显微组织形貌[3]

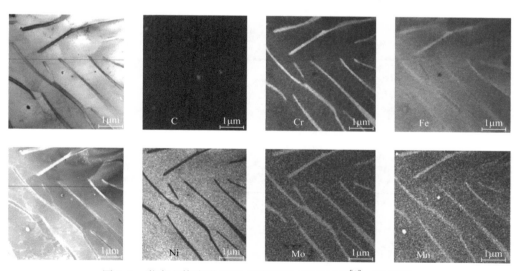

图 5-5　激光立体成形 316L 不锈钢的 EDS 结果[3] （见彩图）

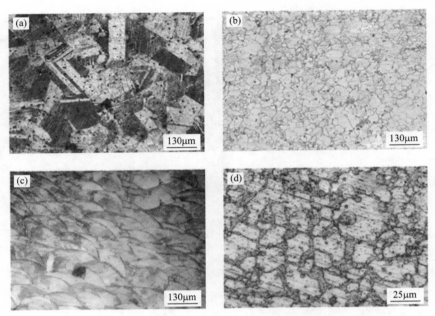

图 5-6 不同状态 316L 不锈钢的显微组织[4]
(a) 铸造；(b) 热压烧结；(c)，(d) 激光选区熔化

　　尽管采用不同工艺所制备的 316L 不锈钢的组织差别较大，但经 XRD 检测发现晶体结构没有明显差别，基本为面心立方的奥氏体，如图 5-7 所示。

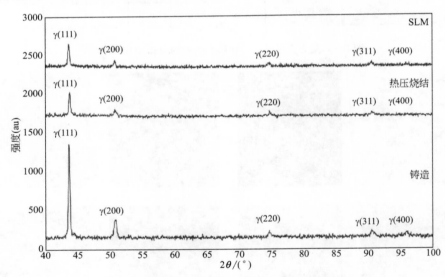

图 5-7 不同状态 316L 不锈钢的 XRD 结果[4]

　　T. Kurzynowski 等人[5] 研究发现，激光选区熔化 316L 不锈钢的组织为奥氏体柱状晶粒，且由于胞间 Mo、Cr 和 Si 元素的偏析导致了非平衡共晶铁素体的产生，如图 5-8 所示。

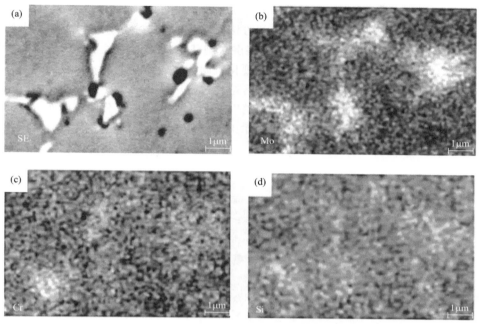

图 5-8　白色铁素体相的元素分布[5]（见彩图）
SE—二次电子像

X. L. Wang[6] 研究了激光选区熔化 316L 不锈钢不同直径块体的组织，发现随着块体直径的增加，一次枝晶间距逐渐减小，如图 5-9 所示。

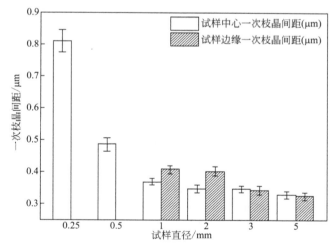

图 5-9　不同试样尺寸的激光选区熔化 316L 不锈钢的一次枝晶间距[6]

值得注意的是，虽然 316 不锈钢的相组织结构相比其他钢种简单，但 3D 打印所具有的独特热历史特征，使得我们仍然可以在 316L 不锈钢中创造一些新颖的微观结构，以使材料性能获得进一步的巨大提升。2017 年 10 月，美国劳伦斯国家实验室在 *Nature Materials* 报道了 3D 打印 316L 不锈钢的革命性突破，他们采用激光选区熔化技术在 316L 不锈钢中实现了跨 6 个尺寸量级（从纳米到几百微米）的多级微观结构分布，如图 5-10 所示。这种跨尺度多级结构使其强度和塑性均大幅超过传统方法所制备的 316L 不锈钢[7]。并指出这种独特的强韧化效应来自于 3D 打印过程中产生的多层次胞状结构、小角度晶界及位错的作用。这种多层次非均匀微观组织可获得稳定的加工硬化机制，而横跨 6 个尺寸量级的微观结构分布使得其具有良好的塑性。同时，由于激光选区熔化过程中熔池的高冷速，使得微观组织尺寸和成分偏析范围显著减小，这样，沿"细胞墙"及小角度晶界的成分偏析反而可以产生位错钉扎的作用，不是削弱，而是起提升性能的作用。

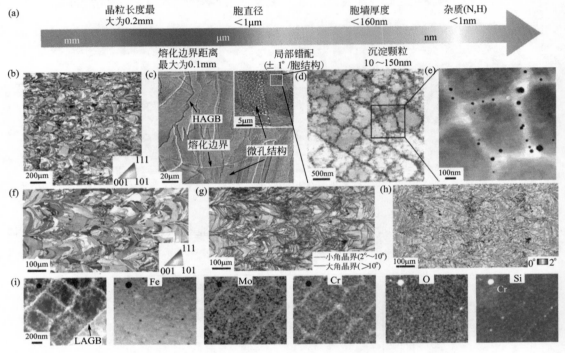

图 5-10 激光选区熔化 316L 奥氏体不锈钢的多尺度结构[7]（见彩图）
HAGB—大角晶界；LAGB—小角晶界

相比激光 3D 打印，电弧 3D 打印的热输入较大，热累积较为严重，这也使得其熔池和沉积层的冷却速率较低，这也使得其微观组织相比激光 3D 打印更为粗大。X. Chen 等人[8]研究了电弧 3D 打印 316L 不锈钢的组织，其宏观形貌如图 5-11 所示。试样内部为粗大的柱状晶，边缘部位的柱状晶粒较细小，奥氏体晶粒内为网状铁素体，如图 5-12 所示。

电弧 3D 打印 316L 不锈钢试样的组织中除了 γ 奥氏体，还在枝晶间分布有 δ 铁素体和 σ 相，如图 5-13 所示。这有可能是因为电弧 3D 打印过程中，一方面熔池凝固和冷却过程中的冷却速率较低，同时较高的热输入使得每一层沉积时对已沉积层都具有较强的再热退/回火作用，使得 δ 铁素体和 σ 相得以在枝晶间析出。

304 不锈钢与 316L 不锈钢成分相似，同样具有优异的强韧综合性能。不过，相比 316L 不锈钢，304 不锈钢的 3D 打印研究稍少。

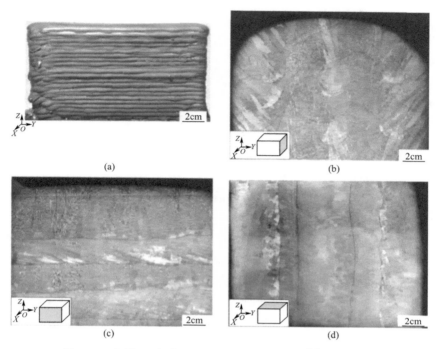

图 5-11　电弧 3D 打印 316L 不锈钢的宏观形貌[8]　（见彩图）

（a）GMA-AM 316L 板材；（b）*XOZ* 截面；（c）*YOZ* 截面；（d）*XOY* 截面

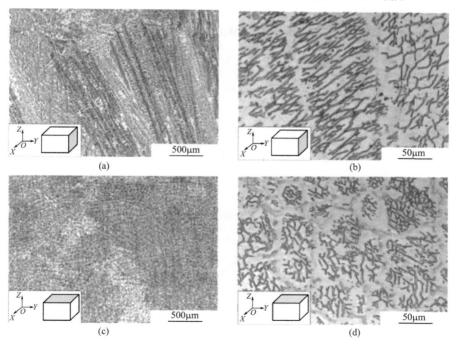

图 5-12　电弧 3D 打印 316L 不锈钢的显微组织[8]　（见彩图）

（a），（b）*XOZ* 截面的低倍和高倍形貌；（c），（d）*XOY* 截面的低倍和高倍形貌

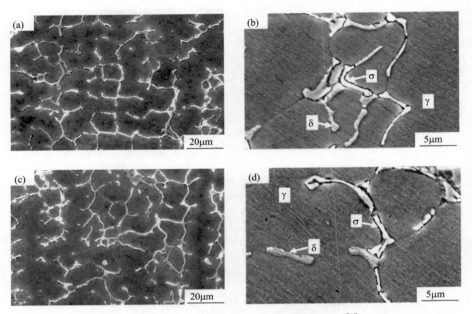

图 5-13 电弧 3D 打印 316L 不锈钢的析出相[8]

(a),(b) 第 15 层的低倍和高倍形貌；(c),(d) 第 30 层的低倍和高倍形貌

Z. Q. Wang 等[9] 研究发现激光立体成形 304L 奥氏体不锈钢试样中，晶粒形态呈现为由底部的柱状晶转变为顶部的等轴晶，织构取向由 〈110〉 转变为 〈100〉。当激光功率升高时，晶粒形态也会发生变化，如图 5-14 所示。Z. Q. Wang 还统计了不同功率下沉积试样的不同部位

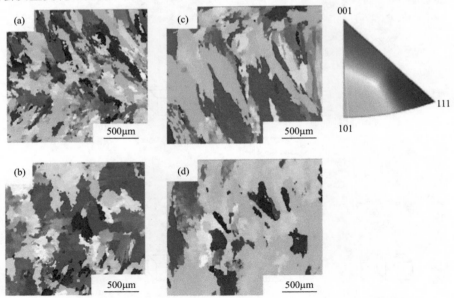

图 5-14 激光立体成形 304L 不锈钢不同部位的组织[9]（见彩图）

(a) 底部-低功率；(b) 顶部-低功率；(c) 底部-高功率；(d) 顶部-高功率

的晶粒形态及尺寸，包括平均晶粒面积、晶粒长轴和短轴方向的平均尺寸以及长/短尺寸比值。研究发现，由于顶部冷却速率比底部低，顶部的晶粒尺寸比底部要粗大，如表 5-2 所示。

表 5-2　激光立体成形 304L 不锈钢的晶粒尺寸及形态统计

项目	纵截面				横截面	
	低功率沉积单壁墙		高功率沉积单壁墙		低功率沉积单壁墙	高功率沉积单壁墙
	顶部	底部	顶部	底部		
晶粒尺寸和形貌测量						
晶粒面积中位值/μm^2	1532	1149	1394	1329	—	—
晶粒面积平均值/μm^2	5942	3247	7610	6278	—	—
平均长/短比	2.0 ± 0.9	2.3 ± 1.0	2.8 ± 1.5	3.2 ± 1.7	—	—
晶粒长轴 a/μm	62	49	82	80	—	—
晶粒短轴 b/μm	31	21	29	25	—	—
Hall-Petch 关系中使用的数值						
d/μm	31	21	29	25	55	80
平均屈服强度/MPa	325 ± 10	395 ± 5	241 ± 1	328 ± 3	314 ± 6	274 ± 7

注：a 和 b 为晶粒最长和最短方向的平均尺寸。

C. V. Haden 等人[10] 研究了电弧 3D 打印 304 不锈钢的显微组织。通过 EBSD 观察其显微组织，发现绝大多数晶粒尺寸分布在 $0\sim300\mu m$ 之间，如图 5-15 所示。

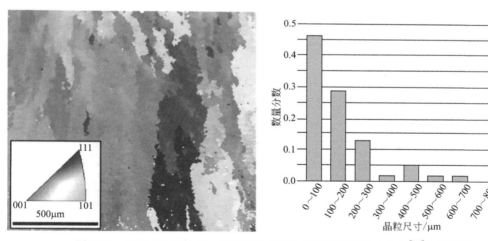

图 5-15　电弧 3D 打印 304 不锈钢的 EBSD 结果及晶粒尺寸分布[10]（见彩图）

可以看到，激光立体成形、激光选区熔化和电弧 3D 打印 316L 和 304 不锈钢的组织以奥氏体相为主体，但是晶粒组织形貌和尺寸存在较大差别。同时，同一 3D 打印技术打印不同尺寸试样的相组织结构有所不同，且试样不同位置的相组织结构也有差异，呈现明显的沉积尺寸相关性。这些组织差异主要是由于不同 3D 打印技术、不同 3D 打印试样尺寸以及 3D 打印过程中的不同时刻的加热/冷却速率都有差别，造成试样的凝固组织不同，且后续熔覆的往复热循环引起固态组织演变也不同。

5.3.2 马氏体不锈钢

马氏体不锈钢由于其相及组织形成具有较强的冷却速率相关性，使得其在 3D 打印过程中，组织相比奥氏体不锈钢明显更为复杂。Y. Liu 等人[11] 研究发现，激光立体成形 AISI 431 马氏体不锈钢沉积态组织与前述 316L 和 304 奥氏体不锈钢的沉积态组织具有一定的相似性，呈细小的定向胞枝状特征，相邻上下两层间存在"层间热影响区"（ILHAZ），其组织相对粗化，如图 5-16 所示。对其进行 XRD 分析，可发现其主要相为铁素体，进一步的 SEM 测试还发现其枝晶间存在 $(Cr，Fe)_{23}C_6$ 碳化物颗粒，尺寸分布在 $100\sim1000nm$ 间，如图 5-17 所示。对沉积态试样经 $1000\sim1100℃$ 热处理后，层间热影响区消失，碳化物溶解，如图 5-18 所示。

至于 2Cr13 马氏体不锈钢，其激光立体成形组织则与 316L 和 304 不锈钢不同，具有非常显著的尺寸敏感性。图 5-19～图 5-21 分别给出了宋梦华[12]采用激光立体成形制备的单壁墙、小尺寸块体和大尺寸块体的 2Cr13 马氏体不锈钢沉积态组织。对于单壁墙及小尺寸块体

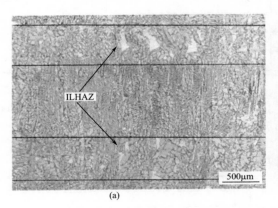
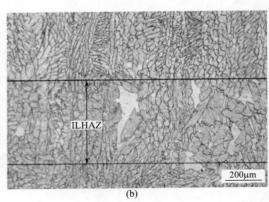

(a)   (b)

图 5-16　激光熔覆 AISI 431 马氏体不锈钢沉积态的光镜照片[11]
（a）低倍；（b）高倍

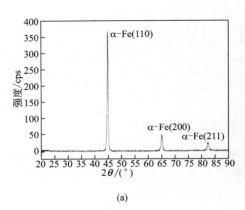
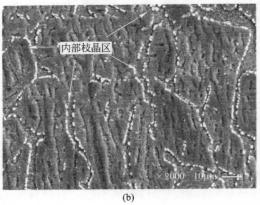

(a)   (b)

图 5-17　激光熔覆 AISI 431 马氏体不锈钢沉积态的
XRD 分析（a）和 SEM 照片（b）

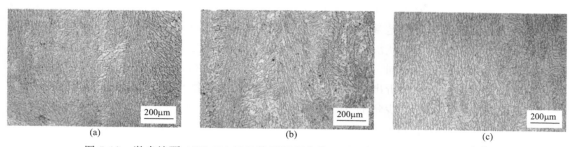

图 5-18　激光熔覆 AISI 431 马氏体不锈钢热处理后（保温 45min）的组织[11]
（a）1000℃；（b）1050℃；（c）1100℃

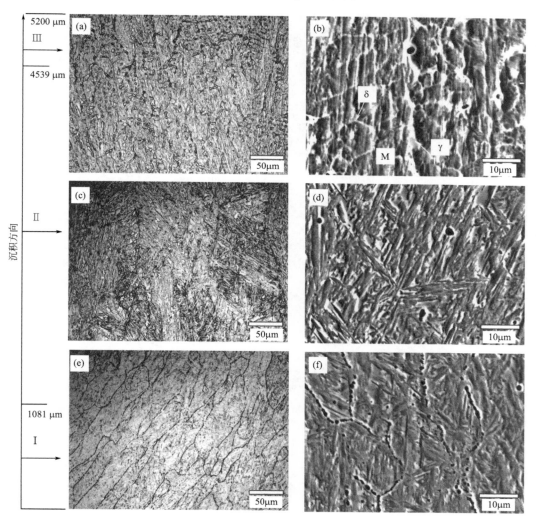

图 5-19　单壁墙试样沿沉积方向组织特征及其分布区域[12]
顶部组织的（a）OM 图像，（b）SEM 高倍图像；中部组织的（c）OM 图像，
（d）SEM 高倍图像；底部组织的（e）OM 图像，（f）SEM 高倍图像

沉积试样，试样底部主要为马氏体，碳化物沿奥氏体晶界析出；沿沉积方向向上，晶界碳化物逐渐减少，直至消失，但是基体依然主要是马氏体；在沉积试样顶部，其组织特征与单道熔覆层一致。对于大尺寸块状沉积试样，除顶部外，其余部分主要是回火索氏体组织，但不同区域的碳化物析出程度不同。沿原始奥氏体晶界，碳化物析出形成粗大的碳化物析出区。该区域内，晶界附近碳化物析出密集；距晶界较远时，碳化物与晶界平行成层片状分布。碳化物主要是 $M_{23}C_6$，同时有少量的 M_7C_3。沿沉积方向，碳化物析出区的宽度会出现粗细的变化。不过，大尺寸块状沉积试样顶部区域的组织特征变化与小尺寸块状沉积试样基本一致。

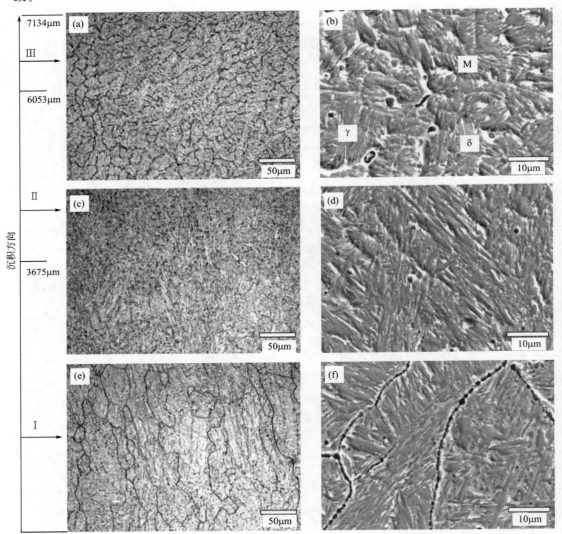

图 5-20　小尺寸块体试样沿沉积方向组织特征及其分布区域[12]
顶部组织的（a）OM（光学显微镜）图像，（b）SEM 高倍图像；中部组织的（c）OM 图像，
（d）SEM 高倍图像；底部组织的（e）OM 图像，（f）SEM 高倍图像

沉积方向

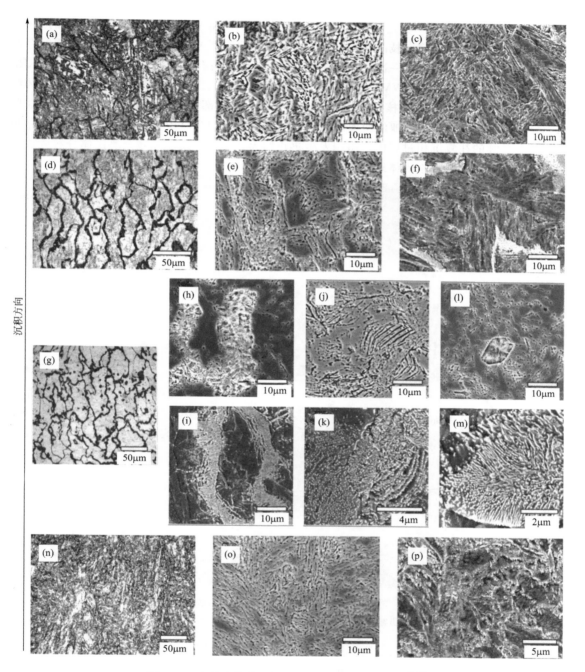

图 5-21　大尺寸块体底部区域 C1 试样的组织特征[12]

回火索氏体的 (a) OM 图像，(b)、(c) SEM 高倍图像；沿晶界粗大碳化物析出区及晶
内回火索氏体的 (d) OM 图像，(e)、(f) SEM 高倍图像；(g) 沿晶界粗大碳化物析出区及晶内铁
素体的 OM 图像；(h)、(i) 沿晶界珠光体的高倍 SEM 图像；(j)、(k) 沿晶界层片状分布碳化物
的高倍 SEM 图像；(l)、(m) 晶内珠光体团；底部回火索氏体的 (n) OM 图像，(o)、(p) 高倍
SEM 图像。其中，(c)、(f)、(i)、(k)、(m)、(p) 为 Vilella 试剂腐蚀，其余为电解腐蚀

3D打印金属材料
Metal
Materials
for 3D Printing

Y. D. Wang 等人[13] 研究了激光立体成形 1Cr12Ni2WMoVNb 马氏体不锈钢的组织。其沉积态组织为细小的定向枝晶结构，生长方向几乎平行激光沉积方向，上下相邻层间存在"热影响区"，高倍照片显示一次枝晶间距约 $13\mu m$，枝晶间有析出相，如图 5-22 所示。XRD 分析显示，沉积态 1Cr12Ni2WMoVNb 钢主要为铁素体相，TEM 观察发现基体为回火索氏体组织，枝晶间的析出相具有壳-核结构，核心为铁素体相，壳部为 $M_{23}C_6$ 碳化物，如图 5-23 所示。分析认为，由于激光熔池的快速冷却，先沉积层的组织为马氏体、残余奥氏体和枝晶间相，而在后续的往复沉积过程中，组织发生再热回火转变，马氏体和残余奥氏体分解成铁素体和碳化物，形成回火索氏体组织和枝晶间析出相。

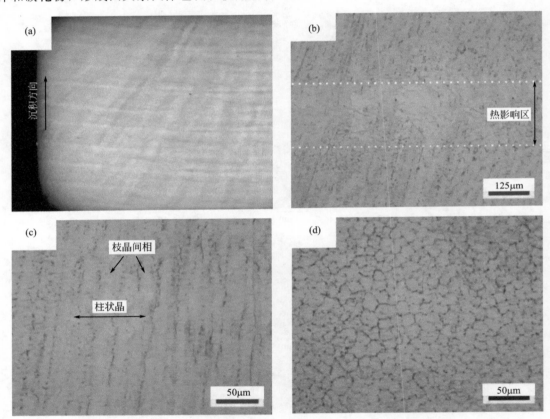

图 5-22　激光立体成形 1Cr12Ni2WMoVNb 钢的组织[13]

(a) 纵截面低倍；(b),(c) 纵截面高倍；(d) 横截面高倍

L. E. Murr 等人[14] 研究了激光选区熔化 17-4PH 不锈钢，发现粉末制备时的气氛和 3D 打印气氛会对 17-4PH 不锈钢组织有重要影响。他们发现，氩气雾化粉末颗粒的组成相主要为马氏体相，而氮气雾化粉末主要含奥氏体相。当 3D 打印气氛为氩气时，采用两种粉沉积的 17-4PH 不锈钢沉积态组织无明显差别，都是马氏体相，并呈明显的定向晶体取向特征，在平行沉积方向上以（110）织构为主，如图 5-24 所示。当 3D 打印气氛为氮气时，17-4PH 不锈钢的沉积态组织则与粉体的初始组织一致，即采用氩气雾化粉沉积的试样获得了马氏体组织，而采用氮气雾化粉沉积试样则呈现奥氏体组织，但这两种组织仍然具有明显的织构特

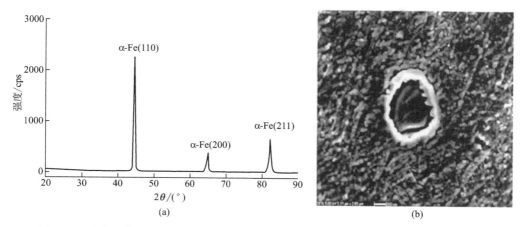

图 5-23　激光立体成形 1Cr12Ni2WMoVNb 钢的 XRD 分析（a）和 TEM 照片（b）[13]

征，如图 5-25 所示。他们认为可能是氮气气氛和氩气气氛的热导率不同引起 3D 打印过程中试样冷却速度不同，导致不同气氛下的成形组织不同。

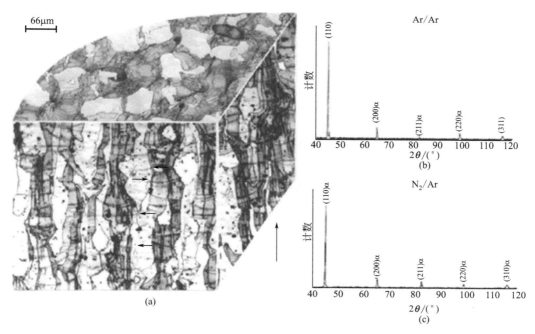

图 5-24　氩气气氛下的 SLM 成形 17-4PH 不锈钢沉积态组织及垂直平面上的 XRD 分析[14]
（a）氩气雾化粉 SLM 沉积态的 3D 光镜图；（b）氩气雾化粉 SLM 沉积态 XRD 分析；
（c）氮气雾化粉 SLM 沉积态 XRD 分析

S. Pasebani 等[15] 还研究了不同雾化介质所制备粉末对激光选区熔化 17-4PH 不锈钢组织的影响。发现采用气雾化粉所获得的沉积态组织为单纯的马氏体相，而采用水雾化粉所获得的沉积态组织为马氏体和奥氏体双相组织，如图 5-26 所示。同时，采用水雾化粉所制备的试样经过 1315℃固溶＋482℃时效后的延伸率要高于气雾化粉及锻件，这是由于固溶进入

3D打印金属材料
Metal
Materials
for 3D Printing

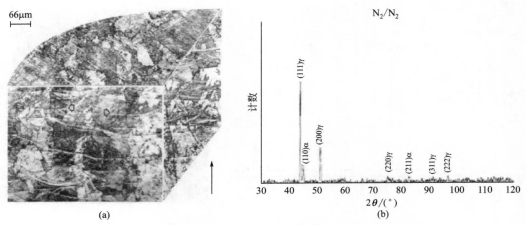

图 5-25　氮气气氛下的 SLM 成形 17-4PH 不锈钢沉积态组织及 XRD 分析[14]

（a）氮气雾化粉 SLM 沉积态的光镜图；（b）氮气雾化粉 SLM 沉积态 XRD 分析

基体的碳化物及其他第二相，在时效过程中均匀弥散的析出导致，如图 5-27 所示。

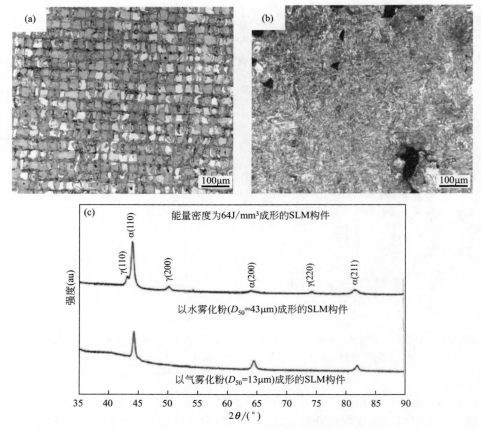

图 5-26　SLM 成形 17-4PH 不锈钢平行沉积方向的沉积态组织（能量密度 64J/mm³）及 XRD 分析[15]

（a）气雾化粉；（b）水雾化粉；（c）XRD 分析

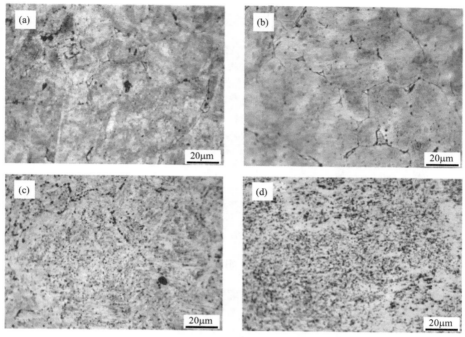

图 5-27　SLM 成形 17-4PH 不锈钢热处理后（1315℃固溶＋482℃时效）的光镜照片[15]

(a) 64J/mm³ 气雾化；(b) 104J/mm³ 气雾化；(c) 64J/mm³ 水雾化；(d) 104J/mm³ 水雾化

5.3.3　超高强度钢

超高强度钢是用于制造承受较高应力结构件的一类合金钢。其中 300M 钢和 AerMet100 钢是目前世界上强度最高、综合性能最好、应用最广泛和声誉最好的起落架用钢。刘丰刚等人[16,17] 研究了激光立体成形 300M 钢的显微组织。对于单道多层试样，随着沉积层数的增加，沉积层底部的组织变化不大，主要为马氏体（martensite）及少量贝氏体（bainite），而沉积层顶部，贝氏体的尺寸逐渐增大，如图 5-28 所示。

激光立体成形 300M 钢沉积态不同部位（观察截面垂直于沉积方向）的微观组织沿沉积方向存在明显的变化。沉积态试样底部为回火马氏体，中部为马氏体和贝氏体的混合组织，顶部以贝氏体为主，如图 5-29 所示。经常规热处理（锻件热处理制度）后，激光立体成形 300M 钢沉积态试样底部、中部和顶部所存在的组织不均匀性得到了消除，同时，回火马氏体呈现明显的板条形态，相比沉积态，马氏体板条束（亚束）的尺寸减小，如图 5-30 所示。

徐庆东[18] 采用激光立体成形所制备的 AerMet100 钢沉积态试样的显微组织如图 5-31 所示。顶部可以看到原始奥氏体晶界，沉积态试样中部出现较多的板条马氏体团簇，在沉积态试样底部马氏体板条相比沉积态中部更为粗大。经过固溶＋深冷＋回火处理后，激光立体成形 AerMet100 钢沉积态试样在不同位置的组织特征基本一致，主要由板条马氏体组成，且板条马氏体呈现不同取向团簇分布，如图 5-32 所示。

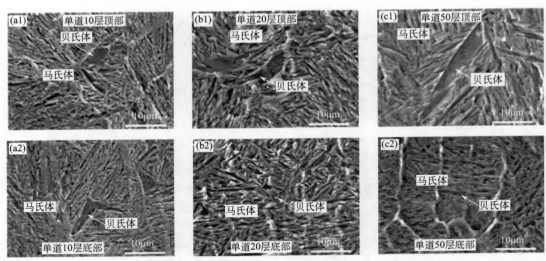

图 5-28　激光立体成形 300M 钢单道多层试样的微观组织[16]

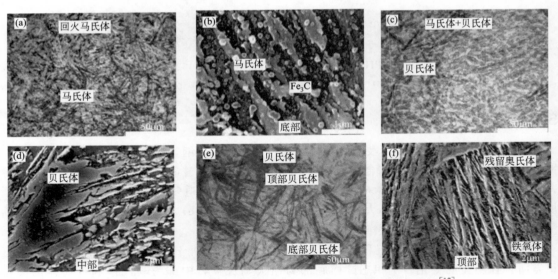

图 5-29　激光立体成形 300M 钢沉积态试样不同部位的微观组织[17]

　　Y. F. Li 等人[19]研究发现，激光立体成形 AF1410 钢的组织为快速定向凝固柱状晶粒，经热处理后柱状晶粒完全消失，组织趋向均匀，为全等轴组织。激光立体成形 AF1410 钢经回火热处理后主要为回火板条马氏体及弥散的碳化物，如图 5-33 和图 5-34 所示。

　　综合上述几种典型 3D 打印钢的组织特征，可以看到，不同的钢种组织差异极大。不过从总体特征来看，由于激光 3D 打印过程中所具有的高的加热和冷却速率，沉积态的晶内组织通常都显著细化。除了奥氏体不锈钢外，其他钢种激光 3D 打印后的组织和相演化行为非常复杂。

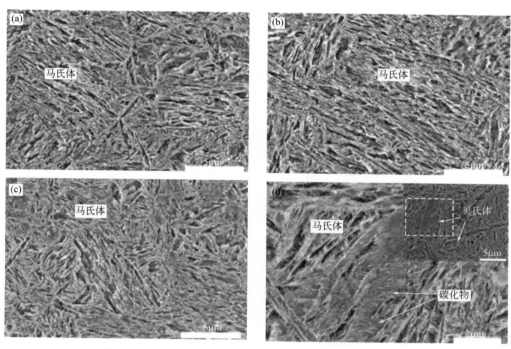

图 5-30　激光立体成形 300M 钢常规热处理态微观组织[17]

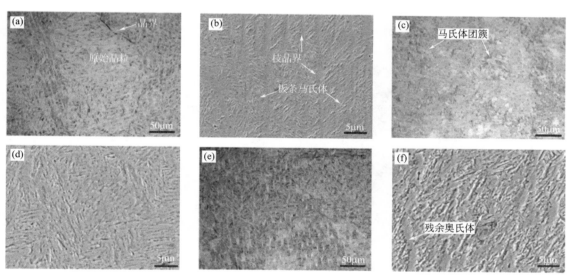

图 5-31　激光立体成形 AerMet100 钢沉积态试样的显微组织[18]

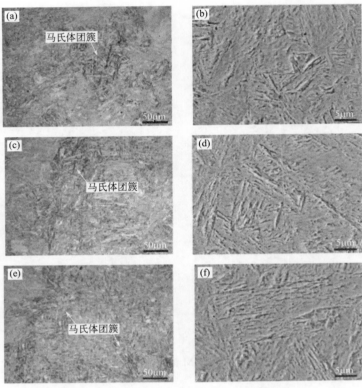

图 5-32 激光立体成形 AerMet100 钢热处理态
试样的显微组织[18]

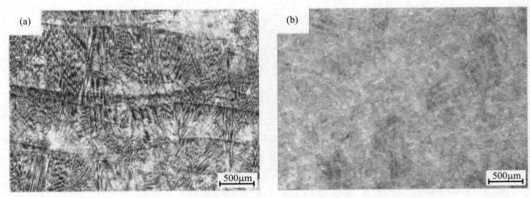

图 5-33 激光立体成形 AF1410 钢的组织[19]

（a）沉积态；（b）热处理

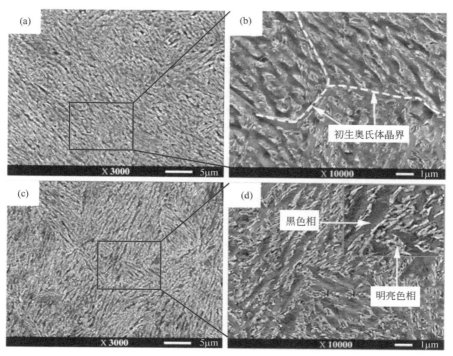

图 5-34   激光立体成形 AF1410 钢在不同回火温度后的组织[19]

(a)，(b) 505℃；(c)，(d) 515℃

5.4   3D 打印钢铁材料力学性能

由于 3D 打印钢的晶内亚结构显著细化的缘故，其静载拉伸性能与传统方法基本相当，甚至超过传统方法，但延伸率与传统方法还存在一定差距。同时，3D 打印钢的组织具有定向特征，这也必带来其力学性能的各向异性。下面就几种典型 3D 打印钢铁材料的力学性能展开阐述。

3D打印金属材料
Metal
Materials
for 3D Printing

5.4.1　奥氏体不锈钢

图 5-35 显示了通常 3D 打印 304L 和 316L 奥氏体不锈钢的力学性能[20]。其屈服强度和抗拉强度普遍高于传统方法，仅是延伸率与传统方法还存在一定差距。

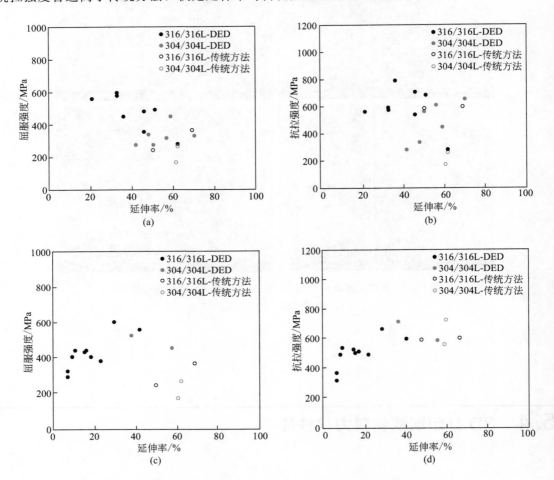

图 5-35　激光立体成形（LSF/DED）和激光选区熔化（SLM/PBF）316L
和 304L 不锈钢性能与传统方法的对比[20]

前文提及的美国劳伦斯国家实验室利用激光选区熔化技术制备的具有跨尺度多级结构的 316L 不锈钢，可以看到相比传统制造方法和通常 3D 打印，其强度和延伸率显著提升，如图 5-36 所示[7]。

T. Kurzynowski 等[5] 研究了不同沉积方向激光选区熔化 316L 不锈钢的力学性能，结果表明平行于沉积方向试样的强度和塑性要高于其他沉积方向，如表 5-3 所示。

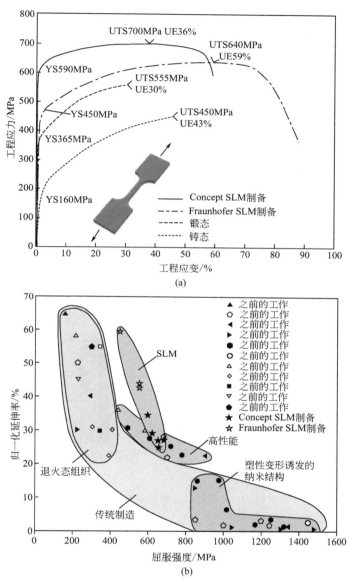

图 5-36 激光选区熔化 316L 奥氏体不锈钢的力学性能[7]

表 5-3 激光选区熔化 316L 不锈钢不同沉积方向的力学性能结果

扫描策略	杨氏模量/GPa	屈服强度/MPa	抗拉强度/MPa	延伸率/%	屈强比
系列 A(0°)-沉积态	219±41	517±38	687±40	32±5	0.75
系列 A(0°)-SR	212±44	463±34	687±37	25±8	0.67
系列 B(90°)-SR	169±22	454±52	750±8	29±2	0.61
系列 C(45°)-SR	190±58	440±52	662±24	28±3	0.66
系列 D(45°×45°)-SR	186±52	409±64	674±10	26±3	0.61

注:SR—退火态。

3D打印金属材料
Metal
Materials
for 3D Printing

K. Guan 等人[21] 研究了激光选区熔化所制备的具有不同沉积角度 304 不锈钢试样的力学性能，发现各沉积方向的性能呈现出明显的各向异性，如图 5-37 所示。

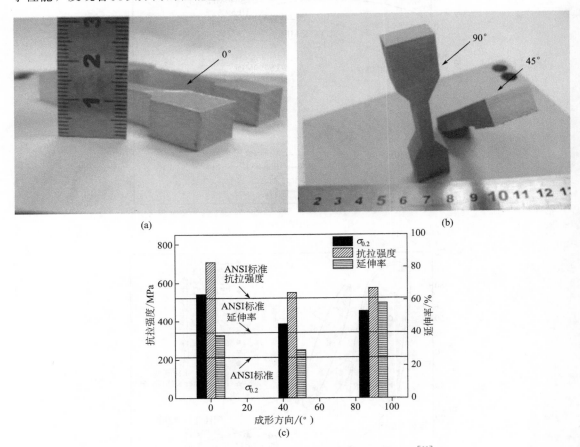

图 5-37 SLM304 不锈钢不同沉积方向的拉伸性能[21]

5.4.2 马氏体不锈钢

激光立体成形 AISI 431 马氏体不锈钢沉积态的抗拉强度为 905MPa，经 1050℃油淬＋回火热处理后，由于碳化物的溶解及层间热影响区的消失使抗拉强度提高到 1283MPa，延伸率及断面收缩率变化不大，如表 5-4 所示[11]。

表 5-4　激光立体成形 AISI431 马氏体不锈钢的室温拉伸性能

材料	抗拉强度/MPa	延伸率/%	断面收缩率/%
沉积态（680℃，空冷）	905±6	16.3±0.8	59.8±2.4
淬火回火态（1050℃，油淬）	1283±16	14.5±1.5	55.7±7.8

激光立体成形 2Cr13 不锈钢沉积态的力学性能如图 5-38 所示，具有较明显的各向异性，总体而言，纵向拉伸时强度较低塑性较好，横向拉伸时强度高而塑性较差。对于横向拉伸性

拉伸性能标准

σ_b/MPa	$\sigma_{0.2}$/MPa	δ/%	ψ/%
640	440	20	50

(a)

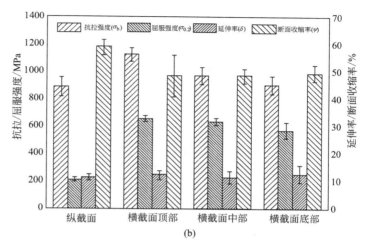

(b)

图 5-38　激光立体成形 2Cr13 不锈钢沉积态拉伸性能的柱状图[12]

能，从沉积试样顶部到底部，强度逐渐降低，其中抗拉强度降低较为明显，而屈服强度略有降低；塑性则基本不变[12]。

激光立体成形 1Cr12Ni2WMoVNb 钢的室温拉伸性能结果如表 5-5 所示。可以看出，沉积态的抗拉强度达到了锻件标准，延伸率和断面收缩率远低于锻件。由断口形貌发现，断裂部位在层间热影响区位置，由于后续沉积层的再热作用使得层间热影响区的组织较层内粗大，导致此处在拉伸过程中成为薄弱环节而断裂[13]。

表 5-5　激光立体成形 1Cr12Ni2WMoVNb 钢的室温拉伸性能

材料	抗拉强度/MPa	延伸率/%	断面收缩率/%
沉积态(580℃,空冷)	1223±20.8	7.7±0.58	38.7±8.50
锻造棒材(1170℃,空冷＋580℃,空冷)	1267	17.1	65.5

S. Pasebanit 等[15] 研究了雾化方法对激光选区熔化 17-4PH 不锈钢力学性能的影响。发现气雾化粉体在低能量密度下打印并经过热处理后的试样的强度和延伸率和锻件相当，而水雾化粉末打印的试样力学性能明显偏低，这主要是由于试样中的孔洞和未熔颗粒导致的，其试样密度明显偏低也说明这一点，如表 5-6 所示。

表 5-6　激光选区熔化 17-4PH 不锈钢的力学性能（1051℃固溶＋482℃时效）

粉末	能量密度/(J/mm³)	屈服强度/MPa	抗拉强度/MPa	硬度(HRC)	延伸率/%	密度/(g/cm³)
气雾化 $D_{50}=13\mu m$	64	1116	1358	45	5.1	7.7
	104	1200	1368	42	2.6	7.7
水雾化 $D_{50}=43\mu m$	64	365	510	18	1	7.2
	104	500	990	24	3.3	7.5
锻造	N/A	1170	1310	39	5	7.9

148

3D打印金属材料
Metal
Materials
for 3D Printing

5.4.3 超高强度钢

表 5-7 为激光立体成形 300M 钢沉积态及热处理态和 300M 钢锻件试样的室温拉伸性能。可以看出，沉积态拉伸试样存在一定的各向异性，主要是沉积态沿扫描方向的横向拉伸抗拉强度、屈服强度都略高于沿沉沉积方向的纵向拉伸试样，不过这两个方向上的延伸率和断面收缩率相当。此外，沉积态（横向、纵向）试样的抗拉强度、屈服强度及断面收缩率均与锻件有较大的差距，不过延伸率仅略低于锻件，同时由于沉积态试样沿沉积高度方向不同部位的微观组织有差异，导致不同部位的力学性能也略有不同，底部的抗拉强度最高，顶部次之，中部最低。经热处理后，成形件的抗拉强度和屈服强度均有了明显的提高，抗拉强度达2053MPa，屈服强度达 1812MPa，达到锻件标准，不过其延伸率和断面收缩率仍低于锻件[17]。

表 5-7　激光立体成形 300M 钢沉积态及热处理态的室温拉伸实验结果

试样	抗拉强度/MPa	屈服强度/MPa	延伸率/%	断面收缩率/%	拉伸方向
沉积态	1336±46	1034±10	9±3.5	10±6	纵向
沉积态底部	1500±0.5	1170±19.5	8±0.5	12±2	横向
沉积态中部	1400	979±19	11.5±0.5	14	横向
沉积态顶部	1468±18.5	1110±4.5	7.75±1.25	7±1	横向
热处理态	2053±5	1812±1	5±0.5	25±2	横向
锻造	≥1925	≥1630	≥12.5	≥50.6	—

图 5-39 为激光立体成形 300M 钢沉积态试样在不同应力比 R 条件下的裂纹扩展速率曲线。可以看到，随着 R 的增加，进入裂纹稳态扩展区的起始 ΔK 值越来越小，相同 ΔK 值处对应的疲劳裂纹扩展速率越来越大。激光立体成形 300M 钢热处理态的试样，R 对其裂纹

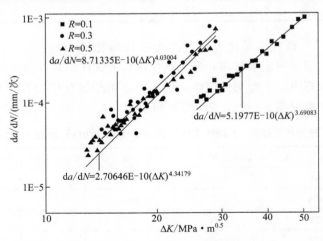

图 5-39　激光立体成形 300M 钢沉积态不同应力比 R 下的疲劳
裂纹扩展速率曲线[17]

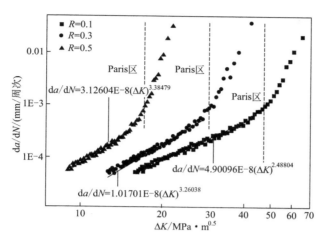

图 5-40　激光立体成形 300M 钢热处理态不同应力比 R 下的
疲劳裂纹扩展速率曲线[17]

扩展速率的影响与沉积态相似，如图 5-40 所示。

　　激光立体成形 AerMet100 钢的硬度和拉伸性能如表 5-8 所示。激光立体成形 Aer-Met100 钢沉积态试样底部残余奥氏体含量较多且板条马氏体最为粗大导致其硬度最低，而沉积态中部和顶部残余奥氏体含量很少，所以硬度相对较高，中部板条马氏体最细小使其硬度最高。热处理后组织均匀化，导致其显微硬度无明显差别，拉伸性能和显微硬度分布特征基本一致[18]。

表 5-8　激光立体成形 AerMet100 钢的硬度拉伸性能结果

材料状态		σ_b/MPa	$\sigma_{0.2}$/MPa	δ/%	ψ/%
沉积态	顶部	1920	1760	3.5	13
	中部	2020	1720	8	16.5
	底部	1700	1350	5	12.5
热处理态	顶部	1895	1784	5.5	14
	中部	1955	1849	7.0	21
	底部	1965	1842	8.0	35
锻造＋热处理	—	1965	1758	14	65

　　Y. F. Li 等人[19] 研究了不同回火温度对激光立体成形 AF1410 钢力学性能的影响，结果表明，激光立体成形件的强度超过了锻件要求，但延伸率和断面收缩率比锻件稍差；当回火温度提高 10℃，抗拉强度和屈服强度约分别下降了 9% 和 8%，但延伸率和断面收缩率分别提高到 15% 和 67%；另外，不同方向拉伸性能对比发现，横向 [沿扫描方向，transverse (T)] 的抗拉强度比纵向 [沿沉积方向，longitudinal (L)] 略高，而延伸率稍低，力学性能各向异性不明显，结果如表 5-9 所示。

表 5-9　激光立体成形 AF1410 钢的室温拉伸性能

回火温度/℃	抗拉强度/MPa	屈服强度/MPa	延伸率/%	断面收缩率/%	拉伸方向
505	1771.5±4.9	1602.5±6.3	12.5±0.7	65.5±2.1	横向
	1768.0±8.5	1588.0±5.7	14.0±0.7	67.0±0.6	纵向
515	1612.0±8.4	1478.5±3.4	15.0±0.3	67.0±1.4	横向
	1599.0±8.5	1472.0±5.7	15.0±0.8	67.0±0.4	纵向
510	1630.7±6.7	1511.0±7.0	12.4±0.3	68.5±0.4	横向
	1606.7±4.9	1491.3±3.8	13.1±0.5	70.3±0.7	纵向
锻造态	1680	1480	16	69	

5.5　3D 打印钢铁材料存在的主要问题及建议

　　钢是合金材料中最大的一个分支，在传统制造业中占据了非凡的地位。在 3D 打印技术中，钢也是被广泛应用于成形研究的重要材料。而 3D 打印技术具有与传统加工技术完全不同的成形原理，其物理冶金过程非常复杂，结合钢自身所具有的多层次的复杂相变特征，给钢的 3D 打印件性能的重新设计和飞跃提升带来了巨大的潜力。结合目前钢的 3D 打印存在的问题及需要解决的关键技术，提出以下发展建议：

　　① 重点支持在钢的 3D 打印组织性能调控方面的基础研究，理清钢在 3D 打印过程中的多尺度组织性能调控机制，突破 3D 打印钢的相关形性调控关键技术，并发展与之相匹配的后处理技术；

　　② 加强高强韧钢 3D 打印结构功能一体化研究，结合 3D 打印材料基因组研究，发展 3D 打印专用钢的材料体系，开发颠覆性的新材料和新结构；

　　③ 开发具有自主知识产权的成形工艺包和数据库，建立 3D 打印不同钢种典型材料的国家标准。

参考文献

[1]　Buchanan C，Gardner L. Metal 3D printing in construction：A review of methods，research，applications，opportunities and challenges [J]. Engineering Structures，2019，180：332-348.
[2]　林鑫，杨海欧，陈静，黄卫东. 激光快速成形过程中 316L 不锈钢显微组织的演变 [J]. 金属学报，2006，42：361-368.

［3］ Zietala M，Durejko T，Polański M，et al. The microstructure，mechanical properties and corrosion re‐
sistance of 316L stainless steel fabricated using laser engineered net shaping ［J］. Materials Science and
Engineering：A，2016，677：1-10.

［4］ Bartolomeu F，Buciumeanu M，Pinto E，Alves N，Carvalho O，Silva F S，Miranda G. 316L stainless
steel mechanical and tribological behavior—A comparison between selective laser melting，hot pressing
and conventional casting ［J］. Additive Manufacturing，2017，16：81-89.

［5］ Kurzynowski T，Gruber K，Stopyra W，Kuznicka B，Chlebus E. Correlation between process parame‐
ters，microstructure and properties of 316L stainless steel processed by selective laser melting ［J］.
Materials Science and Engineering A，2018，718：64-73.

［6］ Wang X L，Muñiz-Lerma J A，Sánchez-Mata O，Shandiz M A，Brochu M. Microstructure and me‐
chanical properties of stainless steel 316L vertical struts manufactured by laser powder bed fusion process
［J］. Materials Science and Engineering A，2018，736：27-40.

［7］ Wang Y M，Voisin T，McKeown J T，Ye J，Calta N P，Li Z，Zeng Z，Zhang Y，Chen W，Roeh‐
ling T T，Ott R T，Santala M K，Depond P J，Matthews M J，Hamza A V，Zhu T. Additively manufac‐
tured hierarchical stainless steels with high strength and ductility ［J］. Nature Materials，2018，17：63-71.

［8］ Chen X，Li J，Cheng X，He B，Wang H M，Huang Z. Microstructure and mechanical properties of
the austenitic stainless steel 316L fabricated by gas metal arc additive manufacturing ［J］. Materials Sci‐
ence and Engineering A，2017，703：567-577.

［9］ Wang Z Q，Palmer T，Beese A M. Effect of processing parameters on microstructure and tensile prop‐
erties of austenitic stainless steel 304L made by directed energy deposition additive manufacturing ［J］.
Acta Materialia，2016，110：226-235.

［10］ Haden C V，Zeng G，Carter F M，Ruhl C，Krick B A，Harlow D G. Wire and arc additive manufac‐
tured steel：Tensile and wear properties ［J］. Additive Manufacturing，2017，16：115-123.

［11］ Liu Y，Li A，Cheng X，Zhang S Q，Wang H M. Effects of heat treatment on microstructure and ten‐
sile properties of laser melting deposited AISI431 martensitic stainless steel ［J］. Materials Science and
Engineering A，2016，666：27-33.

［12］ 宋梦华. 激光立体成形 2Cr13 不锈钢的成形特性与组织性能 ［D］. 西安：西北工业大学，2016.

［13］ Wang Y D，Tang H B，Fang Y L，Wang H M. Microstructure and mechanical properties of laser
melting deposited 1Cr12Ni2WMoVNb steel ［J］. Materials Science and Engineering A，2010，527：
4804-4809.

［14］ Murr L E，Martinez E，Hernandez J，Collins S，Amato K N，Gaytan S M，Shindo P W. Micro‐
structures and properties of 17-4PH stainless steel fabricated byselective laser melting ［J］. J Mater Res
Technol，2012，1（3）：167-177.

［15］ Pasebani S，Ghayoor M，Badwe S，Irrinki H，Atre S V. Effects of atomizing media and post process‐
ing on mechanical properties of 17-4PH stainless steel manufactured via selective laser melting ［J］.
Additive Manufacturing，2018，22：127-137.

［16］ Liu F G，Lin X，Song M H，Yang H O，Zhang Y Y，Wang L L，Huang W D. Microstructure and mechani‐
cal properties of laser solid formed 300M steel ［J］. Journal of Alloys and Compounds，2015，621：35-41.

［17］ 刘丰刚. 激光立体成形及修复 300M 钢的组织与性能研究 ［D］. 西安：西北工业大学，2017.

［18］ 徐庆东. 激光立体成形及修复 AerMet100 超高强度钢组织和性能 ［D］. 西安：西北工业大学，2014.

［19］ Li Y F，Cheng X，Liu D，Wang H M. Influence of last stage heat treatment on microstructure and
mechanical properties of laser additive manufactured AF1410 steel ［J］. Materials Science and Engineer‐
ing A，2018，713：75-80.

［20］ DebRoy T，Wei H L，Zuback J S，Mukherjee T，Elmer J W，Milewski J O，Beese A M，Wilson-
Heid A，De A，Zhang W. Additive manufacturing of metallic components—Process，structure and
properties ［J］. Progress in Materials Science，2018，92：112-224.

［21］ Guan K，Wang Z，Gao M，Li X. Zeng X. Effects of processing parameters on tensile properties of se‐
lective laser melted 304 stainless steel ［J］. Materials & Design，2013，50：581-586.

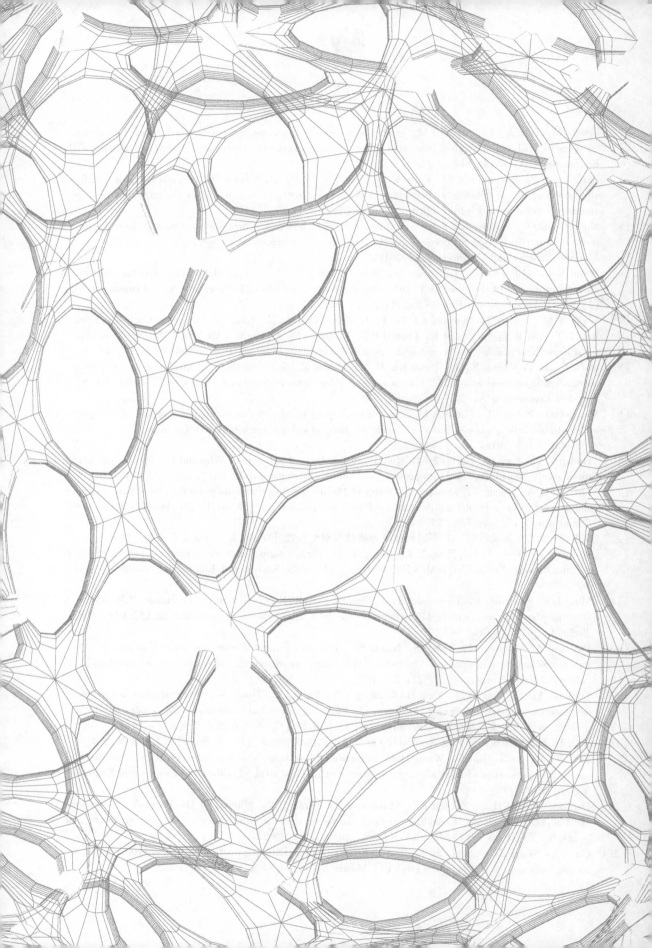

第 6 章
3D 打印铝合金

6.1 3D 打印铝合金概述

以 Al 合金为代表的轻合金材料的 3D 打印精密近净成形，既体现了 3D 打印技术本身精密化、近净成形的发展趋势，又凸显了在选材上的轻量化、高性能的发展方向[1~4]。目前，围绕铝合金材料的 3D 打印研究方面主要侧重于 Al-Si、Al-Cu-Mg、Al-Si-Mg 等材料体系。AlSi10Mg 作为最早开展 3D 打印研究的铝合金材料，通过工艺优化已然能够获得近全致密的铝合金制件，同时其力学性能能够达到甚至超过传统的铸造制件[5]。除了工艺参数，粉体特性也会对铝合金材料 3D 打印致密化行为及力学性能产生重要影响。英国利兹大学的研究人员探索了铝、铝镁、铝硅粉末特性（颗粒形貌，氧含量，表面氧化膜）对 SLM 过程中粉末颗粒熔化和熔体流动行为的影响[6]，提出微细、低氧含量的球形粉末是保证成形质量与力学性能的重要因素。在铝合金典型构件精密成形研究方面，德国 Fraunhofer 激光技术研究所取得突破性进展[3]，该所利用 SLM 技术制造的 AlSi10Mg 阀体零件和薄壁零件 ［如图 6-1 （a）所示]，均具有非常良好的综合机械性能，可直接满足工业实际应用需求；英国利物浦大学的研究人员通过创新设计异于传统凸台阵列的散热片结构，利用 SLM 技术成功制备了 Al 6061 热交换系统[图 6-1(b)][4]，获得良好的散热性能。

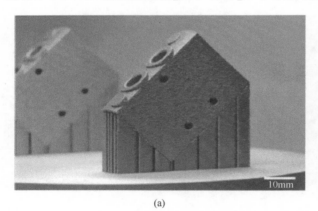

(a)   (b)

图 6-1 SLM 成形的 AlSi10Mg 阀体零件，成形功率为 1kW，成形速率为 $21mm^3/s$ （a）[3]；SLM 成形的 V-型 Al6061 散热器 （b）[4]

近年来在面向轻质超高强韧的应用需求驱动下，一些新颖的材料体系也得到相应的开发与研究，包括稀土改性增强铝基材料、陶瓷颗粒增强铝基复合材料等。如伊朗谢里夫理工大学的 A. Simchi 等人[7] 开展了 SiC/Al-7Si-0.3Mg 复合材料选区激光烧结成形的试验研究；英国埃克塞特大学的 S. Dadbakhsh 等人[8] 通过 SLM 成形了 Fe_2O_3/Al 复合材料并研究了 Fe_2O_3 含量对组织结构的影响规律；空客公司的 F. Palm 等人[9] 则利用 SLM 技术成形了

Scalmalloy®合金（即 Al-Mg-Sc-Zr 合金），并揭示了不同热处理温度和保温时间下硬度的变化规律以及处理前后机械性能和显微组织的差异。国内同时也有很多研究团队在从事铝合金增材制造的相关研究工作，如华中科技大学史玉升团队[10] 基于 SLM 成形工艺参数优化定量研究了线能量密度对 AlSi12 成形构件致密度的影响机制；西北工业大学黄卫东团队[11] 针对基体表面倾斜条件下的激光沉积特性展开研究，通过表征倾斜基体表面上激光沉积过程熔池的形貌特征以及几何特性，揭示了基体表面倾斜特性对熔池的形貌特征、几何特性和表面粘粉的影响规律及其内在机制；华南理工大学杨永强团队[12] 基于 SLM 成形零件过程中常出现的零件翘曲变形问题，通过优化支撑结构，发现采用分块 0°倾斜导热支撑可以有效地减小零件的翘曲变形；华中科技大学曾晓雁团队[13] 则对传统锻造系 Al-Cu-Mg 合金的 SLM 成形开展了相应试验研究，并分析探讨了不同条件下的固溶处理对 SLM 成形 Al-Cu-Mg 合金拉伸性能和显微组织的影响规律；此外，南京航空航天大学顾冬冬团队[14,15] 对铝基复合材料激光增材制造开展了结构设计-材料制备-工艺调控-功能一体化成形研究（图 6-2），在优化的工艺条件下实现了具有新颖增强结构的 SiC/AlSi10Mg 纳米复合材料制备，相比于 SLM 成形 AlSi10Mg 合金的力学性能，其强度得到显著提升。

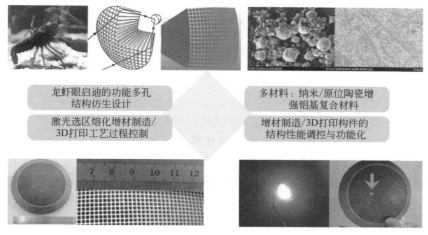

图 6-2　激光 3D 打印"龙虾眼"结构：结构设计-材料制备-
工艺调控-功能一体化成形[14]

相比铁基、镍基、钛基等材料，激光增材制造成形铝合金目前尚面临较多难题，主要表现在：低激光吸收率（CO_2 激光 9%光纤或 Nd:YAG20%）、高热导率[237W/(m·K)]及易氧化等物理特性[16,17]。低激光吸收率使得铝合金粉末即使在高激光功率输入条件下所吸收获取的能量依然有限，易出现粉末熔化不充分、熔池体积偏小等特征。高热导率则会导致铝合金激光增材制造成形过程中热量急速传递，同时熔池温度急速下降、熔池内液相黏度增大、流动性降低，从而恶化成形构件的致密化行为。易氧化特性，则会致使熔体表面极易形成 Al_2O_3 氧化膜，并因此显著降低了成形过程中熔体的润湿性。针对铝合金高液相黏度和低润湿特性导致的激光成形出现"球化"效应及内部孔隙、裂纹等缺陷，研究人员对其原因进行了理论分析，成形过程中铝合金对温度和氧含量的要求很高，通过严格控制温度和氧含量后可以获得较好的成形质量[18,19]。针对铝合金不可避免的易氧化属性，英国利物浦大学的研究人员[18]深入揭示了铝合金 SLM 过程中的氧化问题及破碎机制：在激光高温作用下，熔池上表面的 Al_2O_3 氧化薄膜发生气化，熔池底部的 Al_2O_3 氧化薄膜则在熔池中 Marangini 对流作用下易于被打破，结果基体润湿性得到增强，层间结合质量实现明显提升。基于该破碎机制，南京航空航天大学顾冬冬等人[20]进一步采用实验与数值模拟相结合的方法，研究了激光选区熔化成形工艺参数对铝合金显微组织演变、氧化物分布特征及氧化物破碎物理行为的影响规律，提出了激光选区熔化铝合金熔体温度梯度、表面张力、界面效应及热毛细流动对氧化物破碎行为和显微组织演变的科学调控方法。

本章将基于目前已有的文献报道，着重探讨铝合金在 3D 打印成形过程中所表现出的非平衡冶金组织特点以及由此产生的力学性能和耐磨损、耐腐蚀性能。

6.2　3D 打印铝合金的组织特点与性能

在 3D 打印成形铝合金过程中，多重热循环特性以及超高温度梯度与冷却速度的存在，导致铝合金成形构件显微组织特征显著异于传统加工成形件，作为结果其力学性能及相应物理化学特性也会呈现出明显差异；另外，基于快速移动熔池局部凝固晶粒形态演变的复杂性和逐层堆积三维零件晶粒形态选择的多样性，给增材制造沉积单元的组织调控以及随后的性能控制又带来很大挑战[21]。本节将针对目前研究最广泛的几种铝合金材料体系，包括 Al-Si 系、Al-Cu-Mg 系、Al-Mg-Si-Fe 系、Al-Zn-Mg-Cu 系、稀土改性铝合金及相应的铝基复合材料，围绕增材制造过程中不同的制造工艺参数以及后热处理工艺等调控措施，详细阐述 3D 打印铝合金独特的显微组织形成与演变特点，以及其所呈现出的优异力学性能（包括拉伸、压缩、疲劳等性能）和耐磨损、耐腐蚀性能。

6.2.1　3D 打印铝合金组织特点

6.2.1.1　不同 3D 打印技术下获得的铝合金成形组织

根据已有文献报道，铝合金的 3D 打印成形研究目前主要是以激光选区熔化（SLM）成形技术为主，仅有少量的研究面向电子束选区熔化（SEBM）成形和激光熔化沉积（LMD）。一方面铝合金极易发生氧化的特性导致 LMD 成形工艺很难保证铝合金获得良好的成形质量，另一方面对于航空航天精密轻质高强构件日益增长的需求也促使了 SLM 工艺成为更多研究者的选择。美国 Sandia 国家实验室探索了 AlSi10Mg 的 LMD 制造工艺，发现球化现象严重，成形效果不理想[22]。和钛合金相比，铝合金 LMD 过程中送粉需要持续的高气流量及良好的粉末流动性，这使得连续均匀送粉难度增大，激光熔池稳定性和界面连续性较难控制，因此铝合金 LMD 成形相较于 SLM 成形难度更大[23]。另外，对于 SEBM 工艺，其成形过程是在高真空度环境下进行，因此会导致低熔点元素显著蒸发；同时熔池热量不易通过环境扩散而发生热量积聚，虽可以起到基板预热的作用，但也加剧了元素蒸发现象；另外，SEBM 成形设备构造复杂、腔体成形环境要求高，因此其相对成本普遍高于激光基 3D 打印设备。基于此，SLM 成为当前铝合金 3D 打印成形研究最为主要的技术途径，同时也是面向复杂铝合金构件精密增材制造的重要手段。因此，在本章后面对于 3D 打印铝合金显微组织及性能的详细阐述将主要围绕 SLM 成形技术展开，这里将不再赘述。

尽管当前 SEBM 和 LMD 两种 3D 打印技术在开展铝合金构件成形时存在一些难点与挑战，但并不代表这两种成形技术不可取，只是相对 SLM 成形铝合金而言成熟度不是很高。对于围绕铝合金材料开展的 SEBM 和 LMD 成形试验性研究，这里我们将做一些简单介绍。首先对于 SEBM 成形技术，虽然 SEBM 的成形方式易引起铝合金等低熔点金属材料显著蒸发，但该技术却可有效避免 SLM 成形铝合金时所面临的低激光吸收率和易氧化性问题，因此利用该技术成形铝合金构件仍得到了一些研究人员的重视与关注。英国诺丁汉大学增材制造中心的研究人员利用电子束对铸造过共晶 Al-Si 合金表面进行了重熔处理，重熔与热影响区深度仅有 $14.9\mu m\pm 5.9\mu m$，但重熔的显微组织得到明显细化，初生硅颗粒发生部分溶解，同时也有细小的亚微米尺寸的硅颗粒析出[24]。北京航空航天大学研究人员进一步借助 SEBM 技术试验成形了 Al-Fe-V-Si 铝合金[25,26]。在低倍光学显微镜观察中（图 6-3），可以

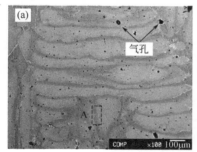

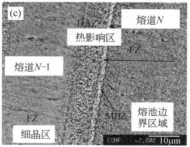

图 6-3　SEBM 成形试样的纵截面（a）与横截面腐蚀形貌（b），A 区域的高倍
照片（c），显示相邻道之间的组织特征[25]

清晰分辨出 SEBM 成形铝合金试样中道与道、层与层的典型特征；同时，在沉积材料中许多圆形的小孔洞（<50μm）也能够被观察到，其可能与粉末原材料中被俘获的惰性气孔有关；SEBM 成形道之间获得了良好的结合，且没有发现热裂纹存在。图 6-4 特别给出了 SEBM 成形 Al-Fe-V-Si 铝合金横截面不同典型区域的显微组织特征，三种典型区域包括熔化区（FZ）、熔池边界区（MBZ）和热影响区（HAZ）。不难看出，在 FZ 形成了非常细小的显微组织，而在 MBZ 析出了较为粗大的颗粒。通过对上述三个区域的物相进行透射分析，可以发现在 FZ 和 HAZ 形成的细小析出物为 $Al_{12}(Fe,V)_3Si$，尺寸在 30～110nm 之间，并均匀弥散分布在基体中；而在 MBZ 则呈现为具有 100～400nm 的矩形 Al_mFe 型相（$m=4.0～4.4$）。

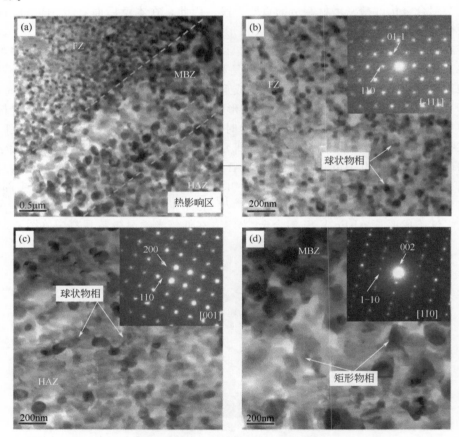

图 6-4　横跨相邻扫描间的熔化区、熔池边界区及热影响区的 TEM 照片（a）；
在熔化区的细小球状物相以及对应的选区电子衍射斑点（b）；在热影响区的
球状物相及其衍射斑点（c）；熔池边界区域的粗大方形物相及其衍射斑点（d）[25]

对于 LMD 成形铝合金的相关研究工作，目前仅有少量报道，这主要源于目前 LMD 成形铝合金试样尚存在较大挑战。然而考虑到 LMD 成形技术在大尺寸构件成形方面的巨大优势，基于 LMD 技术成形铝合金的研究工作仍值得进一步向前推进与快速发展。近期南非约翰内斯堡大学研究人员在 TC4 基板上进行了 Al-Cu-5Fe 铝合金的熔化沉积试验[27]。考虑 Al

和 Cu 对激光均具有高反射率和低吸收率,研究人员通过引入高质量分数的 Fe 包裹铝合金粉末以获得更好的激光成形性;由于较高的 Fe 含量存在,入射光子初始阶段直接与 Fe 发生交互作用、吸收热量,通过热量传递逐渐作用于 Al 和 Ti,并形成动态熔池。进一步,通过对侧截面抛光腐蚀组织观察,可以发现在 TC4 基板与铝合金沉积层之间形成了约 $20\mu m$ 厚的中间过渡层(主要包含一些金属间化合物 Ti_2Cu_3 和 $TiFe_2$),而在沉积层中则形成了大量的透镜状 Al_3Fe 单斜 λ 相。同年,德国 Fraunhofer 激光技术研究所与江苏省高性能金属构件激光增材制造工程实验室的研究人员开展合作,并针对 Al-Mg-Mn-Sc-Zr 系合金进行了薄壁件 LMD 成形试验研究[28],如图 6-5 所示,研究发现细小的等轴晶倾向于出现在堆叠薄壁结构的底部与顶端,而中间区域则以较为粗大的柱状晶为主,晶粒大小分布差异直接导致成形试样的显微硬度呈现区域性分布。值得注意的是,通过长时间的时效处理,仅有堆叠薄壁结构顶端区域发生明显硬化现象。研究分析表明,LMD 成形过程相对缓慢的冷却速率致使成形过程自时效效应显著,大量初生一次析出相形成,从而严重弱化了在后续人工时效过程中二次析出相的硬化作用。

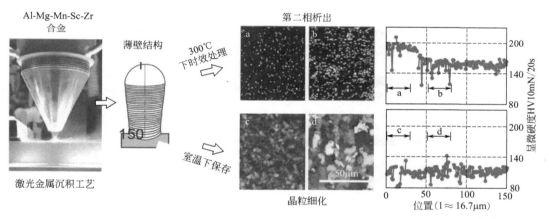

图 6-5 基于 LMD 技术成形 Al-Mg-Mn-Sc-Zr 系铝合金薄壁构件:组织与性能表征[28]

6.2.1.2 不同牌号铝合金的 3D 打印成形组织特点

(1) Al-Si 系合金

Al-Si 系合金是目前铝合金 3D 打印方面开发应用研究最广泛、也是最成熟的合金体系,包括了亚共晶 Al-Si 合金、近共晶 Al-Si 合金以及过共晶 Al-Si 合金,具体牌号如 AlSi7Mg、AlSi10Mg、AlSi12、AlSi20 等。对于 Al-Si 系合金,大量相关的研究工作已经被报道,主要涉及的研究机构包括了比利时鲁汶大学[29~31]、德国德累斯顿固体与材料研究所[32~37]以及澳大利亚的西澳大利亚大学[38~40] 等。AlSi7Mg 是亚共晶 Al-Si 系中最常用的合金之一,美国牌号为 A357,与高强铝合金相比,其液相线与固相线相差无几,属于典型的传统铸造铝合金。AlSi10Mg 和 AlSi12 则均属于近共晶 Al-Si 合金,是 Al-Si 系合金中熔点最低的一类合金,在高温成形过程中表现为良好的熔体流动性,也是典型的传统铸造铝合金。上述三种铝合金在 3D 打印过程中呈现出的组织比较类似。以 AlSi10Mg 为例,由于 SLM 过程独特的成形特点,成形构件内部形成了由亚微米结构单胞组成并沿着<100>晶向(熔池中心方向）生长的微细显微组织（如图 6-6 所示）。Si 原子溶解在 Al 晶胞面心立方结构中，其分布与钻石中 C 原子分布相似，这使得 SLM 成形构件具有较高的显微硬度［(127±3) HV$_{0.5}$］。在激光诱导形成的细小熔池内部，可以观察到典型的三种区域，即熔池中心处的细晶区（MP fine）、熔池边界处的粗晶区（MP coarse）及热影响区（HAZ），对应于图 6-6(a) 中白色虚线划分的三块典型区域。由于相邻层和相邻扫描道在加工当前位置时发生局部重熔，加工过程中能够形成特有的形貌织构及结晶织构。在熔池扫描中心线位置，细长状晶粒沿着成形方向生长。在特定的扫描策略（如正交扫描策略）下，沿着扫描方向形成了强韧的纤维状＜100＞织构，而在成形方向形成了脆弱的块状织构［图 6-6(b)］。其中，纤维状织构形成于前一加工层扫描方向未发生转动时，而块状织构则在当前加工层内或不同加工层间随着扫描方向旋转 90°而形成。这表明了通过选择不同的扫描策略可以来制备获得各向异性或各向同性的构件。进一步借助透射电子显微镜以及扫描透射电子显微镜对 SLM 成形 AlSi10Mg 试样内部复杂显微组织进行表征研究[41]，可以发现在试样截面，柱状 Al 晶粒占据主导地位，这些柱状晶由长胞晶所构成，并被 Al-Si 共晶组织所分隔开，如图 6-7 所示；贯穿长胞晶长度方向存在亚胞晶结构，尺寸在 300～500nm 之间。值得注意的是，在横截面观察到的胞状结构实则为长胞晶以及胞晶边界 Al-Si 共晶的横截面。通过原位压缩试验，我们可以发现存在的胞晶界面、亚胞晶界面以及胞晶中 Si 颗粒能够有效限制塑性变形过程中的位错滑移。

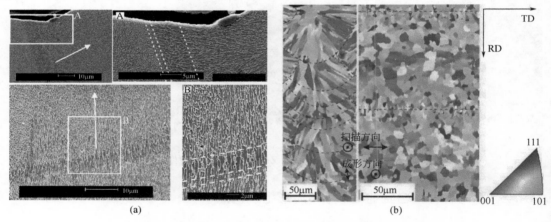

图 6-6　AlSi10Mg 试样上表面及底面显微组织（双向扫描路径）
(a) 及 EBSD 位向图 (b)[29]（见彩图）

随着原始粉末中的 Si 含量进一步提升，即形成 Al-Si 过共晶合金。鉴于 SLM 成形过程中极快的冷却速度，Al-Si 过共晶合金中形成了由过饱和 Al(Si) 固溶体以及大量微细共晶 Si 和初生 Si 颗粒所构成的显微组织。与传统加工过共晶 Al-Si 合金中形成的相比，SLM 样品中初生 Si 相具有更小的尺寸（约 5μm）；此外，随着 SLM 成形过程中激光功率增加，初生 Si 相形貌逐渐由球状演变为不规则形态。特别是，在 AlSi50 激光选区熔化成形过程中，可以明显观察到 Si 初生相的宏观偏析[42]。实验结果表明，富 Si 区域倾向于出现在熔池中心和熔池边界区域，而其他区域则呈现出贫 Si 组织（图 6-8）。在激光诱导动态熔池快速凝固过程中，初生 Si 相率先从液态金属中形核，在熔体 Marangoni 对流驱动下，已形核的初生

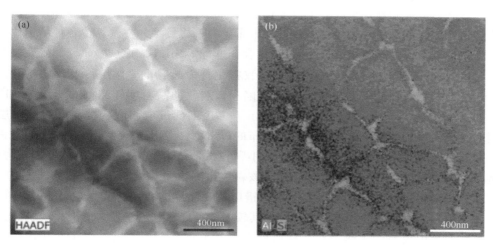

图 6-7　SLM 成形 AlSi10Mg 试样截面的 TEM 照片（a）以及 Al、Si 元素分布（b）[41]（见彩图）

HAADF—高角环形暗场像

Si 相倾向于向熔池边界位置（即熔池范围内的低温区域）聚集并不断长大，而此时熔池内部仅有少量的 Si 成分发生结晶凝固。此外，在熔池边界处，由于冷却速率较高，该处的初生硅尺寸要显著小于熔池内部区域的初生硅晶粒。

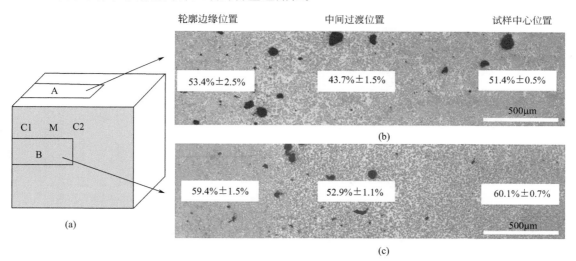

图 6-8　SLM 成形 AlSi50 合金的显微组织分布特点[42]

（a）样品示意图（C1：轮廓，M：中间，C2：中心）；（b）A 侧和（c）B 侧的

显微组织特征和初始硅含量（体积分数）

（2）Al-Cu-Mg 系合金

2024 为 Al-Cu-Mg 系中的典型硬铝合金，其成分设计比较合理，综合性能较好。很多国家都生产这种合金，是硬铝中用量最大的合金。该合金的特点是：强度高，有一定的耐热性，可用作 150℃以下的工作零件；温度高于 125℃，2024 铝合金的强度比 7075 铝合金的

还高；热状态、退火和新淬火状态下成形性能都比较好，热处理强化效果显著，但热处理工艺要求严格；广泛应用于飞机结构、铆钉、卡车轮毂、螺旋桨元件及其他各种结构件。华中科技大学研究人员[43]对传统锻造系 2024 铝合金进行了 SLM 成形试验研究。研究表明，激光能量密度对 2024 铝合金粉末 SLM 过程中致密化行为起着重要作用；当激光能量密度高于 340J/mm^3 时，可以获得几乎没有任何缺陷和微裂纹的高密度样品（99.8%）。如图 6-9 所示，2024 铝合金零件的 SLM 显微组织显示为由极细的过饱和胞状枝晶所组成的层状结构，同时还可观察到基体中大量弥散均匀分布的析出物。考虑到熔池不同位置合金元素固溶度与冷却速率差异，熔池内部的析出物呈细小颗粒状，而熔池边界位置的析出物较为粗大，并呈链状分布。借助 TEM 表征检测发现，该颗粒析出物主要为 Q 相[44]，如图 6-10 所示。同时，在该析出物附近，可以观察到大量位错以及亚晶界的存在。值得注意的是，在 SLM 成形加工 Al-Cu-Mg 系铝合金过程中，由于其较差的可焊性（源于较大的液相线与固相线间距）常导致合金中极易产生热裂纹，从而极大限制了该系合金的进一步工业化应用。近年来，一些研究人员[45,46]尝试通过添加合金元素或第二相的方式来试图阻止或抑制 SLM 成形过程中热裂纹的形成。其中，Zr 元素被发现能够显著细化基体组织，同时可使得 SLM 成形过程中的热裂纹现象得到明显降低。根据 Al-Zr 二元相图，在凝固过程中随着温度降至液相线以下，Al$_3$Zr 相率先析出；随着温度进一步降至固相线发生了包晶反应，其中部分

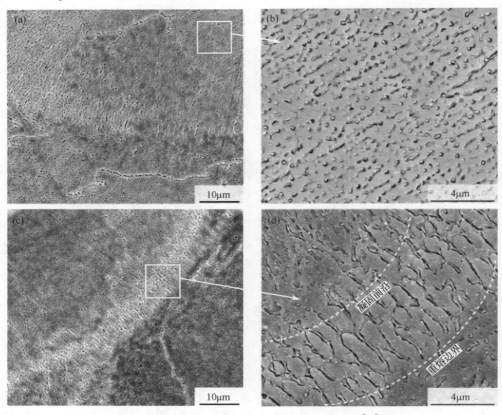

图 6-9　SLM 成形 Al-Cu-Mg 合金的显微组织[43]

Al₃Zr 相与液相反应形成 α-Al 固溶体，部分 Al₃Zr 相得以保留在凝固组织中。随后，Al₃Zr 相扮演非均质形核剂的角色，并钉扎在基体晶界处以阻止晶界迁移，从而有效地起到了细化基体晶粒的作用。另外，由于原始粉末在制备过程中不可避免会发生一定氧化行为（鉴于 Al 元素的易氧化特性），在铝合金粉末表面会形成薄层氧化膜；在随后的 SLM 成形过程中，氧组分的存在进一步促进了少量细小 ZrO 颗粒的形核析出，ZrO 颗粒的存在同样也贡献了对基体晶粒的细化作用。从图 6-11 可以看出，随着 Zr 含量的增加，SLM 成形凝固组织逐渐由柱状枝晶完全演变为细小等轴晶。Zr 元素对于基体晶粒的细化作用进一步增强了基体强度，从而在一定程度上避免了晶间裂纹的形成。

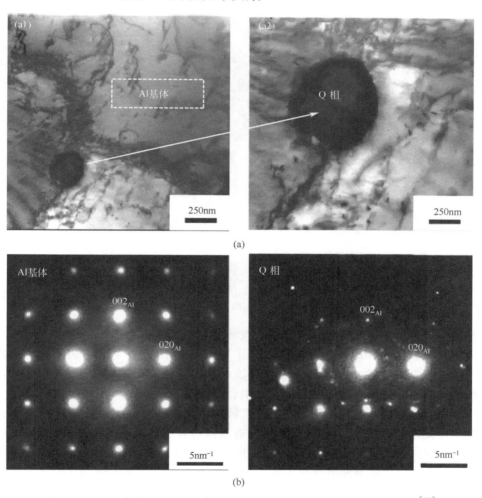

图 6-10　SLM 成形 Al-Cu-Mg 合金的 TEM 照片（a）及其衍射斑点（b）[44]

(3) Al-Mg-Si-Fe 系合金

Al-Mg 系铝合金对应于国产牌号 6XXX 系铝合金，其中 6061 铝合金应用相对较多。传统 6061 铝合金是经热处理预拉伸工艺生产的高品质铝合金，其强度虽不能与 2XXX 系或 7XXX 系相比，但其镁、硅合金元素含量较多，具有极佳的加工性能、优良的焊接特性及电

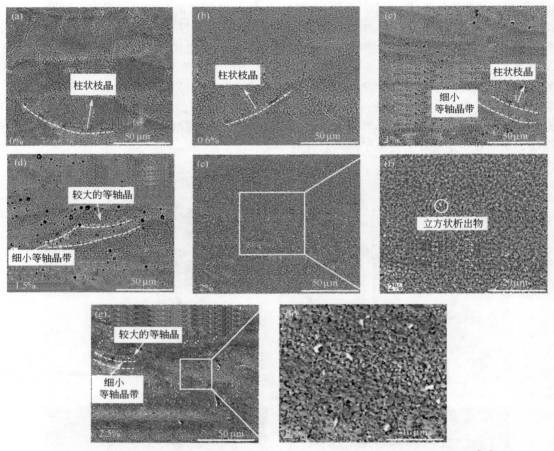

图 6-11　不同 Zr 含量（质量分数）下 SLM 成形 Al-Cu-Mg 合金的显微组织演变[46]

镀性、良好的抗腐蚀性、高韧性及加工后不变形等优良特点。6061 铝合金的主要合金元素是镁与硅，并能够形成 Mg_2Si 原位增强相；当 Mg_2Si 固溶于铝中，具有人工时效硬化功效。6061 铝合金广泛应用于要求有一定强度和抗蚀性高的各种工业结构件，如制造卡车、塔式建筑、船舶、电车、铁道车辆等。目前该系铝合金的 3D 打印成形研究还不是很多，主要的原因在于该系合金在快速凝固过程中高的裂纹倾向性和分层倾向。英国利物浦大学的研究人员[18]较早地关注了 6061 铝合金激光增材制造凝固过程中的分层行为，并发现这种分层的出现主要归因于 SLM 成形过程中层与层、道与道间氧化膜的形成。图 6-12 分别显示了 SLM 成形 6061 铝合金在不同腐蚀剂作用下的腐蚀形貌特征，其中经 NaOH 试剂腐蚀之后的试样呈现出连续的氧化物骨架结构[图 6-12(b)]。研究表明，基于高激光功率和高扫描速度相结合的工艺参数，能够显著增强动态熔池内 Marangoni 流强度，借此可有效打破 SLM 加工 Al 合金过程中熔池表面形成的氧化层，从而实现致密度近乎 100% 铝合金试样的快速成形。美国得克萨斯大学埃尔帕索分校的研究人员[47]则聚焦于 6061 铝合金的裂纹倾向问题，通过优化激光工艺参数以及预热粉床至 500℃ 等措施获得了几乎无裂纹的 SLM 成形试样，如图 6-13 所示。从其腐蚀形貌进一步发现，SLM 成形 6061 铝合金的凝固组织主要形成典型的柱状晶（平均长度大约为 0.4mm 和平均宽度大致为 $40\mu m$），同时在基体晶界处弥散分布大量细小的析出物；这些析出物小至 200nm、大至 $5\mu m$，颗粒间距达到 $1\sim3\mu m$，几乎没有观察到团聚现象（图 6-14）。基于能谱检测分析，发现该析出颗粒为 Al-Si-O 三元物相，并伴有较高的氧含量。此外，粉床高温预热处理进一步导致增材制造特有的熔池条带形貌消失。这种独特的显微组织特征以及细小弥散分布的颗粒析出物成为 SLM 成形 6061 铝合金内部微裂纹得到抑制的关键所在。综上所述，目前为获得全致密的 6XXX 系铝合金 SLM 成形构件，主要面临的挑战在于寻求能够有效规避/减弱 SLM 成形过程氧化倾向以及尽可能缩小合金凝固区间的关键措施与方法；对于前者，通过关键激光工艺参数调控以及成形环境严格控制，能够获得相对不错的成形效果；对于后者，粉床预热表明是一种相对有效的途径，借助预热措施可有效促进第二相颗粒的大量析出，利于晶间残余液相的快速凝固与基体晶粒的细化，有效增强了基体晶间强度，从而显著降低了晶间热裂纹倾向性。

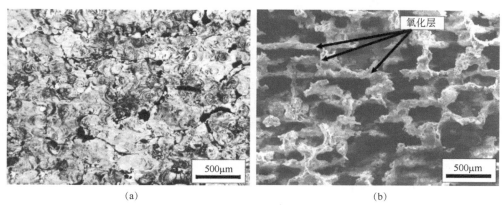

图 6-12　凯勒试剂腐蚀的 6061 铝合金截面形貌（a）
和 NaOH 试剂腐蚀的 6061 铝合金截面形貌（b）[18]

（4）Al-Zn-Mg-Cu 系合金

传统 7075 铝合金属于典型的 Al-Zn-Mg-Cu 系合金，是一种冷处理锻压铝合金，强度高并优于软钢，是商用铝合金强度最高的铝合金之一。Zn 是 7075 中的主要合金元素，向含 Zn 3%～7.5% 的铝合金中添加一定量的 Mg，可形成强化效果显著的 $MgZn_2$，可使该合金的热处理效果远胜于 Al-Zn 二元合金；提高合金中的 Zn、Mg 含量，抗拉强度会得到进一步的提高，但其抗应力腐蚀和抗剥落腐蚀的能力会随之下降；此外，7075 材料一般都还会加入少量 Cu、Cr 等合金元素。值得注意的是，该系合金当中以 7075-T651 铝合金尤为上品，被誉为铝合金中最优良的产品，其强度高且优于绝大多数软钢材料。7075 铝合金由于其自身优异的力学性能和耐腐蚀特性而被广泛应用于航空航天、模具加工、机械设备、工装夹具等领域，特别是用于制造飞机结构及其他要求强度高、抗腐蚀性能强的高应力结构构件。对于 SLM 成形 Al-Zn-Mg-Cu 系铝合金，图 6-15 给出了其在传导模式熔池下的典型凝固组织[48]。不难发现，该显微结构与 SLM 成形 Al-Si 系合金的组织类似，主要以细小的胞状枝晶（枝晶臂间距大约为 $0.5\sim1\mu m$）为主；此外，熔池区域也可划分为三块不同的区域，即粗大的胞状枝晶区（CCD，熔池边界）、细小的胞状枝晶区（FCD，熔池内部）以及热影响

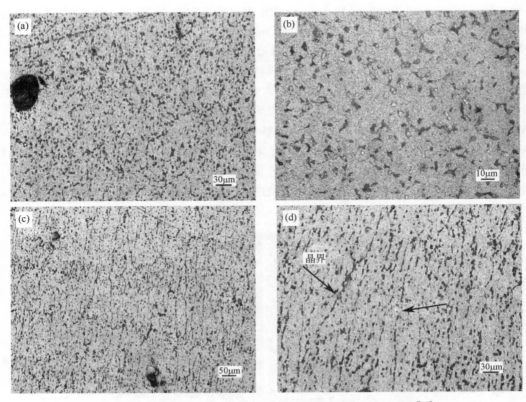

图 6-13　粉床预热至 500℃加工成形的 6061 铝合金试样组织[47]

（a）和（b）*XY* 截面组织；（c）和（d）*ZX* 截面组织

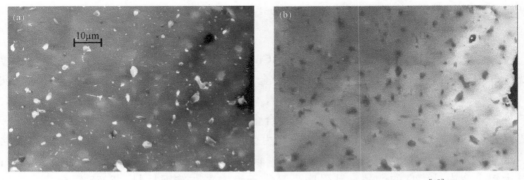

图 6-14　初生的 Al-Si-O 弥散析出相 SEM（a）和 STEM 照片（b）[47]

区（HAZ）。值得注意的是，粗大胞状枝晶结构属于重熔区，两条边界线分别对应激光辐照初始时的液固界面以及激光束远离时的凝固前沿。另外，7XXX 铝合金在激光增材制造过程中与 6XXX 和 2XXX 系铝合金类似，也同样面临高热裂纹倾向的问题，特别是 Cu 和 Mg 元素的存在扩展了析出物的连贯范围，进而增加了合金裂纹敏感性[49]。在传统铸造铝合金中，Si 通常会被加入以改善提高铝合金的加工性。通过共晶组织的形成，Si 能够显著降低合金的熔化温度以及凝固区间，同时提高合金熔体的流动性、减小热膨胀系数。鉴于此，比利时鲁汶大学的研究人员[49] 研究了 Si 元素添加对于 7075 铝合金 SLM 成形构件加工性及显微组织的影响机制。研究结果表明，随着添加的 Si 含量（质量分数）达到 3％以上，成形构件中的显微裂纹得到有效抑制，如图 6-16 所示。一方面，Si 对于裂纹的抑制作用主要被归因于低熔点共晶组织的形成以及其在凝固最后阶段对裂纹的回填作用；另一方面，Si 的添加导致的晶粒细化效应也对裂纹的抑制起到关键作用（图 6-17）。由于裂纹的扩展需要沿着新的晶界表面分叉开，细化的晶粒组织有效地增加了单位体积内的晶界表面，从而能够迅速阻止裂纹的扩展；而对于没有添加 Si 颗粒的 7075 铝合金显微组织主要由粗大的、垂直取向的晶粒所组成，在这种情况下，裂纹的扩展能够很顺利地进行。

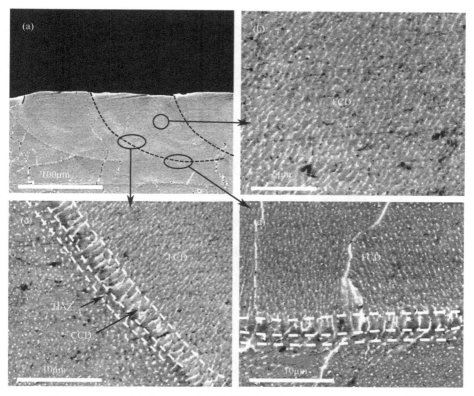

图 6-15　7075 铝合金 SLM 成形构件侧截面熔池形貌及显微组织特征[48]

（5）Al-Mg-Sc-Zr 系合金

在不断追求高性能铝合金的道路上，通常会通过添加一些微量合金元素，基于加工成形工艺本身或热处理方式获得在基体内均匀弥散分布的细小析出相，借此实现合金强度的显著提升。在这些微量合金元素中，稀土元素的添加作用尤为显著，不仅能够形成细小析出相，还能有效改善合金的金相组织，细化晶粒，去除合金中的气体与有害杂质，减少合金的裂纹源，实现合金的强度和韧性同步增强。在这样的背景下，空客子公司 AIRBUS APWORKS率先研制成功世界第一种专为 3D 打印开发的高强铝合金材料，即 Scalmalloy® 合金[50,51]。该合金具有很高的冷却速率和独特的微观结构，可以在高温下保持稳定，无论是抗疲劳性、

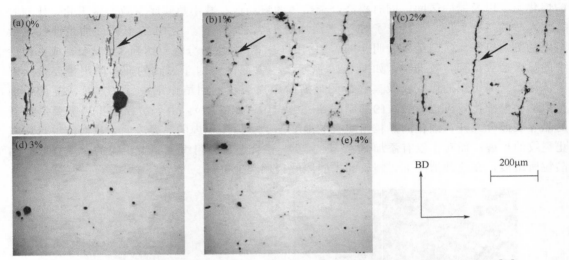

图 6-16　不同硅含量（质量分数）添加对 7075 铝合金 SLM 成形构件加工性的影响[49]

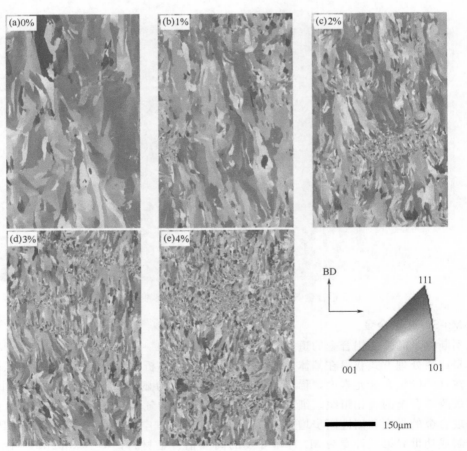

图 6-17　不同硅含量（质量分数）添加对 7075 铝合金 SLM 成形构件晶粒生长的影响[49]（见彩图）

可焊接性、比强度，还是延展性，都比普通铝合金更好，十分适合航空航天、防务和运输领域。SLM 加工的 Scalmalloy® 合金显微结构显示出两个完全不同的区域（如图 6-18 所示），一个区域呈现出细晶显微结构，且这种结构没有任何择优取向，另外一个区域则呈现为沿着温度梯度方向形成的粗大柱状晶。细晶区域的形成能够被归因于熔池边界存在的高密度晶核，在凝固过程中熔池边界处的细晶粒几乎同时长大；而粗晶区域的存在则与高温度梯度有关，同时低密度的 AlMg 氧化物晶核进一步促使了更多柱状粗晶的形成。有研究表明原位形成的 $Al_3(Sc，Zr)$ 颗粒在 800℃ 左右下可发生溶解。通过对应的数值模拟计算，能够发现熔池内小于 800℃ 的区域只存在于熔池中相当小的一部分，厚度约为 $10\mu m$，这与观察到的显微结构细晶区域一致[52]。在 SLM 成形过程中原位析出的 $Al_3(Sc_xZr_{1-x})$ 和混合氧化物颗粒（AlMg-氧化物）对于细晶组织的形成有着重要影响。这主要是由于原位析出的颗粒与 Al 基体之间存在优异的晶格匹配，从而能够充当有效的基体晶粒形核剂。同时，$Al_3(Sc，Zr)$ 颗粒多倾向于在晶界处析出（如图 6-19 所示），对基体晶界具有钉扎作用，从而有助于已凝固合金抵抗后续层成形时产生的热冲击，稳定晶粒生长。此外，SLM 成形 Al-Mg-Sc-Zr 系合金中的元素偏析行为进一步得到揭示[53]。如图 6-20 所示，Al、Sc、Zr 分布相对较为均匀，而 Mg 在熔池边界明显高于熔池内部。由于 Mg 与 Sc 和 Zr 均不形成化合物，所以在熔化-凝固过程中倾向于 Al、O 形成混合氧化物单独析出。因此，更多的 AlMg-混合氧化物在熔池边界析出，也促进了熔池边界位置更多 $Al_3(Sc,Zr)$ 颗粒析出。

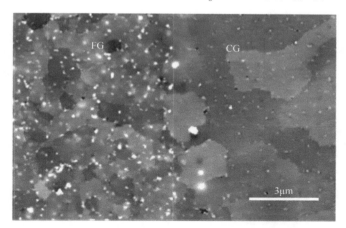

图 6-18　Al-Mg-Sc-Zr 合金 SLM 成形试样显微组织特征[50]

FG—细晶；CG—粗晶

（6）Al 基复合材料

铝基复合材料具有比基体更高的比强度、比模量和低的热膨胀系数，尤其是颗粒增强的铝基复合材料（particle reinforced aluminum matrix composites，PRAMC）[54]。PRAMC 中由于增强颗粒的面比率几乎相同，因此 PRAMC 中物理和力学性能具有各向同性特征。通过调整增强颗粒的尺寸及尺寸分布、体积分数、形状和成分以及基体的成分，可以在很大范围内控制 PRAMC 的弹性模量、强度、断裂韧性、热膨胀系数等，进而大大促使了轻质高强多功能颗粒增强铝基复合材料的持续发展。目前常用的增强颗粒包括 TiB_2、Fe_2O_3、

3D打印金属材料

Metal
Materials
for 3D Printing

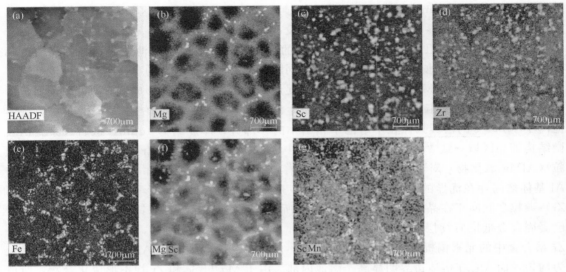

图 6-19　Al-Mg-Sc-Zr 合金 SLM 成形试样内部能谱元素分布[51]（见彩图）

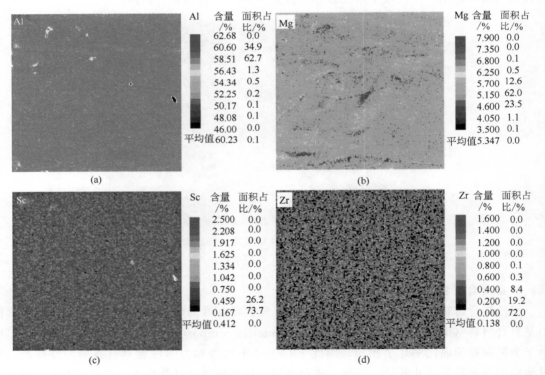

图 6-20　SLM 成形 Al-Mg-Sc-Zr 系合金中 EPMA

元素分布图谱（垂直于成形方向）[53]（见彩图）

Al_2O_3、TiC、SiC 等，颗粒添加的方式包括原位形成法和外部添加法。对于基于原位法制备 Al 基复合材料，近期鲁汶大学、上海交通大学与莫纳什大学的研究人员开展合作，利用气雾凝固法成功合成了 7%（体积分数）原位纳米 TiB_2 增强 AlSi10Mg（NTD-Al）复合粉末，并使用优化的 SLM 工艺制备了全密度且无裂纹的 NTD-Al 试样[55,56]。如图 6-21 所示，SLM 成形 NTD-Al 试样内部具有由细晶粒和胞状晶组成的显微组织，晶粒内纳米 TiB_2 均匀分布，胞状晶内有棒状纳米 Si 沉淀相形成。基于透射分析（如图 6-22 所示），可以发现该纳米 TiB_2 颗粒和纳米 Si 沉淀相与 Al 基体具有高度一致的界面，界面结合性能非常良好。这种显微组织的形成能够归因于 SLM 快速冷却时非平衡相和共晶 Al-Si 相的顺序凝固行为。可以发现，基于原位法成形的 Al 基复合材料，可以获得性能非常良好的增强颗粒/基体界面结构，同时增强颗粒非常细小并呈均匀弥散分布，基体组织也因此可得到显著细化。

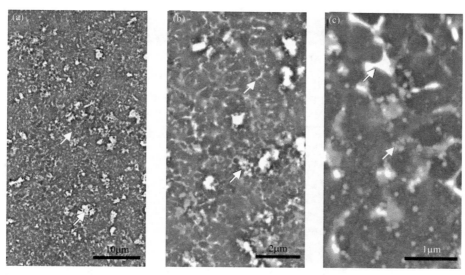

图 6-21 SLM 成形 NTD-Al 样品背散射电子图（BSE）：不同放大倍数下的显微组织[55]

对于基于外加法制备 Al 基复合材料，这里也可以分成两类：一类可基于激光作用发生原位反应；另一类在成形前后物相基本不发生改变，但其形态、尺寸、分布能够借助工艺参数实现有效调控。对于前者，如比利时鲁汶大学的 S. Dadbakhsh 等人[57~61] 开展了 SLM 成形 Fe_2O_3/Al 基复合材料研究工作。研究发现，通过激光诱导原位反应形成了具有独特珊瑚状的 Al-Fe 金属间化合物，包括 Fe_3Al 和 $Al_{13}Fe_4$。在适当的激光参数或更高的 Fe_2O_3 含量时，这些珊瑚状金属间化合物成碎片状，并与 Al 氧化物颗粒混合，实现对基体的增强作用。较高含量的 Fe_2O_3 添加，除了平衡 $Al_{13}Fe_4$（Al_3Fe）和稳定 α-Al_2O_3 之外，还促成了如 Al_2Fe、AlFe 和 Fe_3Al 以及亚稳态 Al 氧化物的形成（如图 6-23 所示）。研究表明，高 Fe_2O_3 含量有助于复合材料获得微细的显微组织、良好的冶金结合以及均匀分布的硬质颗粒，有效提高了材料硬度，为先进的 Al 基复合材料制备提供方法。此外，南京航空航天大学的研究人员[62] 针对 SiC/AlSi10Mg 材料体系，发现在成形试样中不仅包括微米 SiC 颗粒，还包括原位片状 Al4SiC4 增强结构及原位颗粒 Al4SiC4 增强结构。进一步研究显示，当激光能量输入不足时，原位反应程度较低，Al4SiC4 相生长不充分，试样显微组织均匀性较

3D打印金属材料
Metal
Materials
for 3D Printing

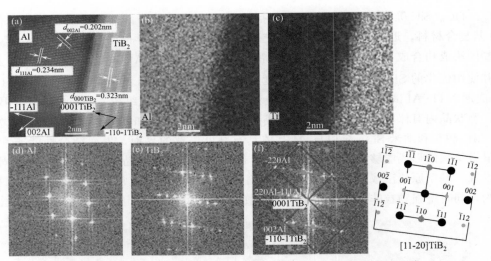

图 6-22 纳米 TiB₂ 和 Al 基体界面处 HRSTEM HAADF 图像和相应元素（a）；

Al（b）和 Ti（c）的 STEM EDX 图；Al（d）和纳米 TiB₂/Al

界面（e）相应的 FFT 图；（e）中 FFT 图索引及相对位向关系（f）[56]

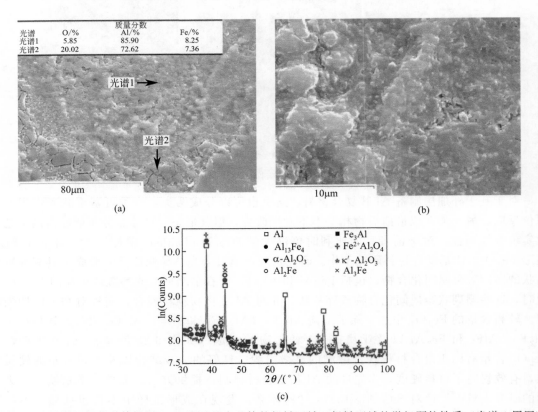

图 6-23 显微组织的总体视图（a）显示整个基体的粗糙区域，粗糙区域的微细颗粒性质（光谱 1 周围）

（b）和当 $P=61\mathrm{W}$ 和 $v=0.14\mathrm{m/s}$ 时，Al/15%Fe₂O₃ 质量分数零件的 XRD 图（c）[57]

低。随着激光线能量密度的增加，原位反应程度提高，SiC 颗粒相尺寸降低，片状 Al4SiC4 增强相充分生长，颗粒 Al4SiC4 增强相在基体中分布均匀。在 SLM 成形过程中，较高的成形温度避免了脆性相的产生，原位反应的发生促使具有较高硬度和稳定性的 Al4SiC4 增强相的出现。由于界面能的降低及新产物的出现，原位反应本身也利于陶瓷和金属之间润湿性的提高。部分 Al4SiC4 相在 SiC 颗粒表面生长，可充当陶瓷和金属之间的过渡区域，既可以在材料受力时传递载荷，又避免了两种不同晶体结构直接接触。细小颗粒 Al4SiC4 均匀分布于基体中，作为一种细小颗粒状增强相，能够有效提高成形试样的机械性能。

对于后者，南京航空航天大学研究人员[62~64]围绕增强颗粒在激光诱导非稳态熔池中的可控生长与均匀分布做了大量研究工作。在 PRAMC 激光 3D 打印成形过程中，由于氧化物的形成，熔体热毛细流动经历了内流模式向外流模式的转变。因此，凝固件上表面形貌经历了由球化现象、非连续扫描迹线和平整致密的连续变化。同时，由于增强相与熔体的相互作用，熔体"顺时流"与"逆时流"共存于熔池内部。提高激光线能量密度能够增强熔池内的热毛细流动强度，但冷却速率将会相应降低。研究表明，随着激光线能量密度不断减小，陶瓷增强颗粒分布形态将经历严重团聚、局部团聚和均匀分布过程。有趣的是，在优化工艺参数下，利用 SLM 技术可以在铝基纳米复合材料中设计出连续细化且均匀分布于基体中的新颖环状结构，如图 6-24 所示。熔池中的温度梯度和固/液相界面处的化学浓度梯度都能够导致马兰格尼（Marangoni）流的形成，当热 Marangoni 流作用于陶瓷颗粒时，因陶瓷颗粒的非对称结构而在其周围产生扭矩。陶瓷颗粒在扭矩的作用下不断运动，实现重排。随着激光功率的进一步增加，已经均匀化的陶瓷颗粒在强度更大的逆时针浓度梯度 Marangoni 流的作用下沿其流动方向运动，并向 Marangoni 流中心聚集。同时，当熔池中有足够的液相生成时，陶瓷颗粒之间将会产生排斥力，在 Marangoni 流和排斥力的共同作用下最终形成了环状结构陶瓷增强相。

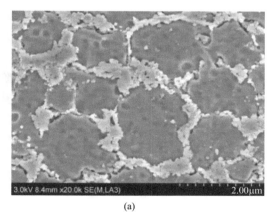
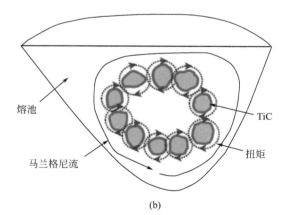

(a) (b)

图 6-24 新颖的环状增强结构与陶瓷颗粒在熔池中的运动机理[63]

6.2.1.3 热处理工艺对 3D 打印铝合金显微组织影响

3D 打印工艺独特的叠层加工特性与超快熔化/凝固速率使得 3D 打印成形构件内部往往

具有很高的残余热应力、凝固应力及组织应力，严重情况下（非优化工艺参数下）可能会导致成形构件发生翘曲变形甚至开裂；另外，高能束诱导瞬态熔池的非平衡冶金行为常会促使凝固组织中形成一些亚稳相和过饱和固溶体。这些客观因素的存在都表明了 3D 打印成形件进行后续热处理的必要性。从组织调控角度，借助热处理工艺，可有效调控基体晶粒大小，同时实现第二相颗粒的可控析出，为基于性能驱动下的显微组织在一个宽泛范围内调控提供可能。基于目前 3D 打印铝合金热处理工艺的相关研究工作，这里将主要围绕 Al-Si-(Mg)、2XXX 系、7XXX 系、Al-Mg-Sc-Zr 系等几种铝合金进行阐述。

（1）Al-Si-(Mg) 系合金

　　Al-Si-(Mg) 系合金实质上属于不可热处理铝合金范畴，但考虑到 SLM 成形过程极快的冷却速度，因此具有非常高过饱和度的 Al(Si，Mg) 固溶体能够被获得。德国德累斯顿固体与材料研究所的研究人员针对 3D 打印成形 AlSi12 合金，开展了对应热处理工艺的研究，并揭示了热处理温度对显微组织演变的影响规律[32]。通过对 SLM 成形 AlSi12 试样在 473～723K 之间的温度下进行等温退火，发现随着退火温度升高，显微组织发生明显粗化；同时，固溶的 Si 元素从过饱和基体中析出形成细小 Si 颗粒，其大小呈指数增长。在整个退火试样中，显微组织演变并不均匀：熔池边界处 Si 颗粒的数量和尺寸总是大于熔池内部 Si 颗粒的数量和尺寸（图 6-25），这最终导致高密度、大尺度 Si 颗粒环绕软 α-Al 基体复合显微组织的形成。当 Al-Si 合金中的 Si 含量进一步增加至过共晶成分时，如 AlSi20，其热处理组织又会存在明显不同[37]。在热处理前，鉴于 SLM 成形过程中极快的冷却速度，其成形件中形成了由过饱和 Al(Si) 固溶体以及大量微细的共晶 Si 和 Si 颗粒所构成的显微组织；随着退火温度的升高，Si 颗粒发生显著粗化，共晶 Si 形态则逐渐由纤维状变为板条状。此外，SLM 成形 Al-Si-Mg 系合金的热处理组织也得到相应研究[65]。研究发现，SLM 成形 Al-Si-Mg 在直接时效过程中主要析出具有随机晶体取向的 Si 颗粒，然而在进行 1h 或 8h 的固溶处理之后，其析出顺序则呈现出与铸/锻造 Al-Si-Mg 合金类似的行为 ［即（Mg＋Si）团簇/GP-Ⅰ区→β″（Mg$_5$Si 或 Mg$_5$Al$_2$Si$_4$）/GP-Ⅱ区→B′（Al$_3$Mg$_9$Si$_7$）和 β′→β(Mg$_2$Si)］。对于传统铸/锻造 Al-Si-Mg 合金（如 A357 铝合金），硬化峰值阶段的主要析出物为 β″，呈针状，取向为 (100)$_{Al}$；B′相在 Al-Mg-Si-Cu 系铝合金中也称为 Q 相，通常出现在过时效阶段，其形态呈板条状，平行于 (100)$_{Al}$，与 β″截面形貌略微不同。对于 SLM 成形 A357，其

温度

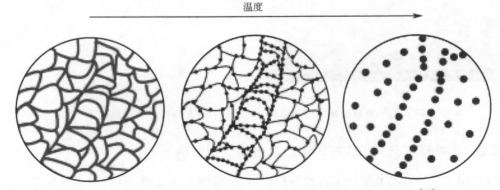

图 6-25　退火过程中 SLM 成形 AlSi12 样品的微观结构演化示意图[32]

硬化峰值阶段的主要析出物根据不同固溶处理时间呈现出不同物相：对于 1h 固溶处理，其析出相主要为 B′ 相；而对于 8h 固溶处理，其析出相主要为 β″ 相（图 6-26）。SLM 成形 A357 铝合金固溶时效反常的析出行为能够被归因于在 Al 基体相中存在的单轴向应变，这也暗示着 SLM 成形 A357 铝合金试样需要一种新的热处理制度。

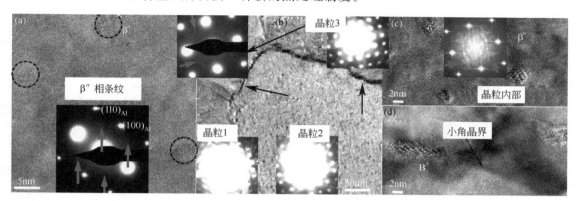

图 6-26　SLM 成形 A357 铝合金经 1h 固溶处理与 1h 时效处理之后析出的 β″ 相高分辨 TEM 照片（a）；
SLM 成形 A357 铝合金经 8h 固溶处理与 6h 时效处理之后，
在晶内析出的 β″ 相和沿小角晶界析出的 B′ 相［（b）～（d）］[65]

（2）2XXX 系铝合金

　　2XXX 系铝合金是一类具有高比强度、优异疲劳性能和良好损伤极限的铝合金，然后该系铝合金大多优异的性能均是通过后处理方式（如热处理）所获得。相比于 AlSi12 和 AlSi10Mg 合金在二次退火处理中发生性能恶化，2XXX 系铝合金经热处理后可以显著提升合金的综合性能。对于 SLM 成形 2XXX 系铝合金，研究显示，通过 T6 热处理，SLM 凝固组织变得非常均匀，扫描熔化道的轮廓几乎消失，同时在 Al 基体中析出了两种不同的第二相[44]。借助 TEM 表征分析，在强烈的 Al 基体衍射斑点阵列中产生带状衍射信号，如图 6-27 所示，这是由纳米尺度的 $Al_2Cu(Mg)$ 析出相（S′ 相和 θ′ 相，两种不同变体）所引起。此外，通过 TEM 还进一步确认了两种析出颗粒，即图 6-27 中的 Al_xMn_y 和 Mg_2Si。图 6-28 显示了 2024 铝合金的 SLM 状态下和 SLM T6 状态下的晶粒取向和晶粒大小。在 SLM 状态下，显微组织以平行于成形方向的柱状晶为主要特征，平均晶粒大小为 $21\mu m \pm 4\mu m$，织构则呈现随机状态［图 6-28（a2）］，与 Al-Si、Al-Si-Mg 系合金类似。而通过 T6 热处理之后，平均晶粒大小变为 $35\mu m \pm 7\mu m$，同时形成了平行于成形方向强烈的取向织构＜001＞。该织构的形成可能归因于 T6 热处理过程中提高的温度以及 SLM 定向成形过程诱导的残余应力。

（3）7XXX 系合金

　　对于 7XXX 系合金，在热处理作用下可以形成 Al_2CuMg（S 相）、$Al_2Mg_3Zn_3$（T 相）和 $MgZn_2$（η 相）三种不同析出相。Al7075 合金的硬化顺序为 GP 区→η′→η→T→S，富含 Zn 和 Mg 的 GP 区首先形成，随后析出亚稳相 η′，之后其进一步演变为稳态的 η 相。对于 Al_2CuMg（S 相）、$Al_2Mg_3Zn_3$（T 相）两相，可以通过进一步的时效处理获得。德国德累斯顿固体与材料研究所的研究人员[66] 对比研究了铸造、SLM 两种制造成形工艺下的 7075

3D打印金属材料
Metal
Materials
for 3D Printing

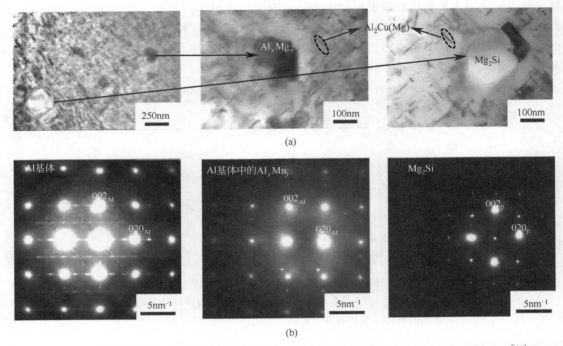

图 6-27　SLM 成形 Al-Cu-Mg 合金经 T6 热处理之后的 TEM 照片（a）及其衍射斑点（b）[44]

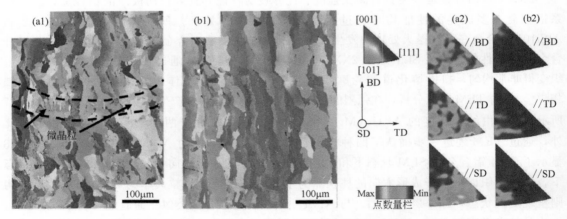

图 6-28　SLM 成形 Al-Cu-Mg 合金在 T6 热处理前后的 EBSD 反极图：（a1）SLM 状态和
（b1）SLM T6 状态；织构强度分布图：（a2）SLM 状态和（b2）SLM T6 状态[44]（见彩图）

合金显微组织差异，以及 T6 热处理对两种成形工艺下显微组织的影响，如图 6-29 所示。对于铸造合金，主要由等轴状 Al 基体和沿 Al 基体晶界析出的层状结构共晶组织 η 相所组成。通过 T6 热处理之后，η 相含量降低，残余 η 相的形貌演变为不连续的颗粒状，此时在 Al 基体内部可能会析出亚稳相的 η′，但由于其尺寸太小无法通过 SEM 观察到。对于 SLM 成形试样，η 相的层状结构消失，并作为细小颗粒状弥散分布在基体枝晶间。层状结构的消失能够被归因于 SLM 成形过程中极高的冷却速度以及固溶原子到晶界受限的扩散行为。很显

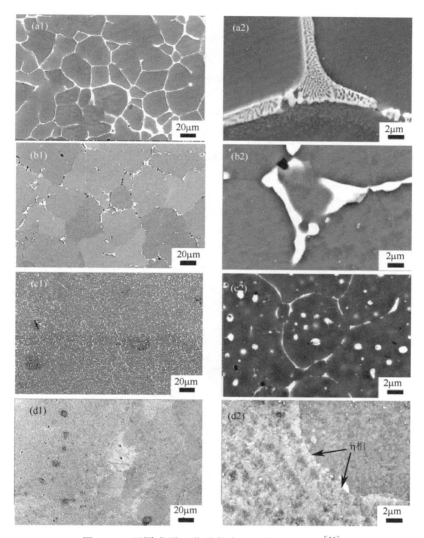

图 6-29　不同成形工艺及状态下显微组织差异[66]

(a1)，(a2) 铸造合金；(b1)，(b2) 铸造合金 T6 热处理；(c1)，(c2) SLM 成形合金；(d1)，(d2) SLM 成形合金 T6 热处理

然，SLM 成形组织具有很高的过饱和固溶度，在 T6 热处理过程中有助于 η' 相的析出。此外，在 T6 处理后几乎无法在 Al 基体内部观察到 η 相，大部分 η 相出现在了 Al 晶界处。

（4）Al-Mg-Sc-Zr 系合金

Al-Mg-Sc-Zr 系合金与 2XXX 系和 7XXX 系铝合金类似，均属于典型的可热处理铝合金。鉴于 Sc、Zr 合金元素的添加，在时效处理后，可析出非常细小的弥散 $Al_3(Sc_xZr_{1-x})$ 颗粒，如图 6-30 所示。值得注意的是，SLM 成形 Al-Mg-Sc-Zr 系合金在时效热处理前后，显微组织差异并不明显，除了析出相含量轻微增加之外，其显微组织结构与初始状态类似，晶粒尺寸均呈现出双模分布，即同时存在细晶区（熔池边界）与粗晶区（熔池内部）（图 6-30）[50]。尽管 SLM 成形过程冷却速率很高，但长时间热循环作用诱导的自时效效应在一定程度上严重消耗了合金在热处理过程中二次相析出的固溶元素，这一点对于 Al-Mg-Sc-Zr 系合金尤为显著。因此，在实际 SLM 成形 Al-Mg-Sc-Zr 系合金时，高扫描速度成为优选工艺参数，以保证更多的 Sc 和 Zr 元素固溶在基体中[67]。大量研究人员已经开展了 SLM 成形 Al-Mg-Sc-Zr 系合金的热处理研究工作[50,52]，并且获得的最优热处理温度基本处在 325～350℃之间、时效时间则在 4～10h。中南大学的研究人员[68] 进一步对比分析了热处理前后以及热处理时间对析出相分布、基体晶粒大小及织构的影响关系。研究发现，热处理之后，原先在熔池边界偏析的 $Al_3(Sc_xZr_{1-x})$ 颗粒倾向于在晶界处析出，析出相颗粒数量及尺寸有所增加，并随着热处理时间延长而持续增加；对于基体晶粒大小，在热处理前后几乎没有发生改变（图 6-31），但在长时间热处理之后（如 16h），基体晶粒逐渐产生一定织构取向，织构方向为（100）。

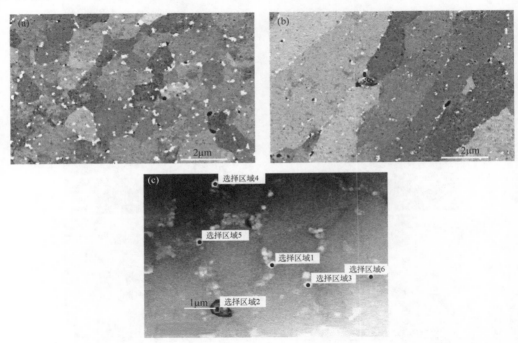

图 6-30　SLM 成形 Al-Mg-Sc-Zr 合金试样时效处理后显微组织特征 HAADF-STEM 图像[50]
（a）细晶区；（b）粗晶区；（c）晶界氧化物

6.2.2　3D 打印铝合金力学性能

6.2.2.1　3D 打印铝合金的拉伸力学性能

材料-高能束之间的交互作用以及高冷却速率（约 $10^5\,K/s$）[33] 诱导的快速凝固行为导致了显微组织的显著改性，并因此产生优于传统加工成形材料（如铸造成形材料）的力学性能[59]。表 6-1 总结了目前不同类型铝合金激光增材制造成形构件与典型传统加工构件的拉伸性能。可以看出，对于传统铸造铝合金［Al-Si-（Mg）系铝合金］，SLM 成形铝合金构件的抗拉强度要明显高于传统铸造或锻造成形构件，延伸率也接近或稍微高出传统加工成形构

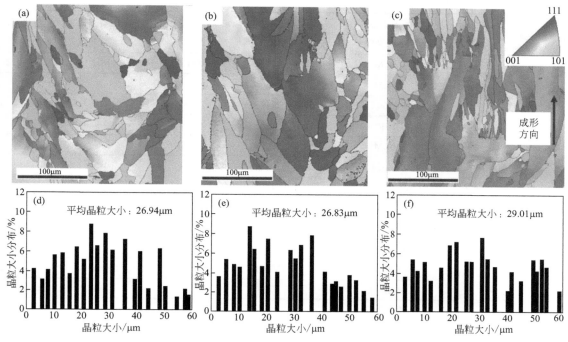

图 6-31　SLM 成形 Al-Mg-Sc-Zr 合金试样在热处理前后 EBSD 表征结果[68]　（见彩图）
(a),(d) SLM 原始态；(b),(e) 325℃/4h；(c),(f) 325℃/16h

件；对于可热处理 2XXX、6XXX、7XXX 以及 Al-Mg-Sc-Zr 系铝合金，SLM 成形铝合金构件的抗拉强度或延伸率均明显低于传统铸造或锻造成形构件，但通过热处理之后可基本达到或接近传统铸造或锻造成形构件；对于铝基复合材料而言，目前研究工作表明通过原位法有望能实现合金强度和韧性的协同提升。此外，SLM 成形构件的拉伸性能基本上呈现出显著的各向异性特征。同时，值得注意的是，激光 3D 打印成形质量及成形显微组织对激光工艺参数和后处理工艺十分敏感，在不良的工艺参数下，极易导致大量孔隙、甚至裂纹的产生，显微组织分布不均，从而显著恶化材料的力学性能。

表 6-1　几种常见铝合金 3D 打印成形件与传统制备方法制件性能对比

材料体系	试样状态/成形方向	极限抗拉强度 σ_{UTS}/MPa	屈服强度 $\sigma_{0.2}$/MPa	断裂延伸率 ε/%	参考文献
AlSi10Mg	SLM	476.8	287.2	7.33	[69]
	SLM+300℃(2h)	320.5	201.3	13.3	[69]
	X(SLM)	391±6	—	5.55±0.4	[30]
	Z(SLM)	396±8	—	3.47±0.6	[30]
	传统铸造+时效	300-317	—	2.5-3.5	[70]
	压力铸造	300-350	—	3-5	[71]
	压力铸造+T6	330-365	—	3-5	[71]

续表

材料体系	试样状态／成形方向	极限抗拉强度 σ_{UTS}/MPa	屈服强度 $\sigma_{0.2}/MPa$	断裂延伸率 $\varepsilon/\%$	参考文献
AlSi12	SLM	476.3	315.5	6.5	[72]
	SLM	380	260	3	[32]
	SLM+450℃(6h)	140	95	15	[32]
	铸造	300	—	约9.5	[32]
AlSi7Mg	SLM	320.1	192.8	5	[73]
	SLM+500℃(4h)	204.4	108.7	16.8	[73]
	SLM+160℃(18h)	273.1	227.4	9.7	[73]
Al-Cu-Mg	SLM	402	276	6±1.4	[43]
	SLM	366±7	223±4	5.3±0.3	[44]
	SLM+540℃(1h)	532	338	13	[75]
	SLM+T6	455±10	368±6	6.2±1.8	[44]
	铸造+O	<220	<95	≥12	[6,43]
	铸造+T6	≥427	≥345	≥5	[6,43]
Al-Cu-Mn (EN AW-2219)	X(SLM)	约240	约120	约13.5	[75]
	Z(SLM)	约250	约120	约26.5	[75]
	X(SLM+T6)	约280	约150	约8	[75]
	Z(SLM+T6)	约375	约150	约21	[75]
	铸造+T62	414	290	10	[76]
Al-Mg-Si-Fe	SLM(粉床预热500℃)	141	75	15	[47]
	SLM(粉床预热500℃)+T6	318	290	5.4	[47]
	锻造+O	124	55	30	[47]
	锻造+T6	310	276	12	[47]
Al-Zn-Mg-Cu	X(SLM)	42±7.5	—	0.51±0.25	[77]
	Z(SLM)	203±12	—	0.5±0.2	[77]
	X(SLM+T6)	45±0.5	—	0.2±0.05	[77]
	Z(SLM+T6)	206±25.7	—	0.56±0.11	[77]
	SLM+T6	25.5		0.4	[78]
	SLM+Zr+T6	383～417	325～373	3.8～5.4	[78]
	锻造+T6	462～538	372～469	3～9	[78]
Al-Mg-(Sc-Zr)	X(SLM)	329±3	282±8	25.2±1.8	[79]
	Z(SLM)	332±2	290±6	24.0±1.0	[79]
	X(SLM+T6)	389±4	365±11	23.9±4.4	[79]
	Z(SLM+T6)	383±5	349±15	19.5±4.4	[79]

续表

材料体系	试样状态/ 成形方向	极限抗拉强度 σ_{UTS}/MPa	屈服强度 $\sigma_{0.2}$/MPa	断裂延伸 率 ε/%	参考 文献
Al-Mg-(Sc-Zr)	Z(SLM+325～350℃/4h)	515±16	450±9	—	[50]
	X(SLM+325～350℃/4h)	530±12	453±20	—	[50]
	Z(SLM+HIP)	523±18.6	482±4.1	7.7±1.9	[50]
	X(SLM+HIP)	547±4.6	493±13.0	10.3±1.4	[50]
TiC/AlSi10Mg	SLM	452	—	9.8	[64]
Al$_2$O$_3$/AlSi10Mg	SLM	160	—	约5	[80]
nano-TiB$_2$/AlSi10Mg	SLM	530	—	约15	[56]

注：T6—固溶热处理后进行人工时效的状态；O—退火状态；T62—固溶热处理与人工时效；X—试样拉伸方向为水平方向，与打印成形方向垂直；Z—试样拉伸方向为垂直方向，与打印成形方向平行。

(1) 激光工艺参数

这里提到的激光工艺参数主要包括激光功率、扫描速度、扫描间距、铺粉层厚、扫描策略、成形方向等。西安交通大学的研究人员[81]研究了不同扫描速度下SLM成形AlSi10Mg试样的抗拉性能差异，发现扫描速度过大或过小均会导致成形件抗拉强度和塑性的降低，在最优参数下获得的抗拉强度和延伸率分别为360MPa和6%。比利时鲁汶大学的研究人员[30]则考察了不同加工成形方向对于AlSi10Mg试样力学性能的影响。研究分析表明，与沿XY方向成形试样相比，沿Z方向成形试样的抗拉强度略有提升，达到396MPa，但其延伸率明显降低，仅为3.47%。值得注意的是，目前已有报道的SLM成形AlSi10Mg试样力学性能均显著高于传统铸造铝合金。AlSi12合金是另一种广泛研究的铝合金牌号。根据德国德累斯顿固体与材料研究所的相关研究工作[32]，目前SLM成形AlSi12试样的屈服强度和抗拉强度分别为260MPa和380MPa，显著高于传统铸造加工材料，但SLM试样断裂应变仅有约3%，远远低于铸造样品（约9.5%）。但近期的研究发现，当采用"正交"扫描加重熔的优化激光工艺时，SLM成形AlSi12构件的抗拉强度及屈服强度分别可达到476.3MPa和315.5MPa，相比于传统激光策略成形铝合金构件力学性能提升16%，同时延伸率达到6.5%，相比于传统激光策略成形铝合金构件则提升90%[72]。基于这种激光扫描策略，诸如分层、翘曲、裂纹等缺陷几乎能够完全消除，同时均匀细小且随机取向的Si颗粒弥散分布在熔池边界；在外加载荷作用下，Si颗粒能够实现力的有效传递，避免局部应力集中；随着应力达到一定临界值，裂纹倾向于在相邻熔化道间熔池边界萌生，并形成解理台阶和微细的韧窝，表现为材料强度和韧性的协同提升。

此外，基板预热处理、成形保护气氛同样也会对SLM成形铝合金样品的室温拉伸性能产生显著影响。有研究显示，随着基板预热温度升高，SLM成形AlSi12样品的塑性能够获得极大提升（在温度为473K、573K、673K下，延伸率分别为3.5%、3%、9.5%）[34]。基板预热处理一方面可有效降低SLM成形构件内部的残余内应力，同时也可扮演热处理作用有效调节成形凝固组织，实现材料性能的合理调控。西澳大利亚大学的研究人员进一步研究了SLM腔体内不同保护气氛（N$_2$、Ar和He）对AlSi12致密度、显微硬度和拉伸性能的影响[38]，研究发现 AlSi12 试样致密度和硬度受腔体保护气氛影响较小，而试样拉伸性能对腔体保护气氛则比较敏感，在 N_2、Ar 和 He 环境下制备试样拉伸性能分别为：$\sigma_{UTS} = 368MPa \pm 11MPa$、$\sigma_{UTS} = 355MPa \pm 8MPa$ 和 $\sigma_{UTS} = 342MPa \pm 43MPa$，但都高于压铸 $\sigma_{UTS} = 300MPa$（图 6-32）。从断裂面分析进一步发现，在 He 气氛下断裂面的孔隙率明显高于其他两种气氛下所产生的孔隙率。

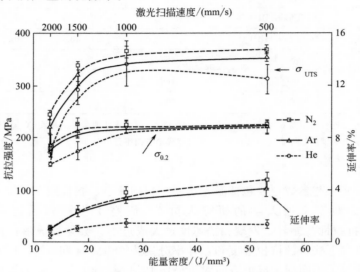

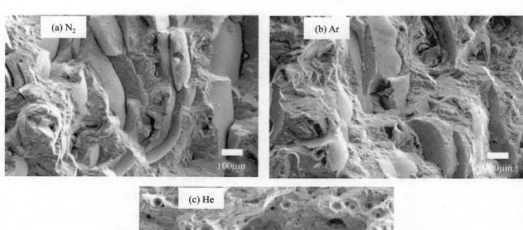

图 6-32　在氩气、氮气和氦气下 SLM 成形 AlSi12 样品的拉伸性能和断裂面形貌[38]

(2) 热处理工艺

3D打印铝合金进行热处理主要作用包括消除应力、稳定均匀化显微组织以及调控合金元素固溶程度以达到强化增韧的目的。对于 Al-Si 系合金，热处理的作用主要是前两种，通常经过热处理之后其强度会发生明显下降，但其塑性会得到显著提升；而对于 Al-Cu 系或 Al-Mg-Sc-Zr 系合金，热处理作用则主要为最后一种，其强度和韧性往往会发生同步提升。德国德累斯顿固体与材料研究所的研究人员[32] 通过对 SLM 成形 AlSi12 试样在不同温度下等温退火后的力学行为进行测试，发现其屈服强度在 95～260MPa 之间波动，断裂应变则在 3%～15% 之间变化（图 6-33）。这一发现表明了 SLM 成形 AlSi12 试样的力学性能（强度和延展性）可以通过适当地改变其显微组织在一个宽泛的范围内进行调节实现。相比于热处理导致 Al-Si 系合金的强度发生弱化，对于 SLM 成形传统锻造系 Al-Cu-Mg 合金，在 540℃ 固溶处理 1h 的 SLM 样品，其 σ_{UTS}、σ_{YS} 和延伸性分别从 SLM 状态下的 402MPa、276MPa 和 6% 增加到 532MPa、338MPa 和 13%[43,74]。这种高温处理引起的均质效应使得 SLM 成形的 Al-Cu-Mg 合金更接近传统的加工合金，而高强度的获得能够归因于第二相（AlCuMg）的形成。空客公司的研究人员针对 SLM 成形 Scalmalloy® 合金，研究比较了在不同热处理温度和保温时间下处理前后机械性能和显微组织的差异[50]。研究显示，合金最大材料强度 R_m 值超过 500MPa，静力学性能特别好，且几乎没有出现由成形取向导致的各向异性，即使在热处理条件下也具有很高的强度。优异的力学性能能够归因于细小的晶粒、原位形成的纳米尺度 Al_3（Sc，Zr）颗粒以及合金良好的淬透性。

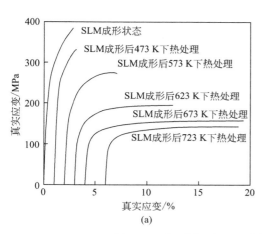
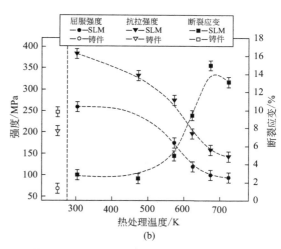

图 6-33　在不同温度下退火的 SLM 样品（$\gamma=90°$）的室温拉伸
试验曲线（a）和相应的力学性能数据（b）[32]

(3) 第二相添加

为了进一步提升铝合金的强度和韧性或者开发更高强度的铝基材料，颗粒增强铝基复合材料近年来得到显著关注。比利时鲁汶大学的研究人员[56] 设计并利用气雾法制备了用于

SLM 的 7％体积分数原位纳米 TiB_2 增强 AlSi10Mg（NTD-Al）复合粉末。通过 SLM 成形的 NTD-Al 试样展现出非常高的极限抗拉强度（约 530MPa），优异的延展性（约 15.5％）和高显微硬度（约 $191HV_{0.3}$）。这些性能高于大多数常规制造的锻造和回火 Al 合金，以及先前 SLM 制备的 Al-Si 合金和具备纳米细晶的 7075 铝合金，如图 6-34 所示。另外，SLM 成形 TiC/AlSi10Mg 纳米复合材料的相关工作也得到报道，与前者原位 TiB_2/AlSi10Mg 纳米复合材料不同的是，这里的纳米 TiC 颗粒通过外加法添加；拉伸测试表明其抗拉强度和伸长率高达 486MPa 及 10.9％，虽不及原位 TiB_2/AlSi10Mg 纳米复合材料，但也均高于 SLM 成形 AlSi10Mg 的力学性能，实现了 SLM 成形铝基材料强度韧性的协同提升[64]。针对 Al-Cu 系合金的高裂纹敏感性难题，华中科技大学的研究人员[45] 通过在 Al-Cu-Mg 合金中引入超细晶粒的 Zr 颗粒，使得其屈服强度和极限抗拉强度分别提升至 446MPa±4.3MPa 和 451MPa±3.6MPa。特别地，近期发表在 *Nature* 上的高强铝合金 3D 打印工作取得了重要进展，研究人员通过引入 TiB_2、WC 等纳米增强颗粒，有效改善了 7075 系铝合金的热裂倾向并显著提升了铝合金强韧性[78]。英国卡迪夫大学的研究人员[80] 则利用 SLM 技术开展了 Al_2O_3/Al 复合材料成形致密化机理及其力学性能的相关研究。研究结果表明，在合适的能量密度（$317.5J/mm^3$）和扫描速度（300mm/s）下，可以获得近全致密的 Al_2O_3/Al 复合材料构件。与纯 Al 相比，4％ Al_2O_3 的添加量（体积分数）可致使材料的屈服强度和显微硬度分别提升 36.3％和 17.5％。

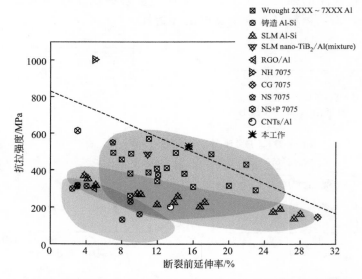

图 6-34 SLM 成形的 NTD-Al 试样与其他制备方法获得铝合金的性能对比[56]

6.2.2.2 3D 打印铝合金的压缩力学性能

压缩性能是表征材料在轴向压力测试下的重要力学性能，也是除拉伸性能之外最直接、常用的力学评价指标之一。对于 SLM 成形铝合金试样而言，与拉伸性能一样，激光工艺参数当然也会显著影响成形件的压缩性能，但除此之外，铝合金试样的成形轮廓、合金组分、不同加工状态等均会给压缩性能的调控带来显著挑战。澳大利亚格里菲斯大学和德国慕尼黑工业大学的研究人员[82] 针对不同成形轮廓，开展了其对 SLM 成形 AlSi10Mg 压缩性能影响规律的研究。这里提及的成形轮廓差异，主要是通过改变成形试样的极角和方位角得以实现，如图 6-35(a) 所示。研究显示，对所有试样，SLM 成形 AlSi10Mg 压缩屈服强度与其拉伸屈服强度相当，但抗压强度以及压应变明显优于对应的拉伸性能；同时，所有试样均获得较高的杨氏模量值（75～83GPa），显示出优异的抗塑性变形能力。单独来说，当极角和方位角均为 45°时，其测得的抗压强度达到 530MPa，而当极角为 45°和方位角变为 0°时，抗压强度仅为 432MPa，显现出较明显的方向依赖性［如图 6-35 (b)］。对于合金组分，德国德累斯顿固体与材料研究所的研究人员[83] 考察了不同 Cu 含量对 SLM 成形 Al-xCu 合金压缩性能的影响。研究发现，随着 Cu 含量的增加，凝固组织中形成的 Al_2Cu 相增多，从而导致其压缩性能急剧提升；且当 Cu 含量（质量分数）达到 33％时，成形件显示出最高的抗压强度［图 6-36(a)］。成形构件凝固组织中存在的共晶结构对合金的抗压强度起到关键性作用。有研究表明，合金的压缩破坏（失效）是通过层状共晶结构的剪切扭曲而发生，因此纳米尺度的共晶结构必然有助于提升合金的抗压强度。在 SLM 成形 Al-33Cu 合金中，其更高的 Al_2Cu 相含量以及更多的细小共晶组织贡献了 Al-33Cu 合金的高强度。关于成形件不同加工状态，比利时鲁汶大学的研究人员[48] 基于添加硅元素的 7075 铝合金，研究了其 SLM 态（AB4）、热处理态（HT2）下的压缩性能，并与传统加工 7075 T6 热处理状态下的性能进行对比[48]，如图 6-36(b) 所示。结果显示所有 SLM 试样均在 40％左右的压缩应变下以剪切形式断裂；通过时效热处理后，屈服强度由原来的 279MPa±10MPa 增加至 338MPa±13MPa，但压缩应变几乎没有发生改变。与传统加工试样相比，SLM 成形试样的力学性能仍然较低，这与 SLM 成形过程中 Zn 和 Mg 元素的显著蒸发有着密切关系。随着 Zn 和 Mg 元素含量的降低，成形凝固组织中的 $MgZn_2$ 和 Mg_2Si 等强化析出相减少，因此导致 SLM 成形构件的抗压强度低于传统加工件。

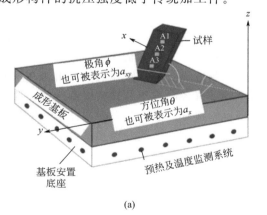

(a)

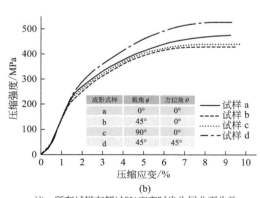

成形式样	极角 ϕ	方位角 θ
a	0°	0°
b	45°	0°
c	90°	0°
d	45°	45°

—— 试样 a
- - - 试样 b
...... 试样 c
-·-·- 试样 d

(b)

注：所有试样在超过8%应变时发生屈曲而失效

图 6-35　SLM 成形 AlSi10Mg 试样与基板的成形方位角和极角（a）；
四种具有不同成形方位角和极角的试样的压缩曲线（b）[82]

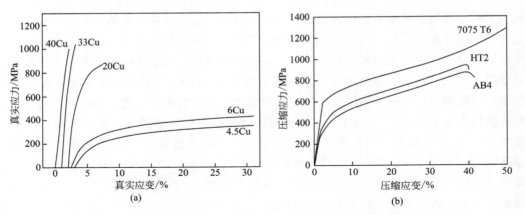

图 6-36　SLM 成形 Al-xCu 合金的压缩应力-应变曲线（a）[79]；SLM 成形状态和
热处理状态下的压缩曲线以及其与传统 7075 铝合金 T6 热处理性能的对比（b）[48]

事实上，目前对于 3D 打印构件的压缩性能评价更多的还是面向多孔拓扑优化结构，以开发出优异的抗冲击或吸能材料/结构。这里主要有两方面的考虑，一方面是充分释放拓扑优化设计并有效利用 3D 打印独特的成形优势，另一方面则利用 3D 打印特有超细显微组织所赋予的优异力学性能。例如英国诺丁汉大学的研究人员[84]利用 SLM 技术分别制备了 AlSi10Mg 均匀晶格结构和梯度蜂窝状结构，通过准静态力学性能测试，建立蜂窝状几何状态和性能之间的联系。研究表明，蜂窝状结构在加载过程中经历了脆性塌陷和非理想变形行为；通过热处理改变蜂窝结构的显微组织，能够显著提升其力学性能和能量吸收能力。进一步研究发现，均匀晶格结构和梯度蜂窝状结构在致密化之前吸收的能量几乎都在 6.3mJ/m^3±0.2mJ/m^3 和 5.7mJ/m^3±0.2mJ/m^3 之间，但梯度蜂窝状结构在其致密化时仅产生了 7% 左右的低应变。

6.2.2.3　3D 打印铝合金的疲劳力学性能

考虑到 3D 打印制造技术目前的工艺及性能发展水平，要实现铝合金 3D 打印构件在航空航天、汽车等工业领域的广泛应用还面临很大的挑战；其中，增材制造构件的疲劳性能被认为是目前限制其广泛应用的主要问题。对于激光增材制造铝合金，研究表明，由于在激光沉积过程中较高的加热和冷却速度，激光增材制造零件具有各向异性的显微组织结构，故相比传统加工的锻件呈现各向异性的力学性能。激光增材制造样件的疲劳寿命往往低于锻件疲劳寿命，孔隙是造成其疲劳寿命降低的首要因素，且孔隙的存在会诱发更多不可预测的疲劳行为，这已被离散的试验数据所证实。因此，优化激光增材制造加工制造过程、合理设计工艺参数及后续热处理工艺，使激光增材制造样件内部孔隙率得到控制并最小化，对于提高激光成形样件疲劳性能是至关重要的。

SLM 成形铝合金零件中出现的孔隙缺陷大致可分为三类[85]：第一类为未熔化粉末颗粒导致的大尺度不规则缺陷，这主要是由能量输入不充足所导致；第二类为尺寸小于 5μm 的圆形气孔，这些气孔可能与粉末颗粒含有的水蒸气有关；第三类为位于熔池底部的匙孔，匙孔的产生主要归因于局部过大的能量密度。相关研究表明，由匙孔造成的亚表面孔隙相比于近净成形粗糙表面，对疲劳性能损害更大，如图 6-37 所示。通过降低轮廓扫描的能量输入或者改变激光束在扫描道间的行进轨迹，如此的亚表面孔隙率能够得到显著抑制。德国德累斯顿固体与材料研究所的研究人员[33] 对 SLM 成形 AlSi12 合金的强韧化协同增强机制进行了研究。研究发现，SLM 合金的韧性提高得益于试样中介孔结构以及含有 Si 颗粒搭接区域的存在，从而有利于裂纹通过曲折路径进行扩展；然而，成形试样的韧性对于 SLM 加工参数（如扫描方向）和裂纹扩展取向比较敏感。依据疲劳测试结果，研究人员发现 SLM 成形试样的疲劳裂纹扩展阈值和疲劳强度要明显低于传统铸造铝合金，这主要归因于成形件中残余拉应力、收缩孔隙率以及未熔化颗粒的存在。该研究进一步表明了通过合理优化工艺参数，以最大限度地减少残余应力和加工缺陷，可以开发出强度和韧性同时提高的 SLM 铝合金构件。美国卡内基梅隆大学的研究人员[86] 系统研究了扫描间距以及成形方向对于 SLM 成形 AlSi10Mg 疲劳性能的影响规律。研究显示，随着扫描间距逐渐增大，同等应力水平下构件的疲劳寿命发生显著降低；对于相同扫描间距条件下，水平方向成形试样的疲劳寿命一般明显高于垂直方向成形试样。同时，该研究也揭示出激光成形过程中金属蒸发所形成的氧化产物对试样疲劳抗力的影响起到主导作用。值得注意的是，目前热处理是消除 3D 打印成形试样残余孔隙、降低残余应力水平，从而提升疲劳性能最直接而有效的方法和措施。德国欧洲宇航防务集团的研究人员[87] 开展了 SLM 成形 AlSi10Mg 合金高周疲劳力学性能的研究工作，并建立了工艺参数、显微组织与力学性能之间的映射关系。研究发现，后热处理对疲劳性能影响极大，而成形方向影响作用几乎可以忽略。通过基板预热（300℃）和硬化处

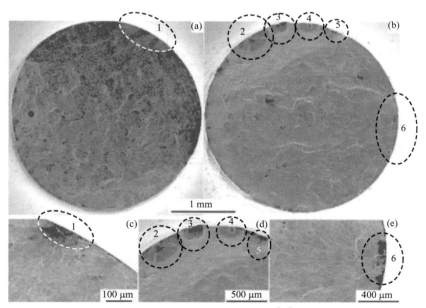

图 6-37　疲劳样件断口形貌[85]

（a）机加工去除亚表面绝大多数孔隙；（b）未进行机加工，绝大多数亚表面孔隙残留；

（c）～（e）对应位置的放大图

理能有效提升材料的疲劳抗力,同时能够消除不同成形方向试样的疲劳寿命差异(图 6-38)。综上所述,对于 3D 打印铝合金构件,存在许多协同因素,包括晶粒、缺陷类型和尺寸、成形方向、表面粗糙度、残余应力以及热处理等,影响着构件的疲劳性能。特别地,缺陷在控制 3D 打印材料疲劳性能方面起着尤为关键的作用。然而由于缺陷量化参数繁多,包括缺陷形状、数量密度、大小、位置等,同时这些缺陷量化参数严重依赖于成形工艺参数,因此通过实际测量来量化评估它们的影响很难实现。开发适合于材料类型和缺陷特征的分析模型,包括多尺度和多物理模型,是十分必要和迫切的,基于该模型能够允许研究者更加深入地理解缺陷对于疲劳性能的影响机制,而不是局限于目前的经验式认知。

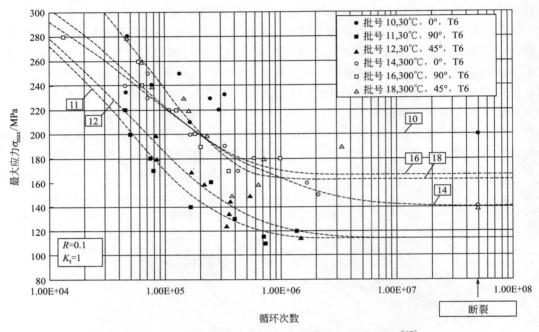

图 6-38　不同工艺参数下材料的疲劳抗力及疲劳寿命[87]

6.2.3　3D 打印铝合金的摩擦磨损性能

　　服役环境的日益严苛要求 3D 打印铝合金及铝基复合材料的综合性能不断提高,为了满足军事工业、航空航天等领域的重大需要,增材制造构件的耐磨损性能日益受到广泛关注。研究表明,零件的耐磨性与材料硬度密切相关,但铝合金材料硬度普遍不高、耐磨性差,严重限制其应用。晶粒细化、表面处理、添加陶瓷颗粒等方法是提升材料耐磨性的常用手段。在 SLM 成形过程中,由于激光作用产生的高熔池温度以及随后极快的冷却速度,成形件能够获得非常细小且均匀的晶粒组织,因此对于铝合金构件而言,通过合理设计激光工艺参数、扫描策略,有助于实现材料耐磨性的显著提升。法国勃垦地大学研究人员[88,89]对 SLM 成形过共晶 Al-Si 合金的显微组织及耐磨性能进行了研究。研究发现,合适的激光功率有利于形成致密度高、组织均匀、晶粒细化、性能优越的试样;而当激光功率过高时,熔池稳定性降低,极易引发飞溅、球化等现象的发生,从而显著降低试样的致密度,增加其表面粗糙度。进一步磨损实验表明，成形件的耐磨性与其表面孔隙、硬度、析出颗粒大小等息息相关。随着激光功率的增大，析出的 Si 颗粒逐渐由不规则状向球形转变，且数量明显增多；在磨损过程中，球形 Si 颗粒会在受磨表面倾向于形成薄摩擦层以阻碍内部材料的进一步磨损，磨损机制也因此从磨粒磨损转变为黏着磨损（图 6-39）。为持续、显著提升铝合金材料的耐磨损性能，增强颗粒通常是重要选择；颗粒增强铝基复合材料的 SLM 成形研究也早已得到相应开展。天津大学的研究人员[90] 通过激光熔化方法成功原位合成了 $ZrB_2p/6061$ 铝基纳米复合材料。研究发现，在激光熔化过程中，增强相的尺寸会显著影响试样的显微组织及磨损性能。纳米尺度的 ZrB_2p 颗粒在熔化凝固过程中易成为基体晶核的形核质点，促进基体材料非均匀形核并细化晶粒，从而使柱状晶转变为等轴晶；而微米尺度的 ZrB_2p 颗粒在熔化过程中则易发生团聚，并最终促进裂纹及孔隙的产生。在该研究中，复合材料耐磨性的提升主要得益于以下两个方面：①ZrB_2p 具有较高的硬度、刚度及热稳定性，且原位合成的增强相与基体具有良好的界面结合，因此在加载过程中载荷易转移到硬质相；②纳米增强相与基体热膨胀系数的差异会使位错在晶界聚集，从而产生细晶强化及位错强化，显著提升材料耐磨性。材料的摩擦磨损性能除与本身属性有关外，还与外界因素密不可分[91~94]。南京航空航天大学的研究人员针对 SLM 成形 $Al_2O_3/AlSi10Mg$ 复合材料，系统开展了摩擦磨损条件（载荷、滑移速度、滑移距离）对磨损性能影响规律的研究。研究发现，随着外加载荷及滑移距离的增大，摩擦系数波动变大，同时其磨损失重也逐渐增加，材料表面磨损严重（图 6-40）。这是因为在长期重复磨损实验中，试样表面发生严重的塑性变形并在表面形成较大的应变梯度，同时 Al 氧化形成不稳定的 Al_2O_3 硬质层，最终导致试样表面出现局部应力集中，增强相与基体发生剥离，从而产生磨粒磨损和氧化磨损。此外，滑移速度越快，摩擦副之间产生的热量越多，越利于复合材料表面形成氧化物的转移层，保护基体免受破坏，因此滑移速度的提高有利于降低试样表面的磨损并提高试样的耐磨性。

6.2.4 3D 打印铝合金的耐腐蚀性能

铝合金具有密度小、比强度高等优点，在航空航天等领域受到广泛应用。然而铝合金构件不可避免地会接触到腐蚀性介质，如盐雾、湿气以及局部冷凝等，鉴于铝合金较高的化学活性，极易发生晶间腐蚀、应力腐蚀以及疲劳腐蚀等，给国民经济造成极大的损失。为了满足铝合金对航空工业发展的需要，铝合金的腐蚀行为及机理研究显得至关重要。一般而言，表面处理技术对于提高金属的耐蚀性具有很好的应用前景，但是其工序复杂，成本较高。对于 3D 打印技术，由于其成形过程中极快的冷却速度可以有效抑制晶粒生长而形成独特的非平衡显微组织，有望显著提高铝合金的耐腐蚀性能而得到大量研究者的关注和研究。德国德累斯顿固体材料研究所的研究人员[35] 将 SLM 成形和热处理后 AlSi12 的腐蚀性能进行了对比研究。研究发现，在 pH<2 时，Al 极易分解为 Al^{3+}，此时 Si 则易氧化成 SiO_2，可以起到钝化膜的作用。对于 SLM 成形原始态，Si 颗粒主要在晶界处析出形成胞状组织，该网状 Si 结构能够有效阻止腐蚀过程的进行，减小腐蚀速率。然而，在相同的腐蚀介质下，随着退火温度及浸泡时间的增大，腐蚀失重明显加剧（图 6-41），这是因为退火处理使连续分布在晶界的 Si 转变为自由 Si 颗粒，从而失去与 Al 基体的连续性，最终加速腐蚀性介质对基体的破坏。因此在对 SLM 成形 Al-Si 系合金进行必要的热处理时，需要合理调控相应热处

3D打印金属材料
Metal
Materials
for 3D Printing

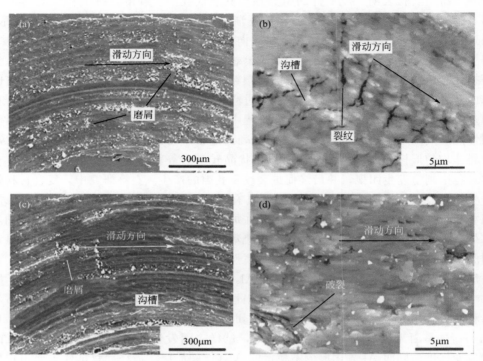

图 6-39　Al-Si 合金磨损表面形貌[88]

(a),(b) 210W；(c),(d) 225W

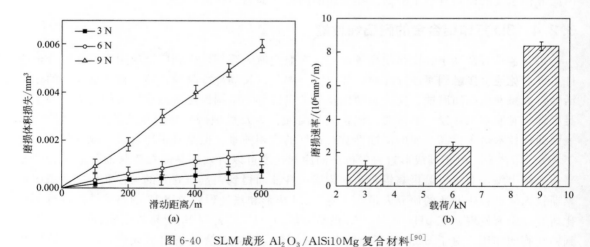

图 6-40　SLM 成形 Al₂O₃/AlSi10Mg 复合材料[90]

(a) 磨损体积随滑移距离变化曲线；(b) 滑移距离为 600m 时，磨损率随载荷变化趋势图

理工艺参数以最大限度地维持 Si 颗粒在基体晶界处的连贯性。澳大利亚埃迪斯科文大学的研究人员[95,96] 对 AlSi12 的耐蚀性也进行了深入分析，并对比研究了 SLM 成形和铸造成形

AlSi12 合金在质量分数 3.5％ NaCl 溶液中的腐蚀性能差异。尽管两种工艺制备的合金具有相似的化学成分，然而 SLM 成形试样却呈现出更好的耐蚀性。图 6-42 给出了对应的极化曲线和电化学阻抗谱，从中不难看出：SLM 成形试样自腐蚀电位较大、腐蚀电流密度较小，同时其极化电阻更大。研究表明，显微组织中 Si 颗粒的大小与其耐蚀性能紧密关联。在铸造成形 AlSi12 中，微米共晶 Si 构成电化学电池的阴极，铝基体为阳极，因此在这一体系中基体铝遭到不断腐蚀破坏，同时铸造成形的大尺度 Si 颗粒协同促进 Cl^- 对基体的腐蚀，不断加剧氧化膜分解成疏松多孔状［如图 6-43 (a), (b) 所示］。而在 SLM 成形 AlSi12 中，超细共晶 Si 易使铝基体发生阳极氧化，最终在表面生成一层致密的 Al_2O_3 钝化膜［如图 6-43 (c), (d) 所示］，从而对基体起到保护作用，有效增强材料耐蚀性。

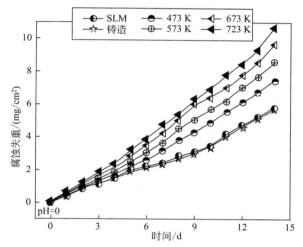

图 6-41　不同加工处理状态下 AlSi12 在 1mol/L HNO_3
中腐蚀失重随时间的变化曲线[35]

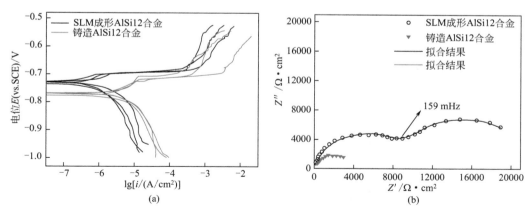

图 6-42　SLM 和铸造成形 AlSi12 在 3.5％NaCl 溶液中的
极化曲线（a）和 Nyquist 曲线（b）[95]

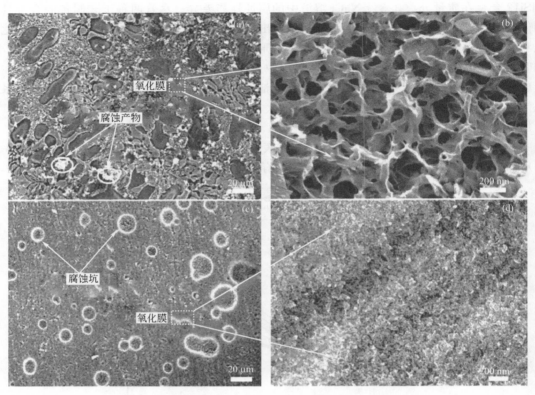

图 6-43　铸造成形 AlSi12[(a),(b)]和 SLM 成形 AlSi12[(c),(d)]
在 3.5％NaCl 溶液中浸泡 14d 后的表面形貌[96]

6.3　3D 打印铝合金存在的主要问题及建议

　　基于激光完全熔化机制的 3D 打印 Al 合金零件，是一个新的研究领域，仍面临一系列技术挑战及关键科学问题，主要包括：

(1) Al 合金 3D 打印物理基础问题

　　Al 合金特殊物性（低激光吸收率、高热导率及易氧化性）从本质上决定了铝合金 3D 打印高难度。未熔化前，Al 对 CO_2 激光的初始吸收率仅为 9％，而其热导率高达 237W/(m·K)，

通常低功率 CO_2 激光难以使 Al 粉体发生有效熔化。即便使用短波长、高功率光纤或 Nd：YAG 激光使其发生初始熔化，其高热导率又将使输入热量急速传递消耗，导致熔池温度降低、熔池内液相黏度增加；同时，Al 熔体与氧具有很强的亲和能力，600℃时氧分压 p_{O^2} 为 10^{-52} MPa 即可发生氧化，而通常激光成形体系即便抽真空或通保护气氛，存在的氧分压肯定要高于此，故将在熔体表面形成氧化膜，从而降低熔体对基体的润湿性。Al 材料自身物性决定的上述两方面问题（即高液相黏度、低润湿特性），将促发金属粉末 3D 打印特有的冶金缺陷"球化"效应及内部孔隙、裂纹等缺陷。

（2）3D 打印材料基础科学问题

3D 打印专用 Al 合金粉体材料设计制备基础：为保证在 3D 打印成形过程中 Al 合金粉体发生完全熔化，要求尽可能提高粉体对激光能量的吸收率；如何通过优化粉末材料特性（如化学成分、颗粒形貌、粒度及分布等）来提高能量吸收率、进而实现适宜的成形机制，是一个关键科学问题。特别地，对于 SLM 精密 3D 打印，严重依赖于铺粉精细化和均匀化，故对粉末流动性、松装密度等物性指标及其匹配性又有特殊要求。因此，金属零件 3D 打印需配备满足其工艺要求和性能要求的专用金属粉末材料。目前，德国 EOS 公司开发的金属零件 3D 打印设备 EOSINT M 270/280，均需配套使用该公司生产的粉末材料。需要指出的是，国外公司销售的专用粉末材料价格昂贵，且粉末进口检验、运输等环节手续繁杂，难以满足国内大规模使用需求。但目前国内市售的粉末材料通常是面向传统烧结、喷涂等粉末冶金行业，难以满足激光增材制造及 3D 打印特殊的使用工艺和性能要求。因此，必须掌握适用于 SLM 特殊使用要求的金属粉末制备技术及表征方法，作为金属零件 3D 打印技术研究及推广的物质基础。

（3）3D 打印工艺基础科学问题

Al 合金零件 3D 打印工艺、组织、性能及结构一体化调控机理：金属零件 3D 打印过程中同时发生"激光-粉末交互作用""动态熔池的局部形成及其内部热量、质量及动量多重传递"及"超高温度梯度下液相快速凝固"等一系列复杂的材料冶金、物理、化学及热力耦合现象。激光高度非平衡冶金热力学及动力学行为，直接决定了成形材料显微组织（包括晶粒形态、晶体取向、组织均匀性等），随激光工艺参数的改变将表现出高度敏感性及复杂多变性，给成形零件力学性能的调控造成很大难度。另外，激光 3D 打印涉及长时间循环往复的激光逐行、逐层局部熔凝过程，主要工艺参数（激光功率、扫描速度、扫描间距、铺粉厚度等）、成形气氛环境及熔池熔体状态都不可避免存在波动，再加之激光扫描轨迹周期性变化引起的不连续性及不稳定性，在成形件局部区域（单道烧结线内部，线与线之间；单一烧结层内部，层与层之间）都有可能产生冶金缺陷。特别是，在粉体完全熔化及激光动态扫描条件下，熔池本身具有很强的不稳定性，液相凝固收缩效应明显，极易在激光成形件中形成复杂的残余内应力，严重时产生变形和开裂。因此，需在激光 3D 打印专用 Al 合金粉末设计制备基础上，定量研究激光功率、扫描速度、扫描间距、铺粉厚度等工艺参数的影响规律，实现对 3D 打印过程中"线成形质量""体成形质量"的优化控制；利用"由线及体"的立体控制策略，实现内部缺陷"由线及体"逐步控制或消除，为复杂结构轻合金零件 3D 打印的精确化、稳定化控制提供关键工艺优化方法。

参考文献

[1] 国家中长期科学和技术发展规划纲要（2006—2020）. http：//www. fmprc. gov. cn/ce/cekor/chn/kjjl/kjzc/t802179. htm.

[2] 机械领域"三基"产业"十二五"发展规划印发. 装备工业司，2011-11-25. http：//www. miit. gov. cn/n1146285/n1146352/n3054355/n3057585/n3057590/c3615985/content. html.

[3] Buchbinder D，Schleifenbaum H，Heidrich S，et al. High power selective laser melting（HP SLM）of aluminum parts [J]. Physics Procedia，2011，12：271-278.

[4] Wong M，Tsopanos S，Sutcliffe C J，et al. Selective laser melting of heat transfer devices [J]. Rapid Prototyping Journal，2007，13：291-297.

[5] Kempen K，Thijs L，Yasa E，et al. Process optimization and microstructural analysis for selective laser melting of AlSi10Mg [J]. Conference：Solid Freeform Fabrication Symposium，At Texas，USA，2011，22：484-495.

[6] Olakanmi E O，Cochrane R F，Dalgarno K W. A review on selective laser sintering/melting（SLS/SLM）of aluminium alloy powders：Processing，microstructure，and properties [J]. Progress in Materials Science，2015，74：1.

[7] Simchi A，Godlinski D. Effect of SiC particles on the laser sintering of Al-7Si-0. 3Mg alloy [J]. Scripta Materialia，2008，59：199-202.

[8] Dadbakhsh S，Hao L. Effect of Fe_2O_3 content on microstructure of Al powder consolidated parts via selective laser melting using various laser powers and speeds [J]. International Journal of Advanced Manufacturing Technology，2014，73：1453-1463.

[9] Schmidtke K，Palm F，Hawkins A，et al. Process and mechanical properties：Applicability of a scandium modified Al-alloy for laser additive manufacturing [J]. Physics Procedia，2011，12：369-374.

[10] 张骁丽，齐欢，魏青松. 铝合金粉末选择性激光熔化成形工艺优化试验研究 [J]. 应用激光，2012，33（4）：391-397.

[11] 钱远宏，谭华，黄卫东. 倾斜基体表面激光立体成形沉积特性研究 [J]. 应用激光，2015，35（1）：53-57.

[12] 张国庆，杨永强，张自勉，等. 激光选区熔化成型零件支撑结构优化设计 [J]. 中国激光，2016，43（12）：53-60.

[13] Zhang H，Zhu H，Qi T，et al. Selective laser melting of High Strength Al-Cu-Mg alloys：Processing，microstructure and mechanical properties [J]. Materials Science and Engineering A，2016，656：47-54.

[14] Gu D D. Materials creation adds new dimensions to 3D printing [J]. Science Bulletin，2016，61：1718-1722.

[15] Gu D D，Chang F，Dai D H. Selective laser melting additive manufacturing of novel aluminum based composites with multiple reinforcing phases [J]. Transactions of the ASME Journal of Manufacturing Science and Engineering，2015，137：021010.

[16] Gu D D. Laser Additive manufacturing of high-performance materials [J]. Springer-Verlag Berlin Heidelberg，2015：23-26.

[17] Gu D D, Meiners W, Wissenbach K, et al. Laser additive manufacturing of metallic components: materials, processes and mechanisms [J]. International Material Review, 2012, 53: 133-164.

[18] Louvis E, Fox P, Sutcliffe C J. Selective laser melting of aluminium components [J]. Journal of Materials Processing Technology, 2011, 211: 275-284.

[19] Kempen K, Thijs L, Van Humbeeck J, et al. Mechanical properties of AlSi10Mg produced by Selective Laser Melting [J]. Physics Procedia, 2012, 39: 439-446.

[20] Gu D D, Dai D H. Role of melt behavior in modifying oxidation distribution using an interface incorporated model in selective laser melting of aluminum-based material [J]. Journal of Applied Physics, 2016, 120: 083104.

[21] Wohlers Report 2016, 3D printing and additive manufacturing state of the industry, annual worldwide progress report, ISBN 978-0-9913332-2-6.

[22] Gaumann M, Henry S, Cleton F, et al. Epitaxial laser metal forming: analysis of microstructure formation [J]. Materials Science & Engineering A, 1999, 271 (1-2): 232-241.

[23] Murr L E, Quinones S A, Gaytan S M, et al. Microstructure and mechanical behavior of Ti6Al4V produced by rapid-layer manufacturing, for biomedical applications [J]. Journal of the Mechanical Behavior of Biomedical Materials, 2009, 2 (1): 20-32.

[24] Walker J C, Murray J, Narania S, Clare A T. Dry siding friction and wear behavior of an electron beam melted hypereutectic Al-Si alloy [J]. Tribology Letter, 2012, 45: 49-58.

[25] Sun S, Zheng L, Peng H, et al. Microstructure and mechanical properties of Al-Fe-V-Si aluminum alloy produced by electron beam melting [J]. Materials Science & Engineering A, 2016, 659: 207-214.

[26] Sun S, Zheng L, Liu Y, et al. Characterization of Al-Fe-V-Si heat-resistant aluminum alloy components fabricated by selective laser melting [J]. Journal of Materials Research, 2015, 30 (10): 1661-1669.

[27] Gharehbaghi R, Fatoba O S, Akinlabi E T, et al. Influence of scanning speed on the microstructure of deposited Al-Cu-Fe coatings on a titanium alloy substrate by laser metal deposition process [C]. 2018 IEEE 9th International Conference on Mechanical and Intelligent Manufacturing Technologies, 2018.

[28] Zhao T, Cai W, Dahmen M, et al. Ageing response of an Al-Mg-Mn-Sc-Zr alloy processed by laser metal deposition in thin-wall structures [J]. Vacuum, 2018, 158: 121-125.

[29] Thijs L, Kempen K, Kruth J P, et al. Fine-structured aluminium products with controllable texture by selective laser melting of pre-alloyed AlSi10Mg powder [J]. Acta Materialia, 2013, 61: 1809-1819.

[30] Kempen K, Thijs L, Humbeeck Van J, et al. Mechanical properties of AlSi10Mg produced by Selective Laser Melting [J]. Physics Procedia, 2012, 39: 439-446.

[31] Kempen K, Thijs L, Humbeeck Van J, et al. Processing AlSi10Mg by selective laser melting: parameter optimisation and material characterization [J]. Materials Science and Technology, 2015, 31: 917-923.

[32] Prashanth K G, Scudino S, Klauss H J, et al. Microstructure and mechanical properties of Al-12Si produced by selective laser melting: Effect of heat treatment [J]. Materials Science and Engineering A, 2014, 590 (2): 153-160.

[33] Suryawanshi J, Prashanth K G, Scudino S, et al. Simultaneous enhancements of strength and toughness in an Al-12Si alloy synthesized using selective laser melting [J]. Acta Materialia, 2016, 115: 285-294.

[34] Prashanth K G, Scudino S, Eckert J. Defining the tensile properties of Al-12Si parts produced by selective laser melting [J]. Acta Materialia, 2017, 126: 25-35.

[35] Prashanth K G, Debalina B, Wang Z, et al. Tribological and corrosion properties of Al-12Si produced by selective laser melting [J]. Journal of Materials Research, 2014, 29 (17): 2044-2054.

[36] Prashanth K G, Damodaram R, Scudino S, et al. Friction welding of Al-12Si parts produced by selective laser melting [J]. Materials & Design, 2014, 57 (5): 632-637.

[37] Ma P, Prashanth K G, Scudino S, et al. Influence of annealing on mechanical properties of Al-20Si processed by selective laser melting [J]. Metals, 2014, 4 (1): 28-36.

[38] Wang X J, Zhang L C, Fang M H, et al. The effect of atmosphere on the structure and properties of a selective laser melted Al-12Si alloy [J]. Materials Science & Engineering A, 2014, 597: 370-375.

[39] Li X P, Wang X J, Saunders M, et al. A selective laser melting and solution heat treatment refined Al-12Si alloy with a controllable ultrafine eutectic microstructure and 25% tensile ductility [J]. Acta Materialia, 2015, 95: 74-82.

[40] Li X P, O' Donnell K M, Sercombe T B. Selective laser melting of Al-12Si alloy: Enhanced densification via powder drying [J]. Additive Manufacturing, 2016, 10: 10-14.

[41] Wu J, Wang X Q, Wang W, et al. Microstructure and strength of selectively laser melted AlSi10Mg [J]. Acta Materials, 2016, 117: 311-320.

[42] Kang N, Coddet P, Liao H, et al. Macrosegregation mechanism of primary silicon phase in selective laser melting hypereutectic Al High Si alloy [J]. Journal of Alloys and Compounds, 2016, 662: 259-262.

[43] Zhang H, Zhu H, Qi T, et al. Selective laser melting of High Strength Al-Cu-Mg alloys: Processing, microstructure and mechanical properties [J]. Materials Science and Engineering A, 2016, 656: 47-54.

[44] Wang P, Gammer C, Brenne F, et al. Microstructure and mechanical properties of a heat-treatable Al-3.5Cu-1.5Mg-1Si alloy produced by selective laser melting [J]. Materials Science & Engineering A, 2018, 711: 562-570.

[45] Zhang H, Zhu H, Nie X, et al. Effect of Zirconium addition on crack, microstructure and mechanical behavior of selective laser melted Al-Cu-Mg alloy [J]. Scripta Materialia, 2017, 134: 6-10.

[46] Nie X, Zhang H, Zhu H. Effect of Zr content on formability, microstructure and mechanical properties of selective laser melted Zr modified Al-Cu-Mg alloys [J]. Journal of Alloys and Compounds, 2018, 764: 977-986.

[47] Uddin S Z, Murr L E, Terrazas C A, et al. Processing and characterization of crack-free aluminum 6061 using high temperature heating in laser powder bed fusion additive manufacturing [J]. Additive Manufacturing, 2018, 22: 405-415.

[48] Qi T, Zhu H, Zhang H, et al. Selective laser melting of Al7050 powder: Melting mode transition and comparison of the characteristics between the keyhole and conduction mode [J]. Materials & Design, 2017, 135: 257-266.

[49] Sistiaga M L M, Mertens R, Vrancken B, et al. Changing the alloy composition of Al7075 for better processability by selective laser melting [J]. Journal of Materials Processing Technology, 2016, 238: 437-445.

[50] Spierings A B, Dawson K, Kern K, et al. SLM-processed Sc-and Zr-modified Al-Mg alloy: Mechanical properties and microstructural effects of heat treatment [J]. Materials Science & Engineering A,

2017，701：264-273.

[51] Spierings A B，Dawson K，T Heeling，et al. Microstructural features of Sc-and Zr-modified Al-Mg alloys processed by selective laser melting [J]. Materials & Design，2017，115：52-63.

[52] Zhang H，Gu D，Yang J，et al. Selective laser melting of rare earth element Sc modified aluminum alloy：Thermodynamics of precipitation behavior and its influence on mechanical properties [J]. Additive Manufacturing，2018，23：1-12.

[53] Li R，Wang M，Yuan T，et al. Selective laser melting of a novel Sc and Zr modified Al-6. 2Mg alloy：Processing，microstructure，and properties [J]. Powder Technology，2017，319：117-128.

[54] Gu D D，Wang H Q，Zhang G Q. Selective laser melting additive manufacturing of Ti-based nanocomposites：The role of nanopowder [J]. Metallurgical and Materials Transactions A，2014，45：464-476.

[55] Chen M X，Li X P，Ji G，et al. Novel composite powders with uniform TiB_2 nano-particle distribution for 3D printing [J]. Applied Science，2017，7：250.

[56] Li X P，Ji G，Chen Z，et al. Selective laser melting of nano-TiB_2 decorated AlSi10Mg alloy with high fracture strength and ductility [J]. Acta Materialia，2017，129：183-193.

[57] Dadbakhsh S，Hao L. Effect of Fe_2O_3 content on microstructure of Al powder consolidated parts via selective laser melting using various laser powers and speeds [J]. International Journal of Advanced Manufacturing Technology，2014，73（9-12）：1453-1463.

[58] Dadbakhsh S，Hao L. Effect of layer thickness in selective laser melting on microstructure of Al/5 wt% Fe_2O_3 powder consolidated parts [J]. The Scientific World Journal，2014，1-6：106-129.

[59] Dadbakhsh S，Hao L. Effect of Al alloys on selective laser melting behavior and microstructure of in situ，formed particle reinforced composites [J]. Journal of Alloys & Compounds，2012，541（30）：328-334.

[60] Dadbakhsh S，Hao L，Jerrard P G E，et al. Experimental investigation on selective laser melting behavior and processing windows of in situ，reacted Al/Fe_2O_3，powder mixture [J]. Powder Technology，2012，231：112-121.

[61] Dadbakhsh S，Hao L. In situ formation of particle reinforced Al matrix composite by selective laser melting of Al/Fe_2O_3 powder mixture [J]. Advanced Engineering Materials，2012，14（1-2）：45-48.

[62] Gu D D，Chang F，Dai D H. Selective laser melting additive manufacturing of novel aluminum based composites with multiple reinforcing phases [J]. Journal of Manufacturing Science & Engineering，2015，137（2）：021010.

[63] Dai D，Gu D D. Effect of metal vaporization behavior on keyhole-mode surface morphology of selective laser melted composites using different protective atmospheres [J]. Applied Surface Science，2015，355：310-319.

[64] Yuan P P，Gu D D，Dai D H. Particulate migration behavior and its mechanism during selective laser melting of TiC reinforced Al matrix nanocomposites [J]. Materials and Design，2015，82：46-55.

[65] Rao J H，Zhang Y，Zhang K，Huang A，Davies C H J，Wu X. Multiple precipitation pathways in an Al-7Si-0. 6Mg alloy fabricated by selective laser melting [J]. Scripta Materialia，2019，160：66-69.

[66] Wang P，Li H C，Prashanth K G，et al. Selective laser melting of Al-Zn-Mg-Cu：Heat treatment，microstructure and mechanical properties [J]. Journal of Alloys and Compounds，2017，707：287-290.

[67] Spierings A B，Dawson K，Dumitraschkewitz P，et al. Microstructure characterization of SLM-pro-

cessed Al-Mg-Sc-Zr alloy in the heat treated and HIPed condition [J]. Additive Manufacturing，2018，20：173-181.

[68] Li R，Chen H，Zhu H，et al. Effect of aging treatment on the microstructure and mechanical properties of Al-3. 02Mg-0. 2Sc-0. 1Zr alloy printed by selective laser melting [J]. Materials & Design，2019，168：107668.

[69] Dai D H，Gu D D，Zhang H，Zhang J Y，et al. Heat-induced molten pool boundary softening behavior and its effect on tensile properties of laser additive manufactured aluminum alloy [J]. Vacuum，2018，154：341-350.

[70] Matweb materials data，Web-Based Data，Matweb，UK，http：//www. matweb. com/，as on 04. 05. 2012.

[71] Flagship Technical data sheets for heat treated aluminum high pressure die castings.

[72] Dai D H，Gu D D，Zhang H，et al. Influence of scan strategy and molten pool configuration on microstructures and tensile properties of selective laser melting additive manufactured aluminum based parts [J]. Optics & Laser Technology，2018，99：91-100.

[73] Sercombe T B，Li X. Selective laser melting of aluminium and aluminium metal matrix composites：review [J]. Materials Technology，2016，31：2，77-85.

[74] Zhang H，Zhu H，Nie X，et al. Fabrication and heat treatment of high strength Al-Cu-Mg alloy processed using selective laser melting [J]. Proc of SPIE，2016，9738：97380X-1.

[75] Karg M C H，Ahuja B，Wiesenmayer S，et al. Effects of process conditions on the mechanical behavior of aluminium wrought alloy EN AW-2219 (AlCu6Mn) additively manufactured by laser beam melting in powder bed [J]. Micromachines 2017，8：23.

[76] Material Data Sheet Aluminum 2219-T62. Available online：http：//asm. matweb. com/search/SpecificMaterial. asp? bassnum＝MA2219T62 (accessed on 17 November 2016).

[77] Reschetnik W，Bruggemann J-P，Aydinoz M E，et al. Fatigue crack growth behavior and mechanical properties of additively processed EN AW-7075 aluminium alloy [J]. Procedia Structural Integrity，2016，2：3040-3048.

[78] Martin J H，Yahata B D，Hundley J M，et al. 3D printing of high-strength aluminium alloys [J]. Nature，2017，549：365-369.

[79] Croteau J R，Griffiths S，Rossell M D，et al. Microstructure and mechanical properties of Al-Mg-Zr alloys processed by selective laser melting [J]. Acta Materialia，2018，153：35-44.

[80] Han Q，Setchi R，Lacan F，et al. Selective laser melting of advanced Al-Al$_2$O$_3$ nanocomposites：Simulation，microstructure and mechanical properties [J]. Materials Science and Engineering A，2017，698：162-173.

[81] Wei P，Wei Z，Chen Z，et al，The AlSi10Mg samples produced by selective laser melting：single track，densification，microstructure and mechanical behavior [J]. Applied Surface Science，2017，408：38-50.

[82] Hitzler L，Schoch N，Heine B，et al. Compressive behaviour of additively manufactured AlSi10Mg [J]. Materialwissenschaft and Werkstofftechnik，2018，49：683-688.

[83] Wang P，Deng L，Prashanth K G，et al. Microstructure and mechanical properties of Al-Cu alloys fabricated by selective laser melting of powder mixtures [J]. Journal of Alloys and Compounds，2018，735：2263-2266.

[84] Maskery I，Aboulkhair N T，Aremu A O，et al. A mechanical property evaluation of graded density

Al-Si10-Mg lattice structures manufactured by selective laser melting [J]. Materials Science and Engineering A, 2016, 670: 264-274.

[85] Yang K V, Rometscha P, Jarvis T, et al. Porosity formation mechanisms and fatigue response in Al-Si-Mg alloys made by selective laser melting [J]. Materials Science and Engineering A, 2018, 712: 166-174.

[86] Tang M, Pistorius P C. Oxides, porosity and fatigue performance of AlSi10Mg parts produced by selective laser melting [J]. International Journal of Fatigue, 2017, 94: 192-201.

[87] Brandl E, Heckenberger U, Holzinger V, et al. Additive manufactured AlSi10Mg samples using Selective Laser Melting (SLM): Microstructure, high cycle fatigue, and fracture behavior [J]. Materials and Design, 2012, 34: 159-169.

[88] Kang N, Coddet P, Chen C, et al. Microstructure and wear behavior of in-situ, hypereutectic Al-high Si alloys produced by selective laser melting [J]. Materials & Design, 2016, 99: 120-126.

[89] Kang N, Coddet P, Liao H, et al. Wear behavior and microstructure of hypereutectic Al-Si alloys prepared by selective laser melting [J]. Applied Surface Science, 2016, 378: 142-149.

[90] Zeng Y, Chao Y, Luo Z, et al. Effects of ZrB_2 on substructure and wear properties of laser melted in situ ZrB_2p/6061Al composites [J]. Applied Surface Science, 2016, 365: 1-9.

[91] Gu D D, Jue J, Dai D H, et al. Effects of dry sliding conditions on wear properties of Al-matrix composites produced by selective laser melting additive manufacturing [J]. Journal of Tribology, 2017, 140 (2): 021605.

[92] Gu D D, Wang H Q, Dai D H. Laser Additive manufacturing of novel aluminum based nanocomposite parts: Tailored forming of multiple materials [J]. Journal of Manufacturing Science and Engineering, 2016, 138 (2): 021004.

[93] Gu D D, Wang Q H, Dai D H, et al. Rapid fabrication of Al-based bulk-form nanocomposites with novel reinforcement and enhanced performance by selective laser melting [J]. Scripta Materialia, 2015, 96: 25-28.

[94] Gu D D, Wang H Q, Dai D H, et al. Densification behavior, microstructure evolution, and wear property of TiC nanoparticle reinforced AlSi10Mg bulk-form nanocomposites prepared by selective laser melting [J]. Journal of Laser Applications, 2015, 27 (S1): S17003.

[95] Chen Y, Zhang J, Gu X, et al. Distinction of corrosion resistance of selective laser melted Al-12Si alloy on different planes [J]. Journal of Alloys & Compounds, 2018, 747: 648-658.

[96] Yang Y, Chen Y, Zhang J, et al. Improved corrosion behavior of ultrafine-grained eutectic Al-12Si alloy produced by selective laser melting [J]. Materials & Design, 2018, 146: 239-248.

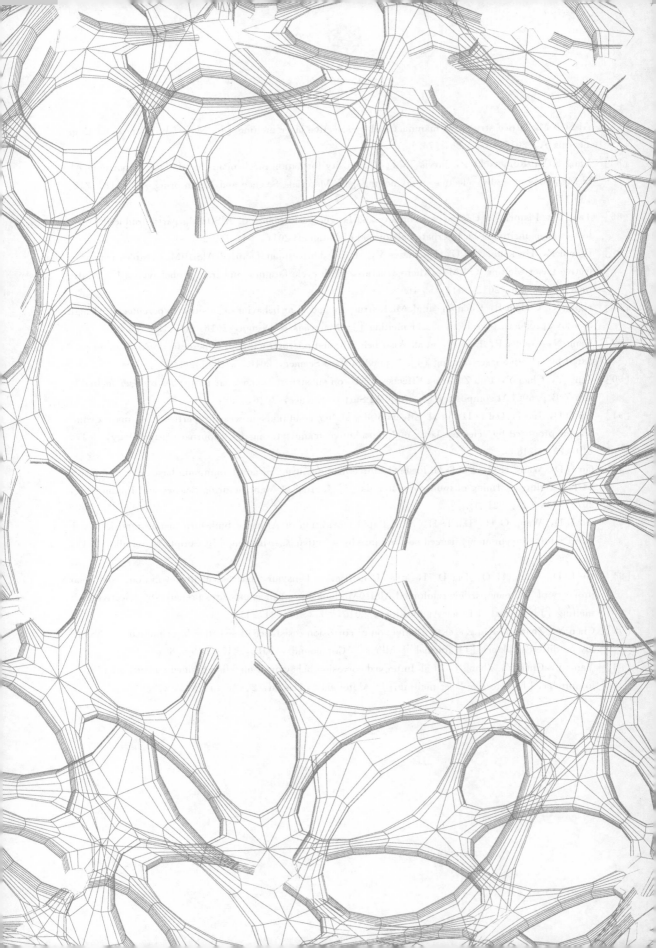

第 7 章
3D 打印高温合金

3D打印金属材料
Metal
Materials
for 3D Printing

7.1　3D打印高温合金概述

　　高温合金是指在 600℃以上温度条件下能承受一定应力并具有抗氧化和抗热腐蚀能力的材料，是目前航空航天发动机和燃气轮机热端部件用的重要金属材料。目前在先进的航空发动机中，高温合金用量所占比例高达 50％以上，各类热端零部件，如涡轮叶片、导向叶片、涡轮盘、燃烧室等，几乎都是由高温合金制成。随着发动机推力和推重比的增大，涡轮入口温度不断提高，近年来对高温合金的力学性能要求也在不断提高，这给高温合金的成分设计和加工工艺也不断带来了新的挑战[1]。

　　通常按照合金基体成分的不同，可以将高温合金分为铁基、镍基和钴基高温合金，而根据合金强化机理，以上三类高温合金又可再分为固溶强化型高温合金和沉淀强化型高温合金两大类[2]。相对而言，镍基高温合金在整个高温合金中应用最为广泛。镍基高温合金是以镍为基体（含量一般大于 50％）、在 650～1000℃范围内具有较高的强度和良好的抗氧化、抗燃气腐蚀能力的高温合金。据统计，现代燃气涡轮发动机用高温合金中镍基高温合金的用量比重最大，达到了整个发动机材料的 40％[3]。近年来，随着镍基高温合金复杂构件的整体化和复杂性的不断提高，给传统加工方法带来了越来越大的挑战[4~6]，同时，随着 3D 打印技术的快速发展，高性能复杂结构高温合金的零件 3D 打印也越来越受到研究者的关注和重视。

　　由于高温合金，特别是沉淀强化高温合金的焊接性能通常较差，目前已开展 3D 打印技术研究的高温合金牌号并不多。对于镍基高温合金而言，能否 3D 打印在很大程度上取决于合金中所含的铝＋钛元素的含量。通常铝＋钛元素的含量越高则 3D 打印成形性就越差，易出现液化裂纹等冶金缺陷。同时，由于大量合金元素的存在，使得高温合金对 3D 打印成形工艺特别敏感，同时，成形后材料的组织性能对后续热处理工艺也极为敏感。

　　目前，尽管高温合金的 3D 打印仍存在诸多尚未解决的问题，但是应用的迫切需求在不断推动 3D 打印技术在高温合金中的应用。早在 2010 年，美国 GE 公司就将 3D 打印制备的发动机喷油嘴用在了 LEAP-1A 发动机上，并且成功进行了试飞。2017 年在巴黎航展上，GE 公司称含 3D 打印零件的 LEAP 引擎已为 GE 带来了 310 亿美元的订单。罗尔斯-罗伊斯公司则利用 3D 打印技术制备了直径达 1.5m、厚 0.5m、含有 48 个翼面的镍基高温合金前轴承座，并应用于 Trent XWB-97 型航空发动机上。德国西门子公司利用 3D 打印技术制造了 13MW SGT-400 型工业燃气轮机用耐高温多晶镍基高温合金燃气涡轮叶片，并通过了满负荷运行测试[7]。

7.2　3D 打印高温合金的分类

对于固溶强化型镍基高温合金，因为其 3D 打印成形过程中不会有沉淀强化相的析出，很少出现开裂问题，其 3D 打印成形性较好，常见的合金牌号有 GH3625（美国对应牌号 Inconel 625）和 GH3536 等。沉淀强化型镍基高温合金根据其沉淀强化相类型的不同可以分为以 γ′ 相和 γ″ 相为强化相的两类。其中 γ″ 相强化镍基高温合金以 GH4169 合金（美国牌号 Inconel 718）最为常见，该合金在 3D 打印过程中不会有沉淀强化相析出，3D 打印成形材料塑性较好，3D 打印成形性较好，且通过后续热处理可以实现合金组织和性能的均匀化，这使得 GH4169 合金成为 3D 打印高温合金中最常见的一个牌号。γ′ 相强化镍基高温合金中普遍含有较多的铝＋钛元素，此类合金在 3D 打印熔池凝固和冷却过程中会析出大量 γ′ 相，材料塑性变差，极易发生应变时效开裂，此类合金常见的有 Inconel 738 和 Rene88DT 等。其他的高铝钛含量镍基高温合金由于在 3D 打印过程中开裂严重，且从工艺上很难完全消除裂纹，工业应用难度较大，虽有少量的研究工作开展，但是规模较小，如 K465 合金等。表 7-1 给出了目前已经用于 3D 打印的主要高温合金材料。

表 7-1　目前用于 3D 打印的主要高温合金材料

类型		牌号
固溶强化型高温合金		GH3625(Inconel 625)，GH3536
沉淀强化型高温合金	低铝钛合金	GH4169(Inconel 718)
	高铝钛合金	Inconel 738，K465，Rene88DT，DZ125

7.3　3D 打印镍基高温合金的组织特征

镍基高温合金的组织对热加工工艺特别敏感。在激光增材制造领域，由于激光的高能束的特点，能量分布比较集中，几乎所有的镍基高温合金激光增材制造沉积态组织皆为典型的连续柱状晶组织，呈现出粗大柱状晶粒贯穿多个熔覆沉积层连续外延生长、枝晶亚结构细小和组织致密等特点。

7.3.1 沉积态组织

7.3.1.1 宏观形貌

(1) 沉淀强化型高温合金

目前在 3D 打印中应用最为广泛的沉淀强化型高温合金主要是 Inconel 718（GH4169）合金。图 7-1 所示为激光立体成形 Inconel 718 合金沉积态试样三个垂直截面的金相组织照片。从垂直于激光扫描方向的截面[图 7-1(a)]和平行于激光扫描方向的截面[图 7-1(b)]可以看出，外延连续生长的柱状晶在沉积方向上可穿越几个沉积层。同时从图 7-1(b) 也可以看出，柱状晶的生长方向并非严格沿沉积方向垂直向上，而是沿向上并偏向激光扫描的方向倾斜。同时新沉积层会对已沉积层产生再热退火或回火处理，导致不同沉积层间和道间呈现典型的层带结构。

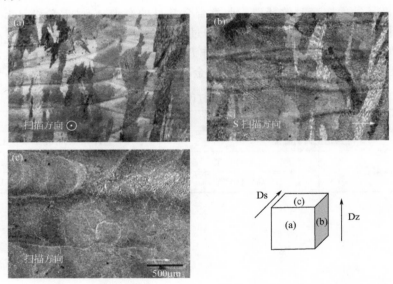

图 7-1 激光立体成形 Inconel 718 合金沉积态金相组织[8]
(a) 垂直于扫描方向；(b) 平行于扫描方向；(c) 垂直于沉积方向
Ds—扫描方向；Dz—高度方向

图 7-2 给出了激光立体成形 Inconel 718 合金垂直于扫描方向横截面的电子背散射衍射（EBSD）观察结果[9]，随着沉积高度的增加，沉积态试样的织构特征越来越明显。在沉积试样的上半部分，晶粒取向几乎平行于沉积方向。这种组织的产生与熔池凝固时枝晶自熔池底部已沉积基体上外延连续生长以及成形过程中热量主要依靠基材和已成形部分定向散失有关。

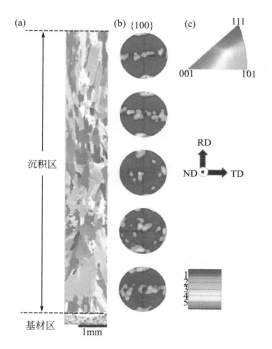

图 7-2　激光立体成形 Inconel 718 合金垂直于扫描方向横截面的 EBSD 分析[9]（见彩图）

对于基于粉末床的激光选区熔化镍基高温合金而言，虽然所采用的成形方法不同，但是熔池的形成及凝固过程与激光立体成形类似，因此，其成形后的材料组织也同样具有典型的层带结构和粗大柱状晶特征，如图 7-3 所示[10~12]。由激光选区熔化 Inconel 718 合金的三维宏观图还可看到，激光选区熔化过程中逐道和逐层扫描的特征清晰可见，包括扫描策略和熔池的形态。

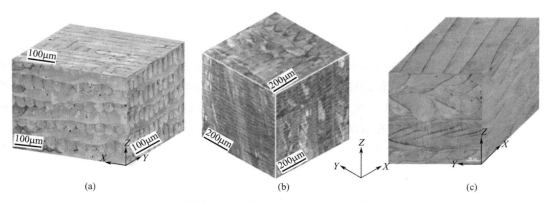

图 7-3　激光选区熔化 Inconel 718 合金三维组织图
（a）K. Moussaoui 等人的结果[10]；（b）E. Chlebus 等人的结果[11]；
（c）Dongyun Zhang 等人的结果[12]

图 7-4 给出了激光选区熔化 Inconel 718 合金在不同位置处的晶粒与晶界取向特征的 EBSD 测试结果[13]。可以看到,晶粒特征沿沉积方向呈现规律变化。在顶部和中部,由于扫描方式的影响与前一道熔覆沉积层的重熔化,出现了典型的外延生长的柱状晶结构。

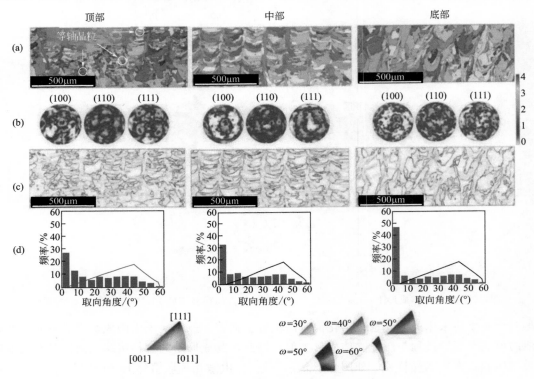

图 7-4　激光选区熔化 Inconel 718 合金沉积态试样不同位置的 EBSD 分析[13]（见彩图）

(a) 晶粒取向图；(b) 取向极图；(c) 晶界取向图；(d) 取向角度分布图

(2) 固溶强化型高温合金

在激光增材制造镍基高温合金领域,固溶强化型的 Inconel 625 合金也是备受关注的镍基高温合金材料。与激光立体成形 GH4169 合金类似,激光立体成形 Inconel 625 合金的沉积态组织[14] 主要为外延生长的柱状晶,层带结构明显,如图 7-5 所示。沉积态试样顶部等轴晶枝晶区的存在说明,在激光立体成形过程中发生了 CET 转变（柱状晶向等轴晶转变)[16]。G. P. Dinda 等[15] 在对激光立体成形 Inconel 625 合金的组织观察时发现柱状晶生长方向与激光扫描方向呈约 60°的关系。同时,他们在通过调整激光扫描方式改变了柱状晶的连续生长方式,得到了上下两层间柱状晶生长方向呈 90°的晶粒组织。

图 7-6 显示了激光立体成形 Inconel 625 合金显微组织的 EBSD 检测结果。可以看到,沉积态组织主要由柱状晶粒组成,晶粒尺寸不均匀。

图 7-7 给出了两种不同扫描方式下的激光选区熔化 Inconel 625 合金的三维立体宏观组织示意图[17]。在横截面上可以明显看到互相搭接的熔池和清晰的熔池边界,相邻熔池的距离约为 $90\mu m$,在熔化道内部可以看到清晰的熔池前沿。从纵截面可以看出明显的层叠状熔

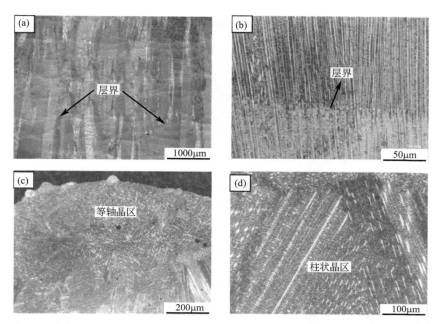

图 7-5　激光立体成形 Inconel 625 合金沉积态试样的柱状枝晶及等轴枝晶形貌[14]
（a）柱状晶；（b）层带结构；（c）等轴晶；（d）柱状枝晶

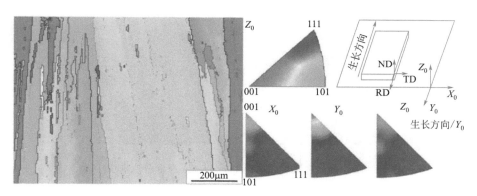

图 7-6　激光立体成形 Inconel 625 合金的 EBSD 云图及其逆极图[14]（见彩图）

池，熔池的形态呈现出激光能量输入的高斯分布特征。从图中还可以看出，在改变激光隔层扫描路径后材料显微组织发生了明显变化，相比而言，采用单向扫描方式时柱状晶外延连续生长特征更明显，而采用隔层交叉扫描后，柱状晶延续生长定向特性得到抑制。

　　图 7-8 给出了激光选区熔化 Inconel 625 合金的熔池形貌。可以看到，由于激光能量呈现出高斯分布的特点，在图 7-8（a）中可以清楚地观察到熔池的典型"鱼鳞"形态。每个熔池的尺寸宽 75～100μm、深 25～40μm。由于激光选区熔化每次铺粉的厚度大约为 50μm，随后预置的粉末熔化时，前一层的每个熔池都会发生重新熔化，这一点与激光立体成形过程相似。这种重熔区的出现，既保证各沉积层间的冶金结合，又保证了成形过程的连续性。图 7-8（b）中的放大图片显示熔池组织的亚结构仍为典型的柱状枝晶组织，并基本沿熔池边界的法向生长[18]。

图 7-7　激光选区熔化成形 Inconel 625 合金晶粒组织[17]

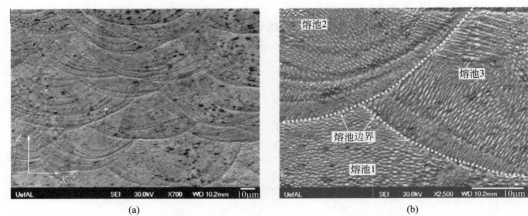

(a)　　　　　　　　　　　　　(b)

图 7-8　激光选区熔化成形 Inconel 625 合金熔池形貌

（a）低倍形貌；（b）高倍形貌

7.3.1.2　微观形貌

通常认为，由于激光增材制造加工技术实现了逐点逐层的材料堆积，可以认为各处沉积的合金成分是完全相同的，消除了传统铸造技术中容易出现的宏观偏析现象。但是，由于成形过程中熔池的凝固为近快速凝固过程，合金元素不能通过"溶质捕获"现象达到绝对的均匀，因此，随熔池凝固，其枝晶干和枝晶间区域仍然存在一定的枝晶间元素微观偏析。不同材料的微观偏析情况也不尽相同。

（1）沉淀强化型高温合金

由激光立体成形 Inconel 718 合金的高倍组织观察可以发现，在激光熔覆过程中，每层熔覆沉积层熔池底部的凝固开始都是以平界面方式生长，然后快速发展为枝晶，且越远离熔池底部，则枝晶的一次臂间距越大，二次臂也逐渐变得发达，这使得层带状区域组织与其他部位产生组织差异，如图 7-9 所示。熔覆沉积层的顶部为二次臂较发达的枝晶组织，而其上部的相邻熔池底部枝晶结构不明显，两者组织尺度上的差别使各熔覆沉积层间呈现明显的层带结构。激光立体成形过程中熔池的凝固为非常小的液相熔池在相对非常大的固相基底上的快速凝固过程，具有高温度梯度、高凝固速度、热量主要从固相基底定向散失等特点，因此激光立体成形 Inconel 718 合金熔池凝固过程中的枝晶一次间距较常规铸造工艺相比明显减小，尺寸为 5～10μm，合金组织致密。

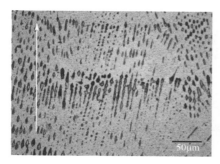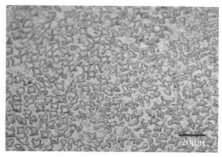

图 7-9　激光立体成形 Inconel 718 合金的层带结构和致密组织特征[8]

　　镍基高温合金显微组织对热过程表现得极为敏感。如图 7-10 所示，激光立体成形 Inconel 718 合金沉积态试样顶部、中部和底部的显微组织存在明显差异。激光立体成形 Inconel 718 合金沉积态试样的顶部组织为与试样中部外延生长组织在生长方向上明显不同的转向枝晶组织，其形成原因主要是由于在熔池顶部固液界面温度梯度的方向发生了变化，由熔池底部的垂直激光扫描方向变为沿扫描方向。沿水平方向的枝晶组织在生长竞争中处于有利地位而生长迅速，在熔池底部外延组织还没有生长到表面时熔池尾部沿水平方向生长的枝晶已经凝固完成，因此使凝固组织表现出转向枝晶的特点。虽然转向枝晶区在每个熔覆沉积层的顶部都会形成，但是由于在沉积下一层时熔池的重熔深度超过了此转向枝晶区的厚度，因此除最顶部一层外，其他各熔覆沉积层并未观察到转向枝晶区的存在。如前所述，试样中部区域为外延连续生长的柱状枝晶组织。试样的底部区域有很薄一层白亮组织。在激光立体成形熔池的快速凝固过程中，由于熔池底部温度梯度最高，而凝固速度最低，趋于零，因此在试样最底部所出现的白亮组织实际上就是熔池底部在高温度梯度及低凝固速度下进行的典型平界面凝固生长后所得到的组织。

　　热过程对激光增材制造镍基高温合金显微组织的影响还表现在随热量的累积材料不同部位枝晶组织的形貌上。图 7-11 所示为激光立体成形 Inconel 718 合金单道多层薄壁试样沿高度方向不同部位的枝晶组织，不同部位的枝晶组织形貌差异较大[19]。试样底部枝晶二次臂不发达，枝晶一次枝晶间距约为 11.5μm，试样中部枝晶二次臂已经得到发展，且一次枝晶臂间距增大到 17.5μm，试样最顶部由于热量累积作用，凝固速度较慢，二次枝晶得到充分生长，甚至出现三次枝晶臂，此时一次枝晶间距约为 38μm。

　　Inconel 718 合金的凝固过程可归结为[20]：L→γ+L→（γ+NbC）+L→γ+L→γ+Laves，因此，在激光立体成形 Inconel 718 合金熔池的凝固过程中先后会有 γ 相、NbC 相和 γ+Laves 共晶相生成，金相组织观察和扫描电子显微观察也证明了这些相的存在，如图 7-

3D打印金属材料
Metal
Materials
for 3D Printing

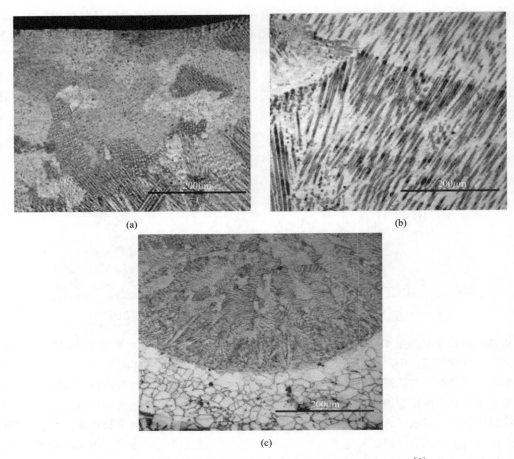

(a)

(b)

(c)

图 7-10 激光立体成形 Inconel 718 合金沉积态试样金相组织[8]

(a) 顶部；(b) 中部；(c) 底部

12 所示。激光立体成形 Inconel 718 合金中的 γ 枝晶结构细密，枝晶间 γ＋Laves 共晶相组织较传统铸造工艺明显细小。同时由于液相熔池的凝固速度快，所以凝固过程中析出的 NbC 颗粒也很细小，呈弥散分布。

图 7-13(a) 给出了激光立体成形 Inconel 718 合金沉积态试样高倍电子背散射衍射显微图像。合金元素在枝晶间和枝晶干区域的分布存在明显的差别，大原子序数的合金元素更多地富集于枝晶间区域。合金元素在枝晶间区域的富集促使 γ＋Laves 共晶反应的发生，在枝晶间区域形成 γ＋Laves 共晶组织，如图 7-13(b) 所示。图 7-13(b)、(c) 分别给出了相应位置的 EDS 线扫描成分分布的分析结果。可见，各种合金元素的偏析情况不同，Ni、Fe 和 Cr 等元素主要偏于枝晶干，而 Nb、Mo、Ti 和 Si 等元素主要偏析于枝晶间区域，其他合金元素如 Al、Mn 等元素在枝晶间区域和枝晶干区域间的偏析较少。枝晶干 γ 相、枝晶间共晶 γ 相和 Laves 相的化学元素 EDS 定量分析结果如表 7-2 所示[19]。可以看出，成形试样上中下不同部位合金元素的微观偏析情况也不相同，越靠近试样上部，偏析情况越严重，这与试样成形热量累积造成的熔池凝固温度梯度和冷却速度的变化有关。

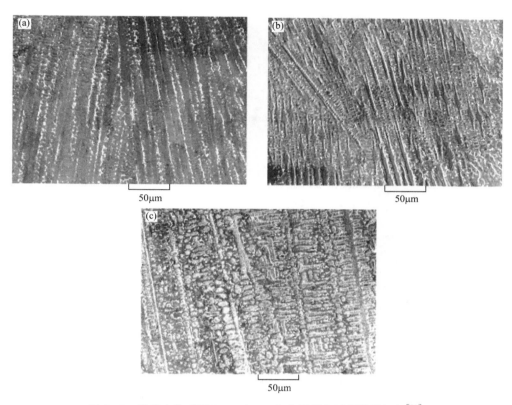

图 7-11　激光立体成形 Inconel 718 合金沉积态试样枝晶组织[19]

（a）底部；（b）中部；（c）顶部

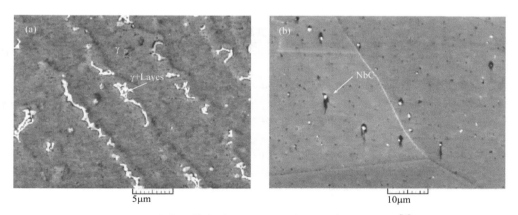

图 7-12　激光立体成形 Inconel 718 合金不同状态下组织[8]

（a）沉积态组织；（b）完全固溶态组织

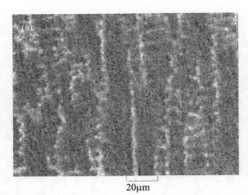

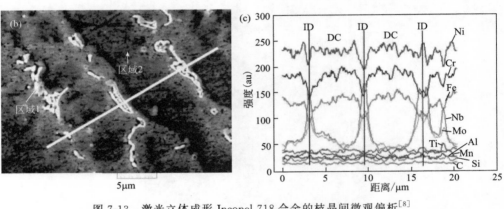

图 7-13　激光立体成形 Inconel 718 合金的枝晶间微观偏析[8]

（a）背散射衍射显微图像；（b）EDS 分析位置；（c）EDS 线扫描分析结果

表 7-2　激光立体成形 Inconel 718 合金枝晶间微观偏析定量分析（质量分数）结果[19]

单位：%

元素	枝晶干			枝晶间 γ＋Laves 共晶					
				共晶 γ 相			共晶 Laves 相		
	底部	中部	上部	底部	中部	上部	底部	中部	上部
Cr	18.5 (+/−0.44)	19.7 (+/−0.45)	19.1 (+/−0.45)	18.1 (+/−0.44)	19.0 (+/−0.44)	18.8 (+/−0.44)	12.5 (+/−0.39)	13.7 (+/−0.39)	17.1 (+/−0.44)
Fe	27.6 (+/−0.60)	19.7 (+/−0.52)	18.2 (+/−0.52)	27.3 (+/−0.60)	17.8 (+/−0.50)	17.3 (+/−0.49)	17.8 (+/−0.51)	11.4 (+/−0.43)	14.8 (+/−0.48)
Nb	2.5 (+/−0.57)	2.3 (+/−0.56)	2.0 (+/−0.56)	3.1 (+/−0.58)	5.3 (+/−0.65)	6.4 (+/−0.67)	20.8 (+/−0.88)	17.5 (+/−0.88)	12.0 (+/−0.78)
Mo	2.6 (+/−0.63)	2.5 (+/−0.62)	2.9 (+/−0.63)	3.0 (+/−0.63)	3.5 (+/−0.71)	3.8 (+/−0.74)	4.0 (+/−0.87)	4.7 (+/−0.9)	4.1 (+/−0.82)
Al	0.2 (+/−0.15)	0.3 (+/−0.16)	0.2 (+/−0.16)	0.2 (+/−0.15)	0.2 (+/−0.15)	0.2 (+/−0.16)	0.1 (+/−0.14)	0.2 (+/−0.14)	0.2 (+/−0.16)
Ti	0.2 (+/−0.15)	0.6 (+/−0.15)	0.4 (+/−0.15)	0.3 (+/−0.15)	0.6 (+/−0.16)	0.7 (+/−0.17)	1.0 (+/−0.14)	0.9 (+/−0.16)	0.7 (+/−0.17)
Ni					余量				

图 7-14 给出了激光选区熔化 Inconel 718 合金不同区域的显微组织及成分分布特征。可以看到，激光选区熔化 Inconel 718 合金仍然存在枝晶偏析。可以看到，激光选区熔化 Inconel 718 合金的微观组织为致密的树枝状晶，在不同的位置［如图 7-14（c）（d）中所示］，枝晶的形貌差异较大。由于在各个区域的凝固条件不尽相同，从而产生了不同的成分偏析，形成不同的枝晶形貌。Inconel 718 合金合金化程度较高，包括 Nb、Mo 和 C 等元素，这些元素在凝固过程中具有很高的微观偏析敏感性。EDS 结果显示，与图中亮白区域相比，暗区的 C 约增加了 13%，反映出了激光选区熔化加工过程中典型的非平衡凝固特征。与激光立体成形 Inconel 718 合金一样，结合 EDS 结果，枝晶间的亮白区仍为富 Nb 元素的 Laves 相，这与 Inconel 718 合金的凝固过程有关。另外可以看到，由于凝固过程中的高冷却速度而形成非常细的枝晶结构，枝晶臂间距为 1.1μm。图 7-14（d）中的枝晶特征也反映出了枝晶的生长方向受激光选区熔化过程中温度梯度的影响较为显著[13]。

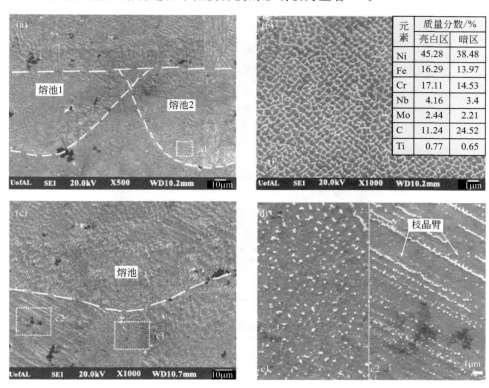

元素	质量分数/%	
	亮白区	暗区
Ni	45.28	38.48
Fe	16.29	13.97
Cr	17.11	14.53
Nb	4.16	3.4
Mo	2.44	2.21
C	11.24	24.52
Ti	0.77	0.65

图 7-14　激光选区熔化 Inconel 718 合金不同区域的显微组织[13]
（a）沿扫描方向相邻熔池的宏观形貌；（b）a1 区域的枝晶结构及 EDS 结果；
（c）沿沉积方向相邻熔池的宏观形貌；（d）c1、c2 区域的枝晶结构

（2）固溶强化型高温合金

作为固溶强化型高温合金，Inconel 625 合金的成分中含有大量的固溶强化元素（W、Mo 等元素），这些元素的分布直接决定了合金的强化作用。图 7-15 为激光立体成形 Inconel 625 合金的 γ 基体相、Laves 相形貌及 EDS 结果。图中亮白相主要分布在枝晶间区。EDS 测

定了基体相和亮白相的组成，可以看出，亮白相区域中的 Nb 和 Mo 元素含量高于基体相的元素含量。根据亮白相的组成，可以推断出亮白相为 Laves 相，Laves 相在含 Nb 的高温合金中经常以拓扑密堆积相（TCP）的形式出现。为了进一步量化分析 Inconel 625 合金的偏析情况，通过热计算得到的 Inconel 625 中溶质元素的溶质分配系数如表 7-3 所示[14]。

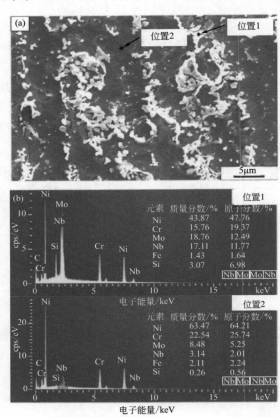

图 7-15　激光立体成形 Inconel 625 合金各相形貌及成分[14]

（a）枝晶间 γ 相及 Laves 相；（b）EDS 结果

表 7-3　计算得到的各元素分配系数[14]

元素	Cr	Mo	Nb	Fe	Si
溶质分配系数(k)	1.04	0.77	0.27	1.31	0.63

Laves 相的形成主要是由于合金中 Nb、Mo、Si 等溶质分配系数较低（$k<1$）的元素严重偏析所致。图 7-16 给出了激光立体成形 Inconel 625 合金 Ni、Cr、Fe、Mo、Nb、Si 等主要元素的分布情况。结果表明，Ni、Cr、Fe 主要分布在枝晶干，Mo、Nb、Si 主要分布在枝晶间区。在 Inconel 625 合金的凝固过程中，首先发生了 L→γ 反应。由于 Mo、Nb 和 Si 的溶质分配系数较低，这些元素将在枝晶间未凝固的液体中偏析。Nb、Mo、Si 元素是 Laves 相的主要元素，Nb 元素的偏析对 Laves 相的形成有很大的影响。凝固过程中，Nb 元素在液相中的含量不断增加。在 Nb 浓度（质量分数）超过 23.1% 后，L→（γ＋Laves）共

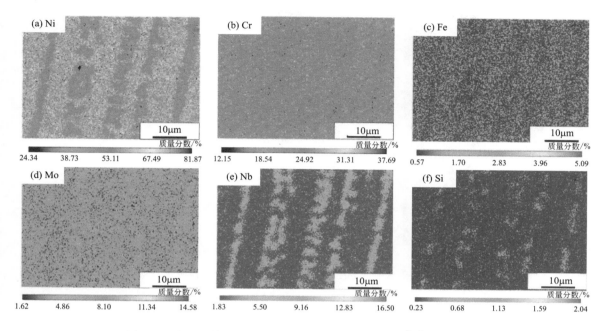

图 7-16　激光立体成形 Inconel 625 合金中元素分布图[14]　（见彩图）

晶反应开始。在凝固后期，含 Nb 高温合金在枝晶间区生成 Laves 相[14]。

7.3.2　热处理态组织

(1)　固溶强化型高温合金

在激光立体成形 Inconel 625 合金过程中，组织的生长往往呈现一定的方向性且枝晶间往往有大量的 Laves 相生成，Inconel 625 高温合金的主要强化机制为固溶强化。在 Inconel 625 合金的热处理中，一方面要实现组织的均匀化，另一方面要消除成形过程中的 Laves 相，实现合金元素的均匀固溶。

图 7-17 显示了激光立体成形 Inconel 625 合金固溶处理后的显微组织。热处理后组织仍呈现柱状晶粒，随着固溶处理温度的升高，层间界面逐渐模糊，当温度达到 1100℃时完全消失；在 1200℃固溶处理后则发生了再结晶，晶粒细化，表现为粗大柱状晶转变为较细小的等轴晶，此外在再结晶界组织中也观察到了部分孪晶，如图 7-17(f) 和图 7-18(f) 所示。与 OM 图相比，EBSD 图（图 7-18）能清晰地显示出微观结构和晶界，在所有状态下试样组织中均能观察到一些较小的晶粒，但在 OM 图中没有发现。随着固溶处理温度的升高，等轴晶尺寸明显增大，等轴晶体积分数也有所提高。在 1200℃的固溶处理中发现了部分孪晶晶界，如图 7-18(f) 中的红线所示，这表明静态完全再结晶发生在 1200℃，但仍保留了部分柱状晶[14]。

图 7-19 所示为不同固溶温度处理条件下 Inconel 625 的显微组织。可以发现随着固溶处

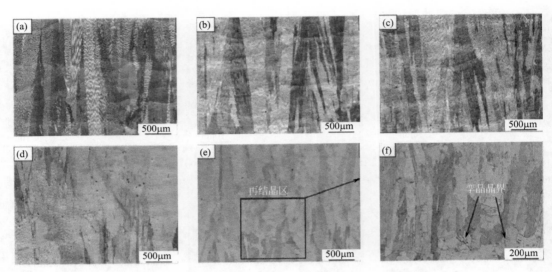

图 7-17　激光立体成形 Inconel 625 合金固溶态试样 OM 显微组织[14]
（a）沉积样品；（b）900℃；（c）1000℃；（d）1100℃；（e）1200℃；（f）再结晶组织

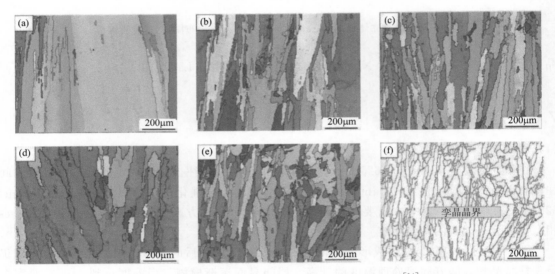

图 7-18　激光立体成形 Inconel 625 合金固溶态试样 EBSD 图[14]（见彩图）
（a）沉积样品；（b）900℃；（c）1000℃；（d）1100℃；（e）1200℃；（f）再结晶组织

理温度的升高，Laves 相的尺寸和体积分数变小，Laves 相的形态由网格逐渐变为点状，同时，合金的均匀化程度逐渐提高。

（2）沉淀强化型高温合金

对于沉淀强化型高温合金而言，成形后的热处理对于其成分、组织的均匀化及力学性能至关重要。

图 7-20 给出了以单向光栅式扫描路径激光立体成形 Inconel 718 合金热处理态试样在垂

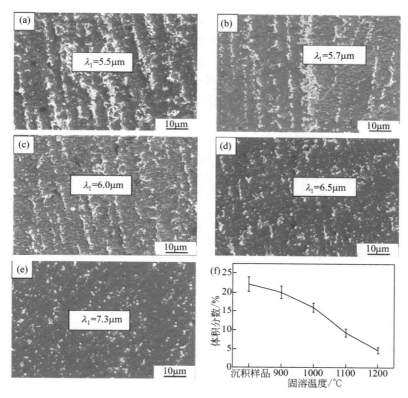

图 7-19　激光立体成形 Inconel 625 合金固溶态试样 SEM 显微组织形貌[14]
(a) 沉积样品；(b) 900℃固溶处理；(c) 1000℃固溶处理；
(d) 1100℃固溶处理；(e) 1200℃固溶处理；(f) Laves 相体积分数

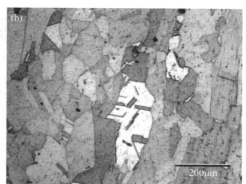

图 7-20　激光立体成形 Inconel 718 合金热处理后的再结晶组织[8]

直于光束扫描方向的横截面显微组织。从图中可见，热处理后试样发生了再结晶，晶粒细化，表现为粗大柱状晶转变为较细小的等轴晶。同时可以看到再结晶等轴晶的晶粒尺寸不均匀，部分区域晶粒尺寸超过 500mm，其他部分的晶粒尺寸又小于 50mm。这样的晶粒尺寸明显大于通常锻件组织中均匀分布的尺寸为 25mm 左右的晶粒[21]。较高放大倍数金相组织观察表明再结晶组织具有较多的平直孪晶晶界，且部分尺寸较大晶粒内部也发现有大量孪晶条带存在，如图 7-20(b) 所示。这说明孪晶的形成在激光立体成形 Inconel 718 合金热处理晶粒细化过程中起了重要作用。

为明晰合金在热处理中组织转变特点，刘奋成[8] 对激光立体成形 Inconel 718 高温合金分别在不同温度进行固溶处理，以研究不同固溶温度下合金的组织特点（图 7-21）。研究发现，随固溶温度的升高，各试样的组织发生了明显变化，与沉积态试样的差别越来越明显。在残余应力的驱动下，随着固溶温度的升高，各试样发生了越来越明显的再结晶。

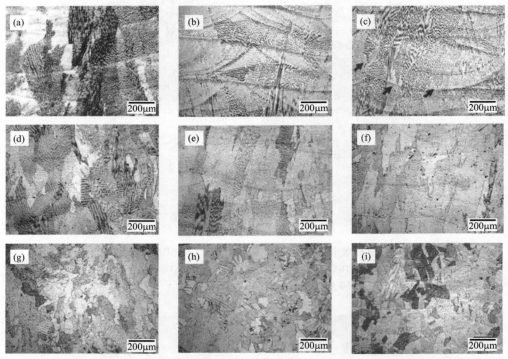

图 7-21　沉积态及不同温度固溶处理后激光立体成形 Inconel 718 合金的金相显微组织[8]
(a) 沉积态；(b) 950℃/1h 固溶处理；(c) 980℃/1h 固溶处理；(d) 1000℃/1h 固溶处理；
(e) 1020℃/1h 固溶处理；(f) 1050℃/1h 固溶处理；(g) 1100℃/1h 固溶处理；
(h) 1170℃/1h 固溶处理；(i) 1250℃/1h 固溶处理

如图 7-21(b) 所示，在 950℃固溶处理后材料的组织变化相比沉积态组织变化并不明显，当固溶温度达到 980℃时，开始在某些区域出现模糊的锯齿状的晶界 ［图 7-21(c) 中箭头所示位置］，1000℃固溶处理时可明显观察到局部区域再结晶的发生。经 1000℃保温 1h 固溶处理后，材料的晶粒有所细化 ［图 7-21(d)］，说明材料此时已发生再结晶。在更高温度 1020℃ ［图 7-21(e)］ 和 1050℃ ［图 7-21(f)］ 固溶处理后的试样组织相比 1000℃固溶处理的组织变化不大，晶界仍然为锯齿状。1100℃固溶 1h 后的组织晶粒明显细化，晶界逐渐变平直，少数晶粒内部出现退火孪晶 ［图 7-21(g)］。在 1170℃固溶处理 1h 后，晶粒尺寸没有继续减小，而在晶粒内部可见大量退火孪晶，同时晶界更加平直，其夹角接近 120° ［图

7-21(h)]。在更高温度 1250℃ 固溶处理，由于完全再结晶后的晶粒长大，晶粒尺寸有所增加，晶界变得更清晰，退火孪晶的数量有所减少［图 7-21(i)］。

值得一提的是在 1250℃ 的温度下，激光立体成形 Inconel 718 合金的晶界处未发生初熔现象。以往的研究表明，锻造 Inconel 718 合金在高于 1170℃ 温度[22] 固溶处理，或热等静压 Inconel 718 合金在 1250℃ 固溶处理[23]，组织中可以发现晶界的初熔现象。初熔的发生与低熔点相的存在有关，激光立体成形具有高凝固速度，使得熔池中凝固生长界面显著偏离平衡，使材料的固溶极限显著扩大，宏观偏析消除，这样也降低了激光立体成形材料组织中低熔点相出现的概率，因此减少了材料在高温下初熔现象的发生。这也使得采用更高的热处理温度来加速合金元素的原子迁移扩散速度，促进合金元素的均匀化成为可能。

与铸造组织类似，增材制造过程中熔池凝固后得到的材料组织是以晶内枝晶为亚结构的粗大柱状晶组织，虽不存在合金元素的宏观偏析，但是在微观尺度内，仍存在枝晶间的合金元素微观偏析，这种微观偏析在后续热处理中会造成强化相颗粒析出的不均匀分布，因此，热处理的另一任务就是消除这种合金元素的枝晶间偏析。固溶处理可以通过各元素的热扩散消除或减少合金元素的微观偏析。图 7-22 (a) 给出了激光立体成形 Inconel 718 合金沉积态试样的电子背散射衍射扫描照片，其中白亮区域为枝晶间区域，因含有较多大原子序数元素而在背散射扫描照片中显示白亮色；其余灰色区域为含有较少大原子序数元素的枝晶干。从图 7-22(b)～(e) 可以看出，随固溶温度的提高，合金元素的固溶均匀化效果明显增加。1000℃固溶 1h 后［图 7-22(b)］，枝晶间的白亮色偏析区域由沉积态的连续网状分布变为不连续的条状分布；1100℃固溶 1h 后［图 7-22(c)］，仅发现有少量的线状和点状分布的白亮色偏析区域，这说明元素扩散已较为充分；1170℃ 和 1250℃固溶 1h 后［图 7-22(d) 和 (e)］，合金元素进一步均匀化，只剩下点状分布的白亮色偏析区域，为很难靠固溶处理消除的碳化物颗粒。以上结果表明，合金元素的微观偏析经过 1100℃保温 1h 就可以基本上得到消除[8]。

作为典型的沉淀强化型高温合金，沉淀强化相的析出对 Inconel 718 合金性能起着至关重要的作用。图 7-23 给出了激光立体成形 Inconel 718 合金固溶态（1100℃×1.5h/空冷）

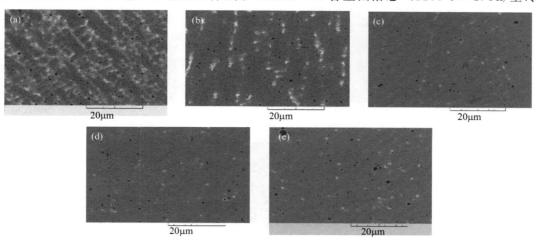

图 7-22　激光立体成形 Inconel 718 合金沉积态及不同温度固溶处理后的电子背散射衍射扫描照片[8]

(a) 沉积态；(b) 1000℃/1h；(c) 1100℃/1h；(d) 1170℃/1h；(e) 1250℃/1h

试样在720℃时效处理过程中γ″相的形貌特征。从图7-23可见，随时效时间的增加，γ″相的尺寸增加。但是，γ″相的尺寸增加的速率与时效温度有关。时效温度越高，则尺寸增加得越快。在720℃时效处理时，当时效时间在2h以内时，固溶态激光立体成形 Inconel 718 合金中虽然可以看到细小的颗粒状 γ″相析出，但是颗粒边界模糊，颗粒状 γ″相的直径大约在15nm。当时效时间达到4h时，可见到细小的圆盘状的 γ″相，直径尺寸在20nm左右，细小圆盘的边界同样不能清楚分辨。而经过8h的时效处理后，细小圆盘的边界变得清晰。同时可见，在时效时间达到32h时，γ″相的直径尺寸达到大约50nm，并且经过152h时效处理后，γ″相的直径尺寸也没有超过100nm，仅达到75nm左右。与常规锻造 Inconel 718 合金在700℃、730℃和800℃时效处理过程中γ″相的尺寸随时间的变化规律[24]相比较，激光立

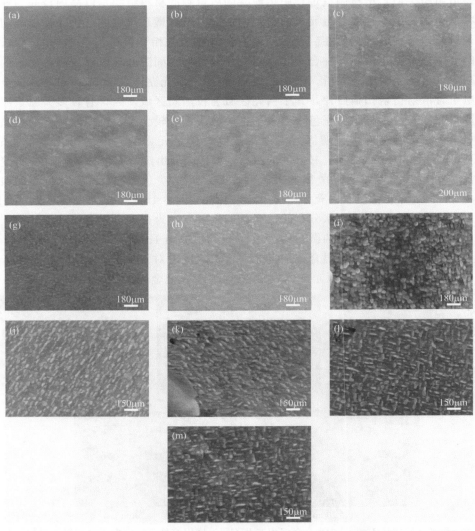

图7-23　激光立体成形 Inconel 718 合金固溶态试样720℃时效处理中的 γ″相形貌[8]

（a）～（m）分别在720℃时效保温1h，2h，4h，8h，12h，16h，24h，32h，56h，80h，104h，128h和152h

体成形 Inconel 718 合金在 720℃ 时效处理时 γ″相的长大速率比锻造 Inconel 718 合金在 710℃ 和 730℃ 时效过程中的长大速率低很多，这说明在 720℃ 时，激光立体成形 Inconel 718 合金中的 γ″相具有更高的尺寸稳定性。

7.4　3D 打印镍基高温合金的性能

7.4.1　拉伸性能

由于激光增材制造镍基高温合金的沉积态组织呈现出明显的各向异性，且对于可热处理强化的镍基高温合金而言，可以通过适当的热处理制度实现对激光增材镍基高温合金组织与性能的调控。

（1）沉淀强化型高温合金

图 7-24 所示为单向光栅式激光扫描路径激光立体成形 Inconel 718 合金试样沿激光扫描方向（Ds）、沉积方向（Dd）和水平横向（Dt）三个方向上的室温拉伸应力-应变曲线。可以看出，激光立体成形 Inconel 718 合金沉积态试样的拉伸性能表现出明显的各向异性特点。沿光束扫描方向拉伸时，粗大的柱状晶晶界与拉伸方向近乎垂直，对变形产生强烈的阻碍作用，结果导致强度高而塑性低。沿沉积高度方向拉伸时柱状晶主轴与拉伸方向近于平行，贯通多个沉积层的连续晶界对拉伸变形的阻碍作用无法体现出来，结果导致强度降低而塑性提高。

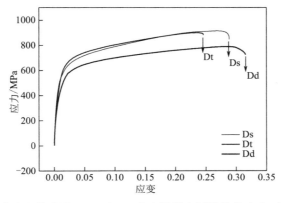

图 7-24　激光立体成形 Inconel 718 合金沉积态试样拉伸应力-应变曲线[8]

室温拉伸性能测试显示，激光立体成形 Inconel 718 合金沉积态试样表现出低强度高塑性的特点，同时沉积态组织的定向凝固特点导致材料的拉伸性能表现出明显的各向异性。分别对激光立体成形 Inconel 718 合金进行 1050℃、1100℃ 和 1150℃ 高温固溶处理，保温时间 1h，冷却方式为水冷。固溶处理后再进行相同的（980℃，1h/AC＋720℃，8h/FC＋620℃，8h/AC）时效处理（分别标记为 1050SIDA，1100SIDA 和 1150SIDA。其中"S"表示固溶处理，"I"表示中间 δ 相时效处理，"DA"表示双时效处理）。以比较固溶处理温度对激光立体成形 Inconel 718 合金拉伸性能的影响，所得到的室温拉伸应力-应变曲线如图 7-25 所示，所得到的强度和塑性数据分别如图 7-26 所示。图 7-26 中同样给出了未经固溶而直接进行时效处理（标记为 IDA）的试样的拉伸应力-应变曲线及强度和塑性数据。

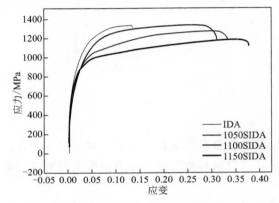

图 7-25　不同温度固溶处理激光立体成形 Inconel 718
合金室温拉伸应力-应变曲线[8]

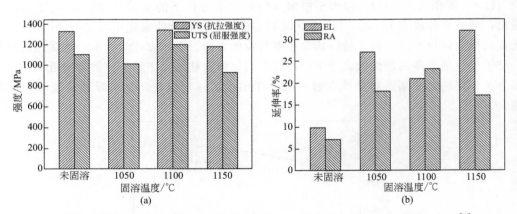

图 7-26　不同温度固溶处理激光立体成形 Inconel 718 合金室温拉伸性能和塑性[8]

可见，固溶处理对激光立体成形 Inconel 718 合金的强度和塑性都有明显的影响。固溶处理首先可以很大程度地提高激光立体成形 Inconel 718 合金时效处理后的塑性。未经高温固溶处理的试样虽然具有较高的强度，但是断后的延伸率和断面收缩率仅为 10％ 和 7％，强度达到锻件标准，而塑性低于锻件标准（锻件高强标准 Q/3B 548—1996 指标：抗拉强度≥1340MPa，屈服强度≥1100MPa，断后延伸率≥12％，断面收缩率≥15％）。固溶处理后，材料的塑性提高明显，断后延伸率和断面收缩率均有一倍以上的提高，均达到锻件标准。但是从抗拉强度来看，1050℃固溶处理试样抗拉强度和屈服强度接近标准，而1150℃固溶处理试样抗拉强度和屈服强度均低于锻件标准，只有1100℃固溶处理试样抗拉强度和屈服强度同时高于锻件标准。固溶处理过程中一方面可以溶解枝晶间的脆性共晶 Laves 相，消除合金元素的微观偏析从而实现合金元素的均匀化，这样可以使得强化相在整个材料组织中均匀析出，有利于提高材料的综合力学性能。另一方面，固溶处理过程中还会发生晶粒细化，实现合金组织由粗大柱状晶到等轴晶的转换，即发生再结晶。从拉伸结果来看，1050℃固溶处理后高强低塑的特点与材料组织内部未溶解的 Laves 相有关，而1150℃固溶处理后低强高塑的特点则进一步说明了此时再结晶晶粒发生粗化，晶界强化的效果减弱，造成材料强度的降低和塑性的提高。而1100℃固溶处理后，材料可以同时获得较高的强度和较高的塑性，这说明对于激光立体成形 Inconel 718 合金来说，1100℃保温 1h 的固溶处理是比较合适的。

激光选区熔化成形 Inconel 718 合金沉积态和不同热处理条件下室温及高温性能以及不同成形方向的拉伸力学特性如图 7-27 和表 7-4 所示[25]。其中涉及三种热处理制度：均匀化处理（1093℃，1h/AC＋960℃，1h/AC＋718℃，8h/FC＋621℃，10h/AC）；标准化热处理（960℃，1h/AC＋718℃，8h/FC＋621℃，10h/AC）和直接时效处理（718℃，8h/FC＋621℃，10h/AC）。经过这三种热处理之后，Inconel 718 合金件的强度都得到了大幅度的提升，对于不同热处理条件，材料的抗拉强度等变化不大，主要是延伸率存在不同。激光选区熔化成形 Inconel 718 合金经标准热处理后，可获得体积分数比例比较合适的 γ'' 相和 δ 相，同时避免了有害相的

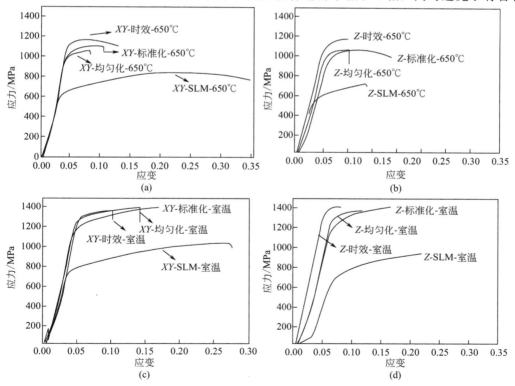

图 7-27 Inconel 718 合金激光选区熔化沉积态和不同热处理条件下的拉伸力学特性曲线[25]

析出，基体强化程度适中。当采用均匀化处理时，Laves 相全部溶解，大量形成了 δ 相，该相的尺寸远大于强化相，导致强化效果变差的同时，在 δ 相周边还容易形成显微裂纹，降低材料的塑性。当采用直接时效处理时，Laves 相溶解不充分，Laves 相作为一种硬脆相，很难发生变形和移动，在受到拉力作用时，周边的基体和 Laves 相移动速度不同，就会形成变形不协调裂纹，同样破坏了材料的塑性，导致延伸率降低。对比 650℃ 高温下的拉伸曲线，同样可以看到，与激光选区熔化沉积态相比，热处理后的高温抗拉强度、屈服强度及弹性模量均大幅度提升，强度提升达到了 50% 以上，相比室温抗拉强度的提升更加明显，但是延伸率显著降低。经过标准热处理和均匀化热处理后，沿沉积方向抗拉强度的性能短板得到弥补，力学性能的各向异性基本消除。但是直接时效处理后的试样依然表现出一定的各向异性。

表 7-4　激光选区熔化 Inconel 718 合金沉积态和不同热处理态下室温及高温性能[25]

试样	方向	温度/℃	抗拉强度/MPa	屈服强度(0.2%)/MPa	延伸率/%	弹性模量/GPa
SLM 态	XY 向	25	1037±12	751±12	14±2	260±7
	Z 向	25	995±15	664±10	21±2	179±16
	XY 向	650	852±11	600±9	37.5±3	235±13
	Z 向	650	731±18	432±14	12.4±1	284±18
均匀热处理 HE	XY 向	25	1406±21	1255±13	14±1	323±10
	Z 向	25	1384±10	1295±15	11.7±2	291±11
	XY 向	650	1065±11	1005±16	14±1	231±9
	Z 向	650	1081±14	979±22	8.5±3	250±7
标准化热处理 SHT	XY 向	25	1404±17	1167±9	17±1	330±12
	Z 向	25	1430±10	1182±11	16.8±0	245±18
	XY 向	650	1113±13	987±10	11±3	281±21
	Z 向	650	1078±15	937±21	10.1±2	231±26
时效热处理 AG	XY 向	25	1374±6	1229±17	10±1	322±16
	Z 向	25	1429±9	1334±21	12.7±2	291±14
	XY 向	650	1172±22	1090±23	13±2	299±11
	Z 向	650	1189±11	1061±9	8.6±3	256±10
锻件标准①		25	1276	1034	12	—
锻件标准①		650	1030	930	12	—
铸件标准①		25	862	785	5	—

① Q/3B 548—1996《GH 4169 合金锻件》。

注：XY 向表示垂直沉积方向；Z 向表示沿沉积方向。

表 7-4 给出了激光选区熔化 Inconel 718 合金沉积态和不同热处理态下室温及高温性能[25]。激光选区熔化 Inconel 718 合金经过热处理之后的室温极限抗拉强度、屈服强度及最大延伸率都满足锻件标准。需要指出的是，激光选区熔化 Inconel 718 合金经直接时效处理后试样力学性能存在一定的各向异性，其中沿沉积方向的延伸率略低于锻件标准。经过热处理之后的激光选区熔化 Inconel 718 合金表现出优良的高温力学性能，抗拉强度和屈服强度

均满足锻件标准，但是在高温下的延伸率只有垂直沉积方向上与锻件相当，沿沉积方向上的延伸率均低于锻件标准。

（2）固溶强化型高温合金

激光立体成形 Inconel 625 合金沉积态与热处理态试样的室温拉伸性能如图 7-28 所示[26,27]。从图中可以看出，沉积态试样的屈服强度最高为 500.5MPa，而延伸率最低仅有约 30%，抗拉强度为 732MPa。此外，随着固溶温度的升高，Inconel 625 合金的屈服强度有了明显的降低，当固溶温度为 1200℃时，合金的屈服强度下降到 360MPa，与沉积态试样的屈服强度相比下降了 28.1%；与屈服强度变化趋势相反，Inconel 625 合金的延伸率随着固溶温度的升高有了明显提升，当固溶温度到 1200℃时，合金的延伸率提高到 60%，是沉积态试样延伸率的 2 倍。然而，激光立体成形 Inconel 625 合金的抗拉强度随着固溶温度的升高变化不大，在 750MPa 左右小幅度波动。

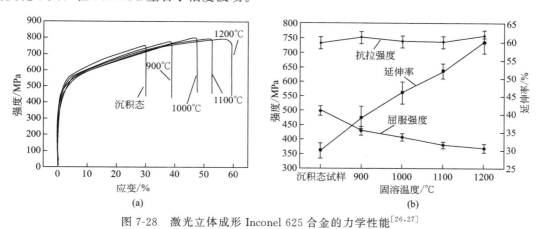

图 7-28　激光立体成形 Inconel 625 合金的力学性能[26,27]

（a）室温拉伸曲线；（b）不同试样力学性能变化曲线

激光选区熔化成形并经热处理后 Inconel 625 合金的力学性能如图 7-29 所示[28]。激光选区熔化沉积态试样的屈服强度和抗拉强度分别为 783MPa±23MPa 和 1041MPa±36MPa，

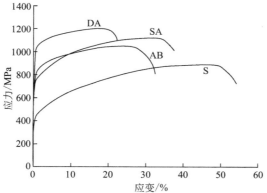

图 7-29　激光选区熔化成形并经热处理后 Inconel 625 合金的拉伸应力-应变曲线[28]

AB—沉积态；DA—直接时效态（700℃，24h/AC）；S—固溶态（1150℃，2h/AC）；

SA—固溶时效态（1150℃，2h/AC+700℃，24h/AC）

延伸率为 33%±1%。热处理对拉伸性能具有显著影响。直接时效后试样的强度最高,其屈服强度和抗拉强度分别为 1012MPa±54MPa 和 1222MPa±56MPa,但延伸率较低（23%±1%）。试样经固溶处理后的强度最低,其屈服强度和抗拉强度分别为 396MPa±9MPa 和 883MPa±15MPa,但延伸率最高（55%±1%）。有意思的是,试样经固溶时效后,其屈服强度和抗拉强度分别为 722MPa±7MPa 和 1116MPa±6MPa,延伸率为 35%±5%,综合性能与沉积态较为相似,仅抗拉强度略有提高。

7.4.2　疲劳性能

目前关于激光增材制造镍基高温合金的相关研究报道中,材料的室温和高温静载拉伸性能基本与锻件相当,但是疲劳性能较锻件差距较大。疲劳性能的差异主要与激光增材制造过程中的气孔、夹杂熔合不良以及显微裂纹等容易出现的冶金缺陷的存在有关。同时,激光立体成形 Inconel 718 合金热处理后的特殊界面结构也是造成材料疲劳性能较低的一个原因。因此,为了提高疲劳性能,首先要有效控制这些缺陷的形成,然后再通过合金组织控制和优化获得具有最佳疲劳性能的组织结构和界面结构。

Imade[30] 研究了激光选区熔化成形 Inconel 625 高温合金的疲劳性能。对表面抛光与表面没有抛光的试样各进行七次疲劳试验,以确定不同应力振幅（增量为 25MPa）下不同表面状态试样的失效循环次数。疲劳试验数据如表 7-5 所示。所有试验均在 20Hz 的试验频率下进行,载荷比等于-1。对循环次数为 $2×10^6$ 次的试样在更高的应力水平（增加 25MPa）下再次进行疲劳测试,以估计疲劳强度,同时也观察了失效表面的疲劳失效机制,S-N 曲线如图 7-30 所示。估计的疲劳极限在 175~200MPa 之间（即大约 20% 的 UTS）。疲劳结果清楚地表明,由于两种状态下表面粗糙度的差异,抛光试样的失效循环次数有所增加。然而,对于相同的循环次数,在两种条件之间观察到的应力幅度差异很小。尽管竣工试件表面粗糙度较高,但抛光试件和未抛光试样试件之间的疲劳强度差异不明显（约 10%）,这一差异可以通过两个研究批次的起始点观察到的相似缺陷尺寸来解释。

表 7-5　抛光试样与未抛光试样的疲劳数据[30]

抛光试样			未抛光试样			$S_a/\mu m$
试样	σ_a/MPa	N/次	试样	σ_a/MPa	N/次	
P1	300	678663	B1	275	403887　e	8.56
P2	275	662916　P	B2	250	573095	9.85
P3	250	779395　P	B3	225	901787	10.69
P4	225	1641598	B4	200	2000000	5.46
P5	200	1373450　P	B4	225	1069045	
P6	175	2000000	B5	200	2000000	4.82
P6	200	1190074	B5	225	2000000	
P7	175	2000000	B5	250	355349	
P7	200	261270　P				

注:P 表示裂纹萌生于孔隙,e 表示裂纹萌生于表面粘连粉末。

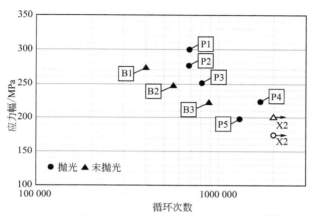

图 7-30　抛光试样与未抛光试样的 *S-N* 曲线[30]

对表面抛光试样疲劳断口进行扫描电镜（SEM）观察以进行失效分析。对试样 P1、P6 和 P4（图 7-31）的观察表明，疲劳裂纹发生在亚表面上，在起始位置没有任何夹杂或气孔缺陷。在样品 P2、P3、P5 和 P7 中观察到其他疲劳失效机制，其中裂纹是从激光选区熔化过程中产生的孔开始的。在图 7-31（样品 P3）中，直径 $60\mu m$ 的孔位于表面以下 $150\mu m$ 处。这些孔隙（并非完全球形）产生的原因为熔凝过程中的匙孔或层间熔合不良。这意味着，激光选区熔化成形 Inconel 625 高温合金中的疲劳损伤由两种不同的疲劳机制控制：一种与相对较大的孔相关，另一种受材料基体中的局部塑性控制。同时，在未抛光试样的疲劳

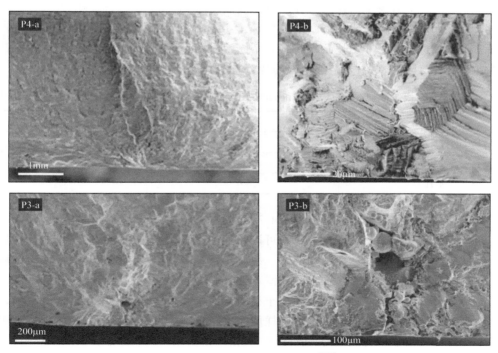

图 7-31　抛光试样的疲劳断口[30]

断口中观察到三种不同的疲劳失效机制。第一种是在激光选区熔化过程中喷射出的颗粒嵌入表面所引起的疲劳失效。第二种是由近表面的孔隙引起的疲劳失效。第三种是由于出现在材料局部塑性而引起的裂纹萌生，图 7-32 显示了未抛光试样的疲劳断口。

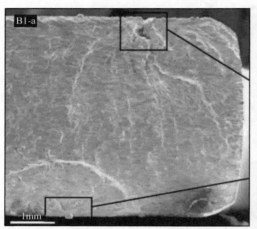
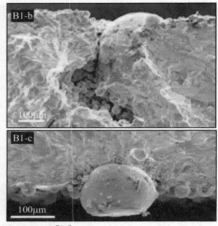

图 7-32　未抛光试样的疲劳断口[30]

目前研究普遍认为[31,32]，即使有了优化的参数，激光选区熔化仍然面临着零件质量方面需要解决的挑战。一个是激光选区熔化制造零件表面质量仍然不够高，较高的表面粗糙度会对疲劳强度产生负面影响；另一个是，该工艺不能获得完全致密的零件。在循环载荷作用下，孔隙缺陷起到应力集中的作用，导致过早的裂纹萌生，最终降低构件的疲劳强度。

喻凯[34] 研究了不同应变幅下激光立体成形 Inconel 718 高温合金沉积态的低周疲劳性能。表 7-6 给出了激光立体成形 Inconel 718 高温合金沉积态低周疲劳性能。从表中看出激光立体成形 Inconel 718 高温合金沉积态的疲劳寿命远远低于锻件标准。

表 7-6　激光立体成形 Inconel 718 合金沉积态低周疲劳性能[34]

材料条件	应变/%	
	1.10	0.55
LSF	189	826
锻件	497	3111

图 7-33 给出了激光立体成形 Inconel 718 高温合金沉积态样品在室温下应变幅 $\varepsilon =$ 0.55% 的疲劳断口形貌。从图 7-33(a) 中可以观察到，沉积态样品的疲劳断口比较平坦，该断口上包括裂纹源区、放射区和剪切唇区。裂纹源区一般位于疲劳试样的表面，该区域的微观形貌也比较复杂，存在可能摩擦痕迹、滑移线、早期疲劳条带等特征，从图中可以看出，该断口的疲劳裂纹源不止一处。放射区位于该断口的中部，并且占有断口的比例很大，放射区能够观察到明显的河流花样，从河流花样能够推断出裂纹的扩展方向（如图中箭头所示）。剪切唇区所占区域很小，与主应力方向呈 45°夹角，是典型的剪切断裂。

图 7-33(b) 为该疲劳试样某处裂纹源的显微组织。一般来说，疲劳断口的裂纹起源于

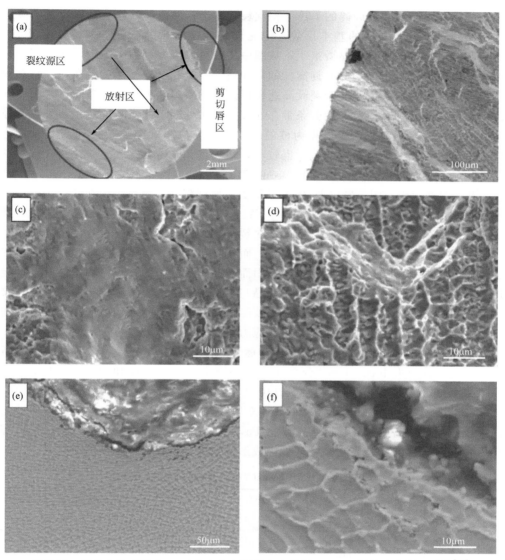

图 7-33　激光立体成形 Inconel 718 合金沉积态应变幅 ε＝0.55％的疲劳断口形貌[34]

(a) 宏观形貌；(b) 裂纹源区；(c)，(d)裂纹扩展区；(e)，(f)断口截面

表面，在裂纹扩展的第一个阶段，疲劳裂纹首先会穿过几个晶粒，然后进入第二阶段，即疲劳条带阶段。而从图中可以很明显地观察到，在该试样的裂纹源处，裂纹的扩展直接进入第二个阶段，在如图中部所示发亮的区域是疲劳条带，疲劳条带是一系列基本上互相平行的条纹，条纹方向与该处裂纹扩展方向相垂直，并且条纹沿着局部裂纹扩展方向向外凸。

图 7-33(c) 显示的是该疲劳断口中放射区某局部区域的显微组织，从图中可以看到明显的挤压痕迹，挤压表面能观察到若干白色的细小颗粒，此外还能观察到轮胎压痕，轮胎压痕规则排列，在该处的某个微小区域内，沿着裂纹的扩展方向，轮胎压痕的间距逐渐减小。该轮胎压痕的形成是由于在疲劳循环的闭合过程中，一个断口表面上的凸起或者颗粒（基体中

弥散分布的碳化物颗粒或者破碎的 Laves 相颗粒）撞击相对应的断口表面所留下的痕迹。轮胎压痕虽然不属于疲劳断裂的基本形貌，但它却是疲劳断裂的一种基本特征。图 7-33（d）是该疲劳断口中放射区典型的显微组织，从图中不仅可以观察到疲劳条带，此外还能观察到沿着树枝晶方向分布的排列整齐的韧窝。韧窝和疲劳条带在断口上交替存在，并且在韧窝附近还有挤压的痕迹。这是由于疲劳裂纹高速扩展区域的断口一般为混合型断口，因而既有疲劳条带的存在也会有韧窝。但是疲劳条带存在较少，该处断口的微观形貌主要表现为静载拉伸特征，因而较多显示为以 Laves 相为核的拉长韧窝。从图中也能观察到，由于应变幅较小，应力也较小，因而疲劳条纹的宽度也较小，不超过 500nm。

图 7-33（e）和（f）为激光立体成形 Inconel 718 高温合金沉积态试样在应变幅 $\varepsilon = 0.55\%$ 疲劳断口的截面显微组织。图 7-33（d）中可以很明显地观察到，枝晶组织在疲劳试验的过程中发生了弯曲，并且枝晶组织被拉长。在更高倍数的电子显微镜下观察，如图 7-33（f）所示，在枝晶与枝晶间的 Laves 相之间容易形成二次裂纹，并且沿着 Laves 相与枝晶之间的界面扩展。这是由于 Laves 相为脆性相且硬度较高，而枝晶塑性较好。在疲劳试验过程中，在循环载荷的作用下，枝晶塑性较好、变形量大，因而枝晶被拉长。而 Laves 相塑性差，不能与枝晶协调变形，在枝晶被拉长的过程中，在枝晶与 Laves 相之间容易被拉开形成二次裂纹。此外，还能观察到 Laves 相在疲劳试验过程中破碎，并且离断口越近的区域破碎程度越大。这是由于越靠近断口的区域变形量越大，因而应力集中越大导致的。

刘奋成[8] 研究了空气环境和氩气环境中激光立体成形 Inconel 718 合金的 500℃ 高周疲劳性能。激光立体成形 Inconel 718 合金在大气环境中的室温拉伸和 500℃ 高周疲劳性能数据列于表 7-7 中。采用的热处理制度为 1100℃，1h/AC＋980℃，1.5h/AC＋720℃，8h/FC＋620℃，8h/AC。可见，2 种气氛中激光立体成形 Inconel 718 合金的室温拉伸性能均满足锻件标准，强度约高出锻件标准 40～70MPa，塑性是锻件标准指标的 1.5～2 倍。此外，空气环境中成形试样的强度高于氩气环境中成形的试样，但前者的塑性低于后者。

表 7-7　激光立体成形 Inconel 718 合金的拉伸和疲劳性能[8]

成形条件	拉伸测试（25℃）				高周疲劳测试（500MPa，500℃）
	σ_b/MPa	σ_s/MPa	$\delta/\%$	$\psi/\%$	$N_f/10^4$ 次
LSF（空气）	1380	1170	17.5	33	3.95
LSF（氩气）	1350	1160	28	36	5.80
锻件	1340	1100	12	15	50

图 7-34 给出了 2 种气氛中激光立体成形 Inconel 718 合金的宏观组织形貌。可见，2 种气氛中成形试样的组织中均含有一定量的氧化物夹杂。图 7-34（a）显示氩气环境中成形试样中的夹杂较少，视野范围仅在箭头所示位置发现夹杂。相比之下，图 7-34（b）所示的空气环境中成形试样中的夹杂数量较多，且发现有尺寸约为 500μm 的大尺寸夹杂。高倍显微组织观察发现有显微气孔形成，如图 7-35 所示。图 7-35 中白色区域为枝晶间区域。因枝晶凝固微观偏析在枝晶间区域存在大量的富 Nb 化合物，如 Laves 相和碳化物等。比较图 7-35（a）和（b）发现，氩气环境中成形试样中的显微气孔较少，仅在图中箭头所指位置存在，且尺寸细小；空气环境中成形试样中的显微气孔数量较多，尺寸约为 2μm，且分布较为均匀。

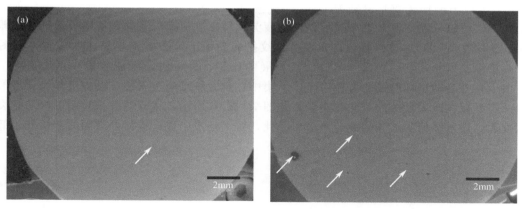

图 7-34　氩气（a）和空气（b）环境中激光立体成形 Inconel 718 合金中的氧化物夹杂[8]

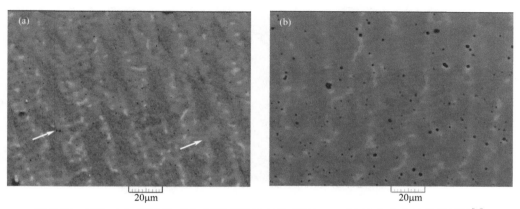

图 7-35　氩气（a）和空气（b）环境中激光立体成形 Inconel 718 合金中的显微气孔[8]

　　疲劳断口分析显示，2 种气氛中成形试样的裂纹萌生于试样近表面，呈"鱼眼"结构，如图 7-36(a) 和（c）所示。在高强钢中，"鱼眼"状疲劳断口常起始于试样表面以内尺寸较大的非金属夹杂处，而从图 7-36(a) 和（c）中也可以看到尺寸较大的氧化物夹杂。疲劳裂纹萌生阶段占整个疲劳寿命的一半以上，因此，疲劳裂纹萌生的难易程度决定了材料疲劳性能的高低。空气环境中成形试样中的显微气孔以及较大尺寸的氧化物夹杂的存在，加速了裂纹的萌生，降低了材料的疲劳性能。相比于激光立体成形件，锻件具有更加致密的组织，其内部的显微气孔和氧化物夹杂等冶金缺陷少，因此具有较高的疲劳性能。

　　图 7-36(b) 和（d）分别是氩气和空气环境中成形试样疲劳断口的裂纹扩展区形貌。从图 7-36(b) 可以看出氩气环境中成形试样的断口具有明显的疲劳条纹，且可发现垂直于裂纹扩展方向的二次裂纹，如图 7-36(b) 中箭头所示。二次裂纹的形成可以一定程度上释放裂纹前端的应力集中，减缓裂纹扩展速率。相比之下，图 7-36(d) 中所示的空气环境中成形试样断口中的疲劳条纹较浅，且没有发现二次裂纹。假设每个条纹之间的距离和每一次循环裂纹扩展距离相一致，那么裂纹扩展速率可以根据图 7-36(b) 和（d）中的标尺进行估算[29]。计算得到的氩气和空气环境中成形试样的疲劳裂纹扩展速率 da/dN（da 为裂纹长

度，dN 为应力循环次数）分别为 1.36×10^{-3} mm/次和 1.7×10^{-3} mm/次。考虑到观测平面的偏差，可以推断空气环境中成形试样的疲劳裂纹扩展速率与氩气环境中成形的试样差别不大。从图 7-36(d) 也可以看到，在疲劳裂纹扩展断面上分布有细小氧化物颗粒，如图 7-36(d) 中箭头所示，它们可起到阻碍裂纹扩展的作用，也可以降低疲劳裂纹扩展速率。但是，由于整个疲劳试样的疲劳寿命一半以上集中在疲劳裂纹萌生阶段，而空气环境中成形试样由于容易存在较大尺寸的氧化物夹杂，如图 7-36(c) 所示，在疲劳载荷作用下极易开裂成为裂纹源，严重降低了试样的疲劳寿命。因此，空气环境中成形试样的高周疲劳性能较低。

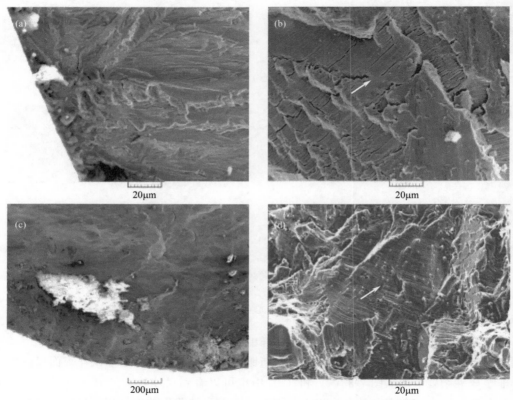

图 7-36　激光立体成形 Inconel 718 合金高周疲劳断口形貌[8]

隋尚等[33] 研究了直接时效处理对激光立体成形 Inconel 718 合金高周疲劳行为的影响，结果如图 7-37 所示。图 7-37 分别给出了激光立体成形 Inconel 718 合金直接时效态和变形 Inconel 718 合金的高周疲劳性能。从图 7-37 中可以看到，激光立体成形 Inconel 718 合金直接时效态在 10^7 次循环的疲劳极限已接近变形 Inconel 718 合金。图 7-38 是激光立体成形 Inconel 718 合金在 650℃经过高周疲劳后裂纹萌生区域微观组织。从图 7-38 看到，在高应力幅值时样品从表面处断裂，在低应力幅值时从次表面开裂。

Konečná 等人[35] 利用激光选区熔化技术直接成形出了 Inconel 718 合金标准紧凑拉伸试样，并测试绘制了疲劳裂纹扩展曲线（图 7-39）。他们的研究发现，激光选区熔化 Inconel 718 合金的疲劳断裂形式为穿晶断裂，疲劳扩展数据经拟合后计算得到应力强度因子 ΔK 阈

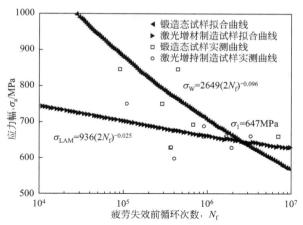

图 7-37 激光立体成形 Inconel 718 合金和变形 Inconel 718 合金的高周疲劳性能[33]

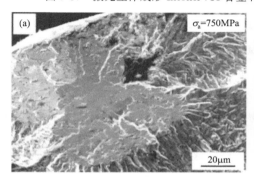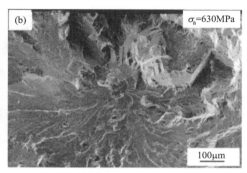

图 7-38 激光立体成形 Inconel 718 合金在 650℃经过高周疲劳后裂纹萌生区域微观组织[33]

(a) 高应力幅值 σ_a＝750MPa；(b) 高应力幅值 σ_a＝630MPa

值为 3.0MPa・$m^{0.5}$，表明激光选区熔化 Inconel 718 合金在应力强度因子范围为
3.0MPa・$m^{0.5}$ 时的疲劳裂纹扩展抗力低于锻件水平，该数值明显低于传统方法制造的 Inconel 718 合金的数据[36～40]。不过，当应力强度因子大于 20MPa・$mm^{0.5}$ 时，激光选区熔化 Inconel 718 合金的疲劳裂纹扩展速率与锻件相当。

7.4.3 持久及蠕变性能

材料的持久性能与蠕变抗性也是航空航天领域，尤其是在发动机的应用中，需要考量的力学性能。目前，对于激光增材制造镍基高温合金的持久与蠕变性能的研究表明，相比于传统的加工技术，其持久性能与蠕变抗性都还有一定差距。

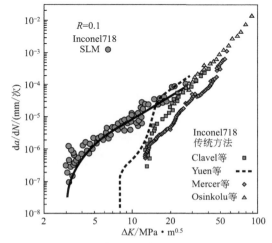

图 7-39 不同制造工艺 Inconel 718 疲劳
裂纹扩展速率曲线[35]

234

3D打印金属材料
Metal
Materials
for 3D Printing

Wang 等人[41] 对激光选区熔化成形 Inconel 718 合金进行小冲孔蠕变性能（small punch creep，SPC）研究，并与铸件和锻件进行对比，如图 7-40 所示。可以看到，激光选区熔化 Inconel 718 的蠕变寿命与锻件相当，但都远小于铸件。

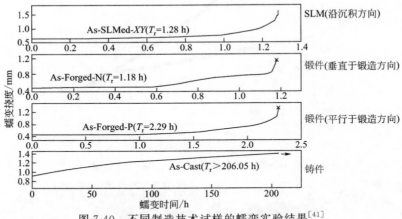

图 7-40　不同制造技术试样的蠕变实验结果[41]

Kuo 等人[42] 研究了沉积方向和热处理对激光选区熔化 Inconel 718 合金在 650℃下蠕变性能的影响。发现，激光选区熔化 Inconel 718 合金的蠕变断裂寿命和延展性均低于锻造态 Inconel 718 合金。并指出，由于枝晶间 δ 相析出物的方向沿沉积方向，使得水平方向（垂直沉积

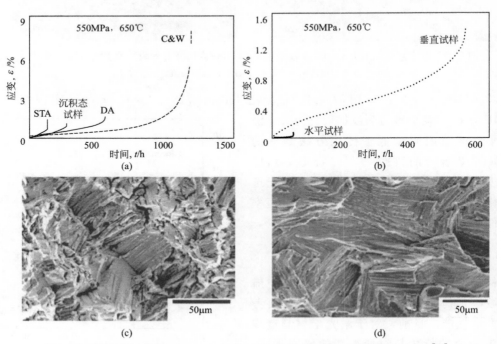

图 7-41　激光选区熔化 Inconel 718 合金在 650℃下的蠕变性能及断口形貌[42]
（a）锻件和铸件的蠕变曲线；（b）垂直和水平方向的蠕变曲线对比；
（c）STA 试样垂直方向的蠕变断口形貌；（d）DA 试样水平方向的蠕变断口形貌

方向）试样表现出比垂直方向（沿沉积方向）试样更差的蠕变寿命和更差的延展性。在 650℃
和 550MPa 下的蠕变曲线和断口表面形貌如图 7-41 所示。图 7-41(a) 中为铸造和锻造（C&W）
试样的参考曲线。垂直方向沉积态试样的蠕变断裂寿命大约为 270h，而经固溶时效处理
（STA：980℃，1h/AC＋718℃，8h/FC＋621℃，10h/AC）的试样的断裂寿命仅为沉积态试样
的一半，虽然 Inconel 718 中的主要强化相是 γ''，但固溶时效态试样显示出最短的断裂寿命。
图 7-41（c）为固溶时效态试样中观察到的沿树枝状界面的断裂面，直接时效处理（DA：
718℃，8h/FC＋621℃，10h/AC）的试样显示出比固溶时效态试样更好的蠕变断裂寿命。同
时，直接时效态试样的蠕变寿命最长，而水平方向试样断裂寿命相比垂直方向试样显著降低。

7.5 3D 打印高温合金存在的主要问题及建议

高温合金是航空航天、能源化工等工业重要的结构材料，其作用在各类结构中是不可替代
的。随着飞行器综合性能的不断提高，各类高温合金结构和零件的形状越来越复杂，工作环境越
来越苛刻，对力学性能的要求越来越高。3D 打印技术的出现无疑给复杂结构高温合金零件的制
备提供了重要补充。截至目前，虽然由于普遍存在的焊接性能差的特点导致大多数高温合金仍无
法实现 3D 打印成形，但是近几年国内外学者在高温合金 3D 打印技术基础研究和应用方面的研究
工作，已经为促进 3D 打印技术在高温合金上的成功应用提供了必要的支撑。结合当前高温合金
3D 打印研究和应用中存在的问题，对高温合金 3D 打印技术发展提出如下建议：

① 加强高温合金 3D 打印冶金机理研究，理清高温合金中不同合金元素在 3D 打印过程
中的冶金过程，继续开展 3D 打印高温合金组织和性能调控技术研究。

② 继续开展拉伸、蠕变和持久等静载力学性能研究，深入开展疲劳、冲击等动载力学
性能研究，更全面地掌握 3D 打印高温合金材料力学性能特点，实现 3D 打印高温合金动载
力学性能与锻件相当的目标。

③ 针对高温合金 3D 打印技术和材料特点，针对具体的不同性能需求，研制开发 3D 打
印专用的合金体系，进一步发挥 3D 打印技术特点。

参考文献

[1] 郭建亭. 高温合金材料学［M］. 北京：科学出版社，2008.

3D打印金属材料
Metal
Materials
for 3D Printing

［2］　黄乾尧，李汉康.高温合金 ［M］.北京：冶金工业出版社，2002.

［3］　唐中杰，郭铁明，付迎，等.镍基高温合金的研究现状与发展前景 ［J］.金属世界，2014 （1）：36-40.

［4］　姜玉珍.电火花铣削在航空制造中的应用 ［J］.航空精密制造技术，2013，49 （1）：54-56.

［5］　何纪源.电解加工在航空制造中的应用及发展 ［J］.科技创新与应用，2016 （6）：41.

［6］　Klocke F，Harst S，Zeis M，et al. Energetic analysis of the anodic double layer during electrochemical machining of 42crmo4 steel ［J］. Procedia Cirp，2016，42：396-401.

［7］　https：//article. pchome. net/content-1997307. html？power＝admin.

［8］　刘奋成.激光立体成形 GH4169 合金的组织和强化机理 ［D］.西安：西北工业大学，2011.

［9］　Guo Pengfei，Lin Xin，Li Jiaqiang，et al. Electrochemical behavior of Inconel 718 fabricated by laser solid forming on different sections ［J］. Corrosion Science，2018，132：79-89.

［10］　Moussaoui K，Rubio W，Mousseigne M，et al. Effects of Selective Laser Melting additive manufacturing parameters of Inconel 718 on porosity，microstructure and mechanical properties ［J］. Materials Science and Engineering：A，2018，735：182-190.

［11］　Chlebus E，Gruber K，Kuźnicka B，et al. Effect of heat treatment on the microstructure and mechanical properties of Inconel 718 processed by selective laser melting ［J］. Materials Science and Engineering A，2015，639：647-655.

［12］　Zhang Dongyun，Niu Wen，Cao Xuanyang，et al. Effect of standard heat treatment on the microstructure and mechanical properties of selective laser melting manufactured Inconel 718 superalloy ［J］. Materials Science and Engineering A，2015，644：32-40.

［13］　Holland Sharniece，Wang Xiaoqing，Chen Jia，et al. Multiscale characterization of microstructures and mechanical properties of Inconel 718 fabricated by selective laser melting ［J］. Journal of Alloys and Compounds，2019，784：182-194.

［14］　Hu Y L，Lin X，Zhang S Y，et al. Effect of solution heat treatment on the microstructure and mechanical properties of Inconel 625 superalloy fabricated by laser solid forming ［J］. Journal of Alloys and Compounds，2018，767：330-344.

［15］　Dinda G P，Dasgupta A K，Mazumder J. Laser aided direct metal deposition of Inconel 625 superalloy：microstructural evolution and thermal stability ［J］. Materials Science and Engineering A，2009，509 （1-2）：98-104.

［16］　林鑫，杨海欧，陈静，等.激光快速成形过程中 316L 不锈钢显微组织的演变 ［J］.金属学报，2006，42 （04）：361-368.

［17］　Nguyen Q B，Luu D N，Nai S M L，et al. The role of powder layer thickness on the quality of SLM printed parts ［J］. Archives of Civil and Mechanical Engineering，2018，1 8：948-955.

［18］　Li C，White R，Fang X Y，et al. Microstructure evolution characteristics of Inconel 625 alloy from selective laser melting to heat treatment ［J］. Materials Science and Engineering A，2017，705：20-31.

［19］　Liu F，Lin X，Leng H，et al. Microstructural changes in a laser solid forming Inconel 718 superalloy thin wall in the deposition direction ［J］. Optics & Laser Technology，2013，45 （1）：330-335.

［20］　Knorovsky G A，Cieslak M J，Headley T J，et al. Inconel 718：A solidification diagram ［J］. Metallurgical and Materials Transactions A，1989，20 （10）：2149-2158.

［21］　Medeiros S C，Prasad Y，Frazier W G，et al. Microstructural modeling of metadynamic recrystallization in hot working of IN 718 superalloy ［J］. Materials Science and Engineering A，2000，293 （1-2）：198-207.

［22］　庄景云，杜金辉，邓群，等.变形高温合金 GH4169 ［M］.北京：冶金工业出版社，2006.

［23］　Rao G A，Srinivas M，Sarma D S. Effect of solution treatment temperature on microstructure and mechanical properties of hot isostatically pressed superalloy Inconel 718 ［J］. Materials Science and Technology. 2004，20 （9）：1161-1170.

[24] Dong J X，Xie X S，Zhang S H. Coarsening behavior of γ″ precipitates in modified Inconel 718 superalloy [J]. Scripta Metallurgica et Materialia，1995，33（12）：1933-1940.

[25] 李帅. 激光选区熔化成形镍基高温合金的组织和性能演变基础研究 [D]. 武汉：华中科技大学，2017.

[26] 胡云龙，激光立体成形 Inconel 625 合金组织与性能研究 [D]. 武汉：华中科技大学，2019.

[27] Hu Y L，Lin X，Zhang S Y，et al. Effect of solution heat treatment on the microstructure and mechanical properties of Inconel 625 superalloy fabricated by laser solid forming [J]. Journal of Alloys and Compounds，2018，767：330-344.

[28] Marchese G，Lorusso M，Parizia S，et al. Influence of heat treatments on microstructure evolution and mechanical properties of Inconel 625 processed by laser powder bed fusion [J]. Materials Science and Engineering A，2018，729：64-75.

[29] Rostoker W，Dvorak J R. 金相组织解说 [M]. 刘以宽，魏馥铭，周莲，等译. 上海：上海科学技术出版社，1984：46-48.

[30] Imade Koutiri，Etienne Pessard，Patrice Peyre，et al. Influence of SLM process parameters on the surface finish，porosity rate and fatigue behavior of as-built Inconel 625 parts [J]. Journal of Materials Processing Technology，2018，255：536-546.

[31] Tillmann W，Schaak C，Nellesen J，et al. Hot isostatic pressing of IN718 components manufactured by selective laser melting [J]. Additive Manufacturing，2017，13：93-102.

[32] Sheridan L，Scott-Emuakpor O. E，George T，et al. Relating porosity to fatigue failure in additively manufactured alloy 718 [J]. Materials Science and Engineering A，2018，727：170-176.

[33] Sui S，Chen J，Fan E，et al. The influence of Laves phases on the high-cycle fatigue behavior of laser additive manufactured Inconel 718 [J]. Materials Science and Engineering A，2017，695：6-13.

[34] 喻凯. 激光立体成形 GH4169 高温合金拉伸和低周疲劳性能研究 [D]. 西安：西北工业大学，2015.

[35] Konečná R，Kunz L，Nicoletto G，et al. Long fatigue crack growth in Inconel 718 produced by selective laser melting [J]. International Journal of Fatigue，2016，92：499-506.

[36] Wang Z，Guan K，Gao M，et al. The microstructure and mechanical properties of deposited-IN718 by selective laser melting [J]. Journal of Alloys and Compounds，2012，513：518-523.

[37] Clavel M，Pineau A. Frequency and wave-form effects on the fatigue crack growth behavior of alloy 718 at 298 and 823 K. Metallurgical Transactions A，1978，9（4）：471-480.

[38] Clavel M，Pineau A. Fatigue behavior of two nickel-base alloys. Ⅰ. Experimental results on low cycle fatigue，fatigue crack propagation and substructures [J]. Materials Science and Engineering A，1982，55：157-171.

[39] Mercer C，Soboyejo A B O，Soboyejo W O. Micromechanisms of fatigue crack growth in a forged Inconel 718 nickel-based superalloy [J]. Materials Science and Engineering A，1999，270：308-322.

[40] T. Brynk，Z. Pakiela，K. Ludwichowska，et al. Fatigue crack growth rate and tensile strength of Re modified Inconel 718 produced by means of selective laser melting [J]. Materials Science and Engineering A，2017，698：289-301.

[41] Wang L Y，Zhou Z J，Li C P，et al. Comparative investigation of small punch creep resistance of Inconel 718 fabricated by selective laser melting [J]. Materials Science and Engineering A，2019，745：31-38.

[42] Kuo Yen-Ling，Horikawa Shota，Kakehi Koji，Effects of build direction and heat treatment on creep properties of Ni-base superalloy built up by additive manufacturing [J]. Scripta Materialia，2017，129：74-78.

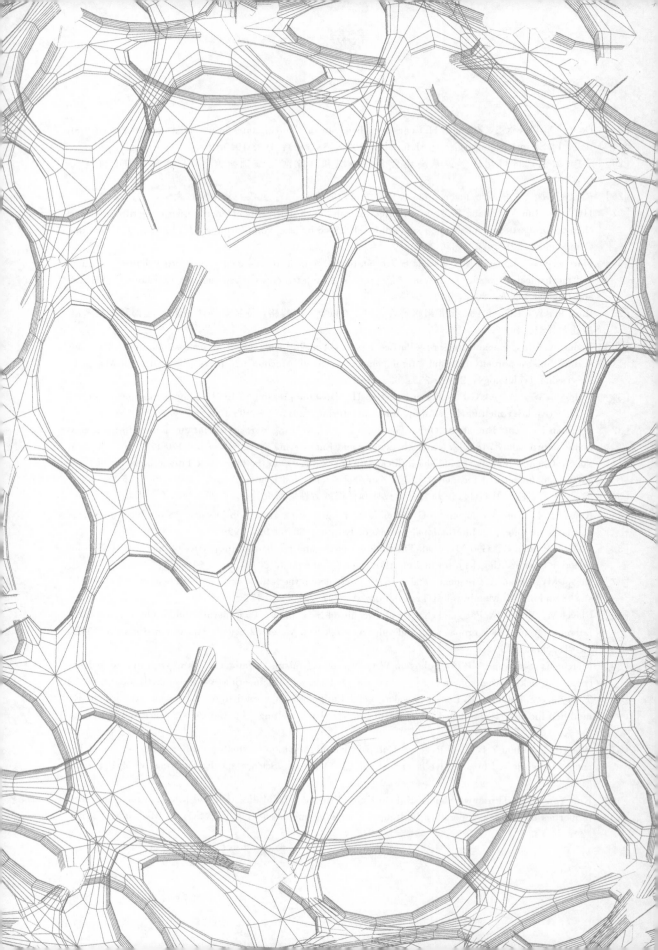

第 8 章
3D 打印金属间化合物、难熔金属、高熵合金

随着 3D 打印技术的发展，其研究对象从最初的合金钢、钛合金、铝合金等常见金属材料向一些特殊的金属材料拓展。这些金属材料的物理化学性能往往比较特殊，在武器装备、航空航天、核技术等高精尖应用领域具有难以替代的重要作用。但是，特异的材料特性通常伴随着材料加工难度大、产业化程度低等问题。3D 打印技术适宜开展小规模试制、材料利用率高等特点非常契合特殊材料加工。因此，自 3D 打印技术诞生以来，其在特殊材料加工领域的应用就一直是研究人员关心的重要问题。

在 3D 打印发展初期，由于 3D 打印设备能力、原材料获取等客观条件，特殊材料 3D 打印的研究成果相对较少。近年来，随着成形装备的推陈出新、产业链条的不断完善，新的研究成果如雨后春笋般不断涌现，显示出旺盛的发展活力。其中以金属间化合物、难熔金属及其合金等材料的 3D 打印研究尤为突出，本章内容主要针对金属间化合物、难熔金属（钨、钽）及其合金、高熵合金 3D 打印现状进行总结。

8.1　3D 打印金属间化合物

金属间化合物是指两种或两种以上金属或类金属元素之间形成的化合物，含有金属键、共价键或离子键。目前常见的金属间化合物包括 Ti-Al 系、Fe-Al 系和 Ni-Al 系以及 Ti-Ni 系等。

而在众多金属间化合物中，Ti-Al 系金属间化合物（包含 Ti3Al、Ti2Al、TiAl 和 TiAl3）具有低密度，高强度，优异的抗氧化、抗蠕变和抗疲劳等性能优点，在 700～1000℃温度范围内，也可以正常使用，是极具应用价值的轻质、耐高温的结构材料。Ti-Ni 系金属间化合物具有良好的形状记忆效应、耐磨性能和高阻尼特性，是一类具有良好应用前景的功能材料。其他金属间化合物诸如 Ni-Al 系、Fe-Al 系等，往往具有高熔点、低密度、优异的耐腐蚀性和抗氧化性等优良特性，也受到了研究人员的广泛关注。

目前，金属间化合物的传统加工成型方法主要有铸造和粉末冶金等方法。但是铸造法制备的合金存在组织粗大和组织疏松等缺点；而粉末冶金法制备的合金空隙率比较大。因此亟须开发出制备大尺寸、复杂结构的金属间化合物的新工艺。

8.1.1　3D 打印 TiAl 金属间化合物

TiAl 金属间化合物主要包括 Ti3Al、TiAl、TiAl2 以及 TiAl3。其中 γ-TiAl 和 α_2-

Ti3Al 是其中比较有应用潜力的。尤其是 γ-TiAl 基合金不仅具有良好的耐高温、抗氧化性能，而且其弹性模量、抗蠕变性能均比钛合金好得多，甚至优于 Ti3Al 基合金，与镍基高温合金相当，但其密度还不到镍基高温合金的一半，是一种在航空航天及地面燃气轮机上应用比较理想的材料[1]。

Ti-Al 二元相图如图 8-1 所示。γ-TiAl 中的 Al 含量（原子分数）为 48%～69.5%，其中 Al 含量相对较低的 γ-TiAl 中含有一定量的 α_2-Ti3Al。大量研究结果表明，含有 α_2＋γ 双相的 γ-TiAl 基合金在性能上优于单相 γ-TiAl。在目前的工程应用当中也主要使用双相 TiAl。这种合金一般情况下 Al 含量（原子分数）45%～50%，α_2 相含量接近 20%，并且含有不到 10% 的其他金属元素，例如铌、铬等。通过 EBSD 分析揭示了 γ-TiAl 样品的微观结构，如图 8-2 所示[3]。标记为红色的相位表示 γ-TiAl，以绿色表示的是 α_2-Ti$_3$Al。该材料表现出双相结构球形 γ-TiAl 金属颗粒和片状 γ-TiAl 及 α_2-Ti$_3$Al 相，其中 γ-TiAl 基是具有有序相的 fcc 结构和 α_2-Ti3Al 是 hcp 结构。

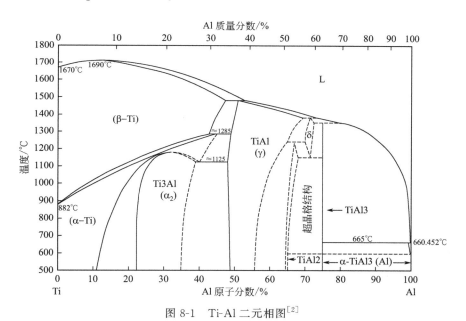

图 8-1　Ti-Al 二元相图[2]

双相 γ-TiAl 的组织是影响宏观力学性能的一个重要因素。不同热履历条件下的材料组织呈现出由等轴组织向全片层组织过渡的各种组织形态（见图 8-3），其中小晶粒的等轴组织的塑性较好但韧性低，而大晶粒的全片层组织性能正相反。晶粒相对较小，片层与等轴组织均匀混合的双态组织综合性能较好。

对于 γ-TiAl 基合金，单相 TiAl 的室温拉伸延伸率一般小于 1%，双相的 γ-TiAl 基合金的室温延伸率可以达到 1%～4%。无论何种组织的 TiAl 室温塑性都不理想，难以通过机械加工的方式完成复杂零件的加工。利用 3D 打印的方法实现复杂 TiAl 零件的成形成为当前的一个研究热点。通常情况下，TiAl 成形主要选择粉床 3D 打印的方法，即激光选区熔化（SLM）和电子束选区熔化（SEBM）。

图 8-2　TiAl 样品的微观结构[3]（见彩图）

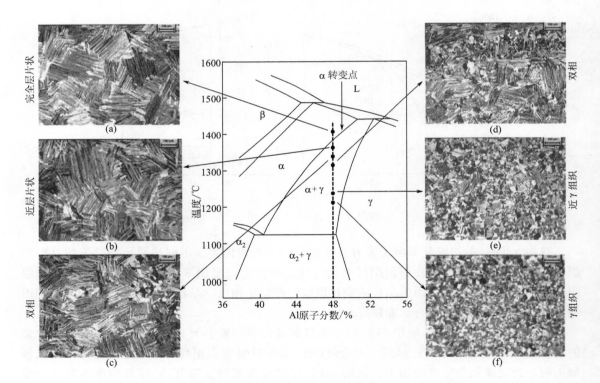

图 8-3　Ti-48Al 的各种组织形貌

8.1.1.1 激光 3D 打印 TiAl 金属间化合物

2001 年，印度学者 Srivastava 等人[4] 就采用激光直接成形（DLF）技术制备了 Ti-48Al-2Mn-2Nb 样品。对比了传统铸造和各种不同工艺下成形的样品组织 TEM 照片，发现 DLF 方法制备的 TiAl 样品内部主要是 $\alpha_2 + \gamma$ 的近层片状结构，且片层宽度受激光功率的影响，激光功率 300W、360W 和 400W 制造的 DLF 样品中的平均层间距分别为 60～100nm、30～100nm 和 100～250nm（图 8-4）。

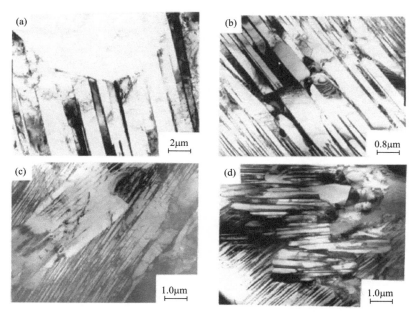

图 8-4　多束 TEM 显微照片显示 Ti-48Al-2Mn-2Nb 合金微观结构随激光功率的变化[4]
（a）传统铸造（激光速度 8mm/s；粉末进料速率 3g/min；z 增量 0.2mm；层数 20）；
（b）～（d）用激光功率 300W、360W 和 400W 制造的 DLF 样品

法国巴黎理工学院的 Vilaro 等人[5] 对 Ti-47Al-2Cr-2Nb 合金采用金属直接沉积（DMD，其加工方式实际与 DLF 类似）和激光选区熔化（SLM）进行了研究和对比。DMD 方法制备的 TiAl 样品由于成形过程中热应力产生了严重的开裂（如图 8-5 所示），在对比 TiAl 样品的显微

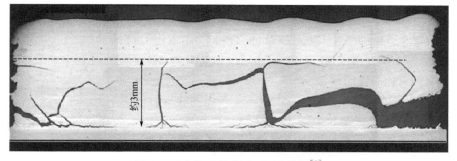

图 8-5　DMD 方法制备 TiAl 样品[5]

组织过程中可以看到，SLM 方法制备的 TiAl 样品中也存在大量的热裂纹。其组织在热处理后呈现出了典型的 TiAl 组织特征，1250℃＋900℃条件下热处理的样品是典型的双态组织，而1400℃热处理明显进入了 α 相区，组织呈现出典型的全片层结构（图 8-6）。

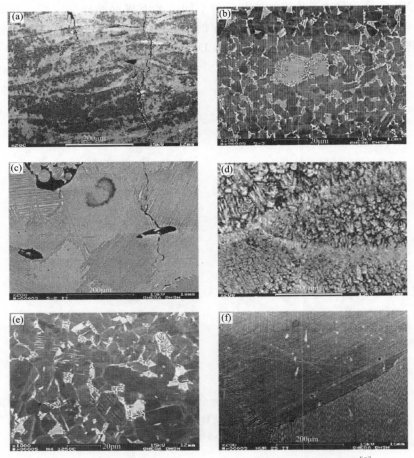

图 8-6　两种成形工艺制备的 TiAl 样品及其热处理后的组织[5]
(a) SLM 未热处理样品；(b) SLM，HT 1250℃/4h＋900℃/4h；(c) SLM，HT 1400℃/2h；
(d) DMD 未热处理样品；(e) DMD，HT 1250℃/4h＋900℃/4h；(f) DMD，HT 1400℃/2h

　　TiAl 裂纹的形成主要是由 3D 打印过程中较高的冷却速率导致的。由此部分研究人员希望通过提高成形温度的方式实现无裂纹的 TiAl 激光成形。德国宇航中心的 J. Gussone 等人[6] 研究采用 SLM 方法成形 Ti-44.8Al-6Nb-1.0Mo-0.1B 合金的过程中，设法使成形的环境温度达到了 800℃，达到改善成形效果的目的。

　　图 8-7 是 800℃下 SLM 成形 TiAl 样品及其热等静压后的组织。其中成形后的样品呈现出近片层组织，且等轴状 γ 和 β/β0 相连续分布在片层的边缘。而在片层内部，受到 800℃环境温度的影响，条状的 γ 相可以更充分地从 α 相中析出，而不是出现 α 相区淬火组织中 γ 相析出受限的情况。在 1200℃下热等静压后的样品组织是由原始片层组织发育形成的。

图 8-7　在 800℃条件下 SLM 成形的 Ti-44.8Al-6Nb-1.0Mo-0.1B 合金样品组织[6]
(a) SLM 成形；(b) SLM＋HIP；(c)，(d) 上方对应组织的 TEM 图像

　　采用激光成形 TiAl 的工作经历了由直接沉积到粉床逐层扫描再到附加预热的 3D 打印，取得了一定的研究成果，但总体上仍然受到 TiAl 脆性材料的开裂问题困扰。完整无开裂的大块制备难度较大，组织性能研究通常也是从开裂样品中选择部分区域进行分析，虽然仍具有一定的材料学研究价值，但真正实现应用仍有一段距离。

8.1.1.2　电子束 3D 打印 TiAl 金属间化合物

　　电子束选区熔化（SEBM）成形技术与激光选区熔化（SLM）技术都是逐层累加的成形技术。但是，在 SEBM 过程中可以在熔化粉末之前利用高速扫描的电子束对粉床表面进行均匀、快速的加热，使粉末床温度维持在较高水平。这一过程对降低 TiAl 成形过程中的温度梯度，减小热应力，释放残余应力，抑制裂纹形成都有明显的作用。从根本上解决了 TiAl 及类似脆性材料在 3D 打印过程开裂的问题。因此，SEBM 技术是目前主流的 TiAl 金属间化合物 3D 打印方法，TiAl 金属间化合物的 3D 打印研究成果也主要集中在这一领域当中。以下从几个方面介绍研究情况。

（1）SEBM 技术成形 TiAl 缺陷控制

　　SEBM 技术制备样品通常存在两类缺陷：层间熔合不良和微小球形孔缺陷。层间熔合不良可以通过成形工艺控制得到解决，而微小球形孔缺陷的产生受粉末原料、微熔池扰动等问题的影响，较难以实现彻底消除。西北有色金属研究院 J. Wang 等人[7] 采用 SEBM 技术制备了 Ti-48Al-2Cr-2Nb 合金并对其中缺陷（图 8-8）和材料的致密度进行了表征。结果显示，在不经过热等静压等致密化后处理手段的条件下密度达到 $3.971 g/m^3 \pm 0.004 g/m^3$，热等静压后的材料密度提高到 $3.979 g/m^3 \pm 0.007 g/m^3$，致密度达到 99.8%。

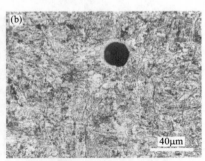

图 8-8 SEBM 构件中典型的显微缺陷[7]
（a）片层熔合不良；（b）球形孔

埃尔朗根-纽伦堡大学 Markl 等人[8] 通过对 SEBM 熔炼过程的能量吸收分布进行数值模拟，发现了电子束穿透深度与能量消耗的关系。在不同工艺参数下，能量吸收效率与深度的函数关系会出现线性向非线性的转变。线性分布下，熔池各位置的热吸收基本相同；非线性分布下，表面热吸收极高，熔池下部热量快速降低，可见过高的热输入下，会出现过热现象导致组织破坏，影响构件致密度。

SEBM 的主要工艺参数包括：加速电压 (U)；电子束电流 (I)；扫描速率 (V_s)；相邻扫描线宽度 (l_{off})；片层厚度 (h) 等。有研究指出 I 与 V_s 直接影响着 SEBM 成形构件的致密性、显微组织以及力学性能。通过将成形束流功率和扫描速度结合，以线能量密度 LE 的概念衡量熔化过程中的能量投入。Schwerdtfeger 等人[9] 通过一系列对比试验，研究了不同扫描速度与 LE 值对材料成形致密化的影响，获得了 Ti-48Al-2Cr-2Nb 合金 SEBM 加工致密样品的工艺窗口（图 8-9）。

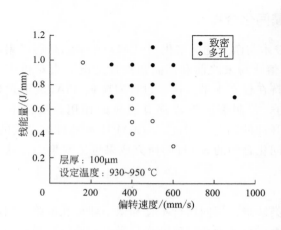

图 8-9 SEBM 在低扫描速度下制备 TiAl 的致密化加工窗口[9]

将线能量密度的思想进一步拓展，考虑了扫描过程中熔化线的宽度，以单位熔化面积内的能量投入代表 3D 打印工艺，形成了面能量（area energy，E_A）密度的概念。沙特国王大学的 Ashfaq 等人[10] 研究了三种不同水平的面能量 E_A 值分别对 SEBM 技术成形 TiAl 构件孔隙率（表 8-1）、组织及性能的影响。对此，针对 SEBM 技术成形 TiAl 的致密化技术，可从预热温度、扫描路径规划和 E_A 等工艺参数角度出发，进而建立 E_A 与 SEBM 技术成形 TiAl 构件致密度的映射关系。

表 8-1　SEBM 技术成形 TiAl 不同 E_A 值下的孔隙率[10]

类别	低能量密度	中能量密度	高能量密度
面能量 E_A/(J/mm^2)	0.97	2.71	4.07
平均孔隙率（体积分数）/%	0.26	0.16	0.03
最大孔隙直径/mm	1.53	0.47	1.03
构件中的孔隙数量/个	4493	3807	560

北京科技大学 W. Kan 等人[11] 研究了 Ti-45Al-8Nb 合金的 SEBM 成形。对多种工艺条件下的成形效果进行了全面实验和分析，也选择以面能量密度标识加工中的能量水平，其所制备出的 Ti-45Al-8Nb 合金致密度达到 99%。具体工艺与致密度的关系如表 8-2 所示。

表 8-2　Ti-45Al-8Nb 合金 SEBM 成形工艺与成形效果[11]

样品编号	熔化工艺				密度 /(g/cm^3)	铝烧损（原子分数）/%
	熔化电流 /mA	扫描速度 /(mm/s)	电子束功率 /W	面能量密度 /(W·s/mm^2)		
B1	7	2100	420	2.00	4.25	1.3
B2		2300		1.83	4.24	0.9
B3		2500		1.68	4.20	0.5
B4		2700		1.56	4.18	1.1
C1	6	2300	360	1.57	4.17	0.7
C2	7		420	1.83	4.22	0.8
C3	8		480	2.09	4.25	1.7

(2) SEBM 技术成形 TiAl 组织研究

金属组织调控问题是金属材料研究的核心问题。3D 打印过程中 TiAl 材料的组织特征和性能表现始终是相关研究的重点。影响材料组织的因素主要是成分和凝固过程两方面。对于以粉末为原料的 SEBM 技术而言，较少出现由明显的成分偏析导致的组织问题，TiAl 中成分问题主要集中在 Al 元素的烧损造成材料成分不均匀。针对这一问题，西北有色金属研究院汤慧萍教授等人[12] 对 SEBM 制备的 Ti-45Al-7Nb-0.3W 试样内部元素分布进行了表征，发现材料成分呈现出一种层状分布特点（图 8-10）。

Markl 等人[8] 利用热力学三维自由表面点阵玻尔兹曼法（LBM），并采用两种加速电压进行模拟分析，此方法考虑了 SEBM 过程中流体动力学，如液态熔池流动、毛细及润湿

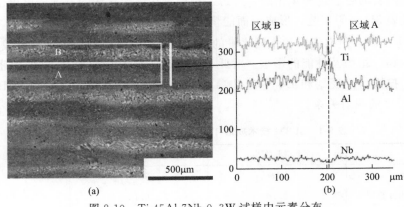

图 8-10   Ti-45Al-7Nb-0.3W 试样中元素分布

现象、固液相转变等物理因素的影响，针对建立的分析模型全面模拟出材料的电子束吸收行为。

SEBM 制备 TiAl 通常形成细小双态组织。但 Schwerdtfeger 等人[9] 发现在较慢扫描速度下，样品表层 300μm 范围内（2～3 个片层厚度，约为熔池深度），出现与基体细小组织不同的外延生长的粗化柱状晶组织［图 8-11(a)］。推测 SEBM 电子束在扫描表面粉末层的过程中，会对扫描区域附近已完成熔炼的片层产生热影响。因环境温度通常维持在 900～1000℃，此范围接近于 α 共析转变温度值，随着电子束循环往返、逐列扫描，邻近表层的基体区域处于类似循环热处理的条件下，在波动式热影响的过程中，会激发 α 转变，实现晶粒细化[9,13]。当使用不聚焦的电子束扫描处理上述样品时，发现表面柱状晶区重新出现类似基体内部的细化组织，形成"三明治"组织［图 8-11(b)］。

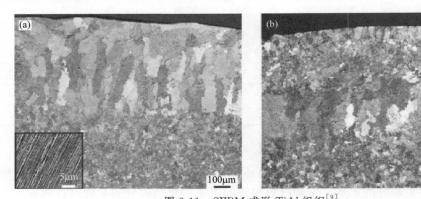

图 8-11   SEBM 成形 TiAl 组织[9]

（a）样品顶部呈现柱状晶外延生长；（b）经单道非聚焦电子束扫描下的"三明治"组织

另外，由于 TiAl 组织结构对 Al 含量的敏感性，Al 元素在 SEBM 过程中损失与波动均会对组织造成影响。图 8-12 中高能量扫描与低能量扫描的两个样品的 Al 含量由于工艺参数差异分别减少 4.1％和 1.2％，可见在热影响与较大的 Al 损失共同作用下，凝固过程甚至可能出现 β 单相区，此结果已被 XRD 结果证实[9]。

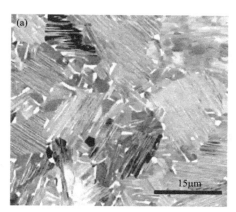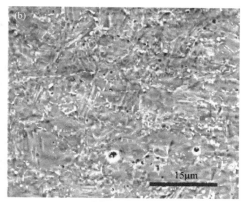

图 8-12　两组 TiAl 样品的 SEM 照片[9]

（a）高线能量低扫描速度制备；（b）低线能量高扫描速度制备

　　SEBM 成形 TiAl 构件过程中，构件不同部位在随后的逐层沉积过程中都经历了一系列短时、变温过程，凝固条件非常复杂。Kan 等人[14] 通过对 SEBM 成形 TiAl 的组织结构观察发现，在电子束逐层循环沉积的作用下，α 片层发生了退化，等轴 γ 晶粒粗化，这归因于 SEBM 成形过程中循环的微热处理过程。

　　通常为降低样品孔隙率，对 SEBM 样品首先进行热等静压处理，之后在不同条件下进行后续热处理。热等静压处理后通常会形成各向同性的细小等轴晶粒 ［图 8-13（a）］，其尺寸约为 $10\sim50\mu m$[15]。后续热处理过程与铸态组织热处理过程中的组织变化规律类似：提高热处理温度，片层团比率增大；加快冷却速度，晶粒尺寸与片层间距减小。相关实验表明，在 $1295\sim1305℃$ 进行热处理可形成双态组织，约 $50\sim100\mu m$ 的片层被 $10\sim40\mu m$ 的等轴晶钉扎 ［图 8-13（b）］；而 $1315℃$ 进行热处理可形成约 $200\sim500\mu m$ 粗化的全片层组织[16]。

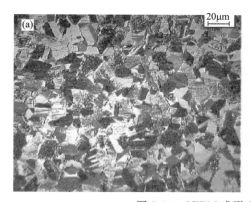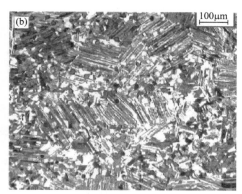

图 8-13　SEBM 成形 TiAl 典型组织形貌[16]

（a）热等静压后的组织形貌；（b）热处理后的组织形貌

　　Seifi 等人[16] 研究 $1200℃$ 热等静压对 SEBM 成形 TiAl 组织不均匀、缺陷分布、力学性能的影响，发现因 HIP 所处的温度在双相区域，沉积态中的 Al 元素不均匀现象仍然存在，导致 TiAl 中细小双态组织区域仍存在着显微偏析问题，且 γ 条带单相区域的 Al 含量要高于细小双态组织区域的 Al 含量。SEBM 成形的本质是金属粉末原材料熔化逐层凝固堆积的过程，且因电子束能量密度高，其作用于金属粉末时，会对熔池上部的轻质元素有较强的气化作用。TiAl 进行 SEBM 制备时会引起 Al 的损失，Biamino 等人[17] 对 Al 分布进行的定量分析表明，在 Al 含量减小达 1.0% 时，发生 Al 元素成分不均，其中最大含量与最小含量差值达 0.2%。由于电子束造成的熔池深度至少为两个粉末层厚度，熔炼过程存在下层上部贫Al 区与上层下部富铝区[9]，这种 Al 元素不均现象存在于片层结合处，从而易导致 SEBM 成形 TiAl 构件组织不均匀现象，获得 Wang 等人[7] 所得到的特殊组织结构。

W. Kan 等人[11] 在研究预热工艺中预热电流的变化对 Ti-45Al-8Nb 合金组织的影响时发现即使预热电流仅发生小量变化，也能对 TiAl 组织产生较大的影响。从图 8-14 中可以看到预热电流分别为 26mA、25mA、24mA 时，TiAl 中的片层组织随预热电流的减小而急剧减少，仅 2mA 的工艺窗口内，片层组织所占比例由 82% 降低到了 20%。预热工艺对粉床温度的影响及其对 TiAl 组织的影响效果可见一斑。

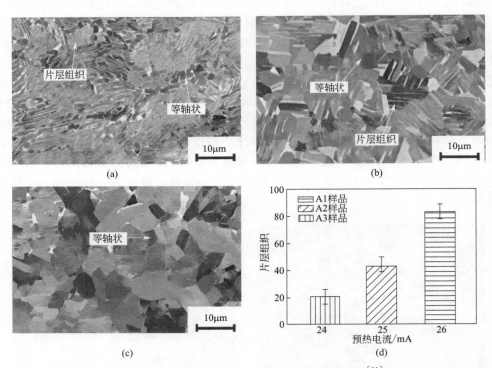

图 8-14　不同预热电流下 Ti-45Al-8Nb 合金组织[11]

(3) SEBM 成形 TiAl 的力学性能

在所有 TiAl 的研究中，Ti-48Al-2Cr-2Nb 的研究相对比较成熟。SEBM 成形后经过不同处理得到的各种组织的 Ti-48Al-2Cr-2Nb 室温拉伸性能如表 8-3 所示[7]。可以看到 SEBM 加工出的 TiAl 强度高于传统方法加工的材料，但在塑性上存在一定差距。

表 8-3　Ti-48Al-2Cr-2Nb 合金 SEBM 室温力学性能汇总[7]

工艺	屈服强度/MPa	抗拉强度/MPa	延伸率/%	组织形态
SEBM	555±11.31	603±18.38	0.94±0.06	片层
SEBM	—	337.8	0.18	片层
SEBM	—	503±18	0	等轴
SEBM+HIP	370	430	1.1	等轴
SEBM+HIP+HT	382±11	474±23	1.3±0.3	双态
SEBM+HIP+HT	350	470	1.1	双态
HIP	370	460	2	双态
Cast+HIP+HT	329	465	2.4	双态

针对 TiAl 普遍关心的高温性能问题，也有 Biamino 等人[17] 的研究——对不同温度下的多种组织类型的 Ti-48Al-2Cr-2Nb 材料性能进行了表征。从图 8-15 中可以看到材料在高温下的强度保持效果良好，但使用时的环境温度不能超过 800℃。

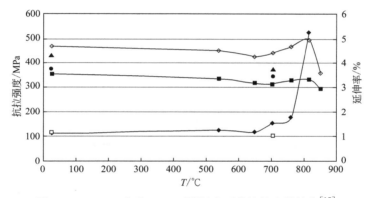

图 8-15　SEBM 成形 TiAl 不同温度下的拉伸力学性能[17]
■ 屈服强度（双态组织）；● 屈服强度（等轴组织）；◇ 抗拉强度（双态组织）；
▲ 抗拉强度（等轴组织）；◆ 延伸率/%（双态组织）；□ 延伸率/%（等轴组织）

Todai 等人[18] 研究了成形方向对 Ti-48Al-2Cr-2Nb 合金构件的组织及室温、高温力学性能的影响 ［图 8-16(a)］，研究发现 0°、45°、90°的屈服强度均超过 550MPa，但 45°构件的拉伸塑性高于 0°与 90°的，且拉伸塑性超过 2% ［图 8-16(b)］，这得归功于 SEBM 成形样品中独特的 γ 条带组织结构 ［图 8-16(c)］。

W. Kan 等人[11] 在研究中对比了不同工艺条件下成形的预热工艺中 Ti-45Al-8Nb 合金在室温（RT）、800℃、900℃下的强度（图 8-17）。这种含 Nb 量较高的 TiAl 在 900℃仍然具有相当高的强度水平，这也是高 Nb 含量 TiAl 受到关注的主要原因。此外，在各温度条件下，所有 SEBM 试样的强度都高于铸造 TiAl。

(4) 3D 打印 TiAl 的应用

在上述研究的基础上，SEBM 加工 TiAl 已经实现了实际应用。其中最重要的是意大利 Avio 公司通过和意大利都灵技术大学、瑞典 Arcam 公司合作，采用 SEBM 技术成功制备了高性能 Ti-48Al-2Cr-2Nb 低压涡轮叶片，尺寸为 8mm×12mm×325mm，重量为 0.5kg，成形精度达到±0.3mm，致密度≥99%，如图 8-18 所示。该叶片比传统镍基高温合金叶片减

3D打印金属材料
Metal
Materials
for 3D Printing

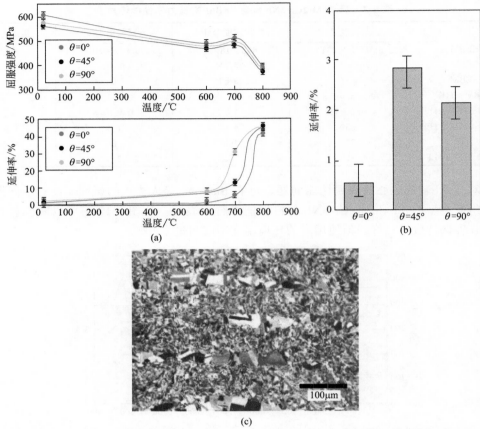

(a)

(b)

(c)

图 8-16　0°、45°与 90°SEBM 成形 Ti-48Al-2Cr-2Nb 合金构件的室温、高温力学性能对比（a）；
0°、45°与 90°SEBM 成形构件拉伸塑性对比（b）；45°SEBM 成形构件的光学显微组织照片（c）[18]

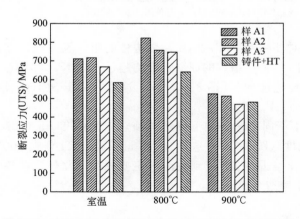

图 8-17　多种工艺条件制备的 Ti-45Al-8Nb 合金在室温、
800℃、900℃时的性能（预热电流：样 A1 为 26mA、
样 A2 为 25mA、样 A3 为 24mA）[11]

图 8-18　Avio 公司采用 SEBM
技术制备的 TiAl 叶片[19]

重达 20%[19]。Biamino 等人[17] 的研究表明，SEBM 技术成形 Ti-48Al-2Cr-2Nb 合金，经热处理（双态组织）或热等静压（等轴组织）后具有与铸件相当的力学性能。同时，意大利 Avio 公司的研究进一步指出，SEBM 成形 TiAl 室温和高温疲劳强度同样能够达到现有铸件技术水平，并且表现出比铸件优异的裂纹扩展抗力和与镍基高温合金相当的高温蠕变性能。2012 年，美国 GE 公司收购了 Avio 公司此项业务，并开展了 SEBM 技术成形 TiAl 涡轮叶片的产业化研究。目前，GE 公司已拥有 8 台 SEBM 成形装备用于 TiAl 叶片的生产，成形 TiAl 叶片的综合力学性能全面达到或超过铸造叶片的水平，已经在 GEnx、GE90 和 GE9X 等航空发动机上进行了考核。

8.1.2 3D 打印其他金属间化合物

8.1.2.1 NiTi 合金 3D 打印

近等原子比镍钛合金（Nickel-titanium，NiTi）因其独特的形状记忆效应、超弹性和良好的生物相容性而备受瞩目，它已被广泛应用于航空航天、汽车和生物医药行业[20]。NiTi 基合金的形状记忆效应和超弹性主要与其复杂且敏感的温度和应力诱发的马氏体变形行为有关。NiTi 合金的超弹性、高延性、强加工硬化等特点给其零件后加工处理带来了困难[21,22]，3D 打印技术能够制造复杂的几何形状，为这些难加工的金属提供了一个理想的解决方案[23]。

美国托莱多大学 Christoph 等人[24] 采用 SLM 技术对气雾化 NiTi 合金粉末进行成形，研究能量密度对 3D 打印样件质量及性能的影响。发现在一定范围内，打印件的密度、杂质元素及马氏体转变温度随激光输入能量密度增加而增加。主要是由于增大能量输入，使熔池增大，使凝固速度降低、杂质含量增加，同时长时间的保留导致 Ni 有较高的挥发，致使马氏体转变温度升高。

然而，激光 3D 打印技术 NiTi 合金的拉伸伸长率仍低于 10%，性能并不理想。正如 Elahinia 等人[25] 在最近的一次研究中所指出的那样，较差性能可能与激光 3D 打印 NiTi 合金中不想要的二次相、熔融性差、内应力裂纹和/或氧的大量增加等有关，这些因素或多或少地导致了拉伸性能的恶化。

与激光 3D 打印技术相比，电子束选区熔化（SEBM）技术成形钛合金具在高真空环境中成形，可以减少杂质含量（如氧和碳）的增加，确保了对其成分的控制。通常 SEBM 在 600℃以上的温度成形 NiTi 材料，对合金组织均匀化和消除应力具有一定作用[26]。

西北有色金属研究院汤慧萍教授等人[27] 采用等离子旋转电极（plasma rotating electrode process，PREP）技术生产出预合金 NiTi 粉，随后利用 SEBM 技术制备出相对理论密度高达 99.6%±0.2% 的样品。图 8-19(a) 分别显示了三维重建的 SEBM 成形 NiTi 样品上、中、底三个区域的微观结构。结果表明，无论从纵向还是在横截面上观察，晶粒尺寸从上到下逐渐增大。图 8-19(b1) 和 (c1) 分别表示打印样品在纵向和横向的光学显微图。可以看出，晶粒主要沿成形方向（热流方向）垂直于衬底，形成波浪状边界的柱状 B2 相。这些 B2 晶粒柱状晶粒宽度为 $10 \sim 30 \mu m$，组织中存在较强的织构取向。图 8-19（b2）、（b3）和

（c2）、（c3）分别显示样品纵向和横向的彩色反极图、极图。经证实 SEBM 样品呈现出强烈的织构，主要的择优取向面为（001）面，成形方向是沿［001］晶体方向。对 NiTi 合金 SEBM 成形样品在室温下进行的静态压缩、拉伸和循环单轴压缩性能进行了测试，试验结果如图 8-20 所示，3D 打印 NiTi 试样在 2.5GPa 压缩结束后未发生断裂，达到约 30.8% 的应变。该合金的形状记忆效应明显，在反复加载过程中表现出良好的超弹性。

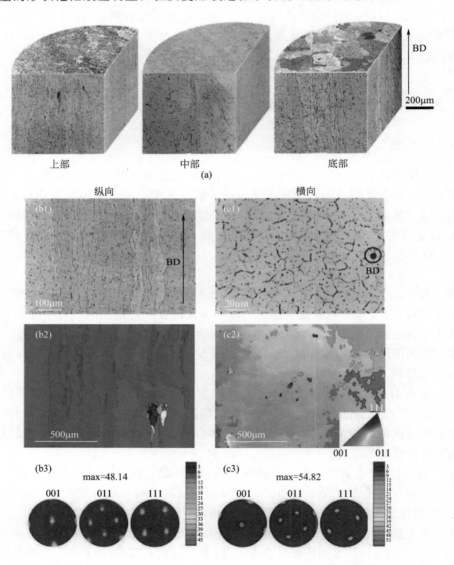

图 8-19　SEBM 成形 NiTi 试样在棒的上、中、底位置分别进行三维显微结构重建的显微照片（a）；
纵向微观结构的光学显微图（b1）、EBSD 彩色反极图（b2）、极图（b3）；横向微观结构的
光学显微图（c1）、EBSD 彩色反极图（c2）、极图（c3）[27]（见彩图）
注：BD 指成形方向

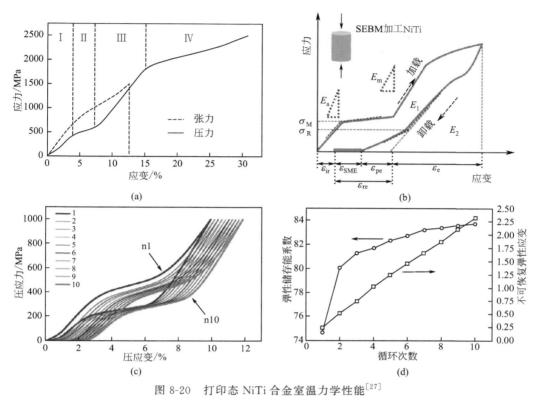

图 8-20　打印态 NiTi 合金室温力学性能[27]

（a）拉伸及压缩；（b）压缩示意图；（c）10 次循环压缩；（d）压缩不可恢复应变及弹性储存能系数

8.1.2.2　FeAl 合金 3D 打印

　　Fe-Al 金属及化合物在室温下的低延展性和切削性能，使增材制造技术提供了一种有效的制备全密度 Fe-Al 的工艺选择。澳大利亚卧龙岗大学沈辰等人[28] 采用电弧增材制造工艺，制造富铁的铁铝金属间化合物，其组织形貌如图 8-21 所示。通过测试表明，电弧增材制造工艺能够制备出与粉末冶金工艺接近的样品，材料同样具有高屈服强度和类似的室温延展性能。利用电弧增材制造工艺制备的 Fe$_3$Al 金属间化合物，与之前研究中利用传统方法制备的材料相比较，室温条件下延展率会下降大约 0.5%。但屈服强度为 50MPa，高于传统方法制备的 Fe$_3$Al 金属间化合物。

　　波兰科技部的 Tomasz Durejko 等[29] 使用激光近净成形（LENS）技术制备 FeAl 合金（图 8-22）。研究了激光近净成型的 Fe$_3$Al-0.35Zr-0.1B 合金的显微组织和力学性能。获得了样品缺陷较少、组织比较均匀的 Fe$_3$Al 基合金材料，但其性能仍不理想。经过时效处理（450℃保温 50h）的材料屈服强度和极限抗拉强度有所改善。

　　波兰军事科技大学的 Krzysztof Karczewski 等人[30] 对 3D 打印的 Fe$_3$Al 基金属间化合物薄壁材料进行了研究，研究发现，在沉积过程中冷却速度会影响样品的显微结构和材料性能，薄壁样品的尺寸效应会对材料冷却速度产生较大影响。3D 打印 Fe-Al 薄壁结构时，孔

3D打印金属材料
Metal
Materials
for 3D Printing

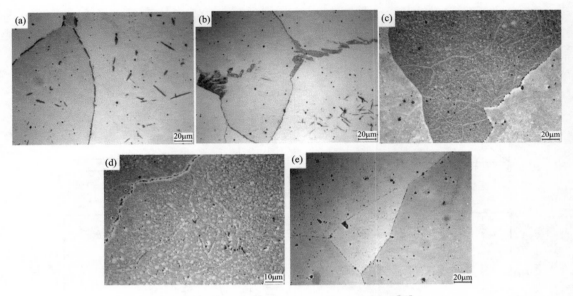

图 8-21　不同区域的微观结构（小点是蚀坑）[28]

（a）在底部区域的针状碳化物沉淀（500×）；（b）底部附近区域的贝氏体（500×）；

（c）中间区域的白线（500×）；（d）沿白线分布的沉淀（1000×）；（e）顶部小颗粒（500×）

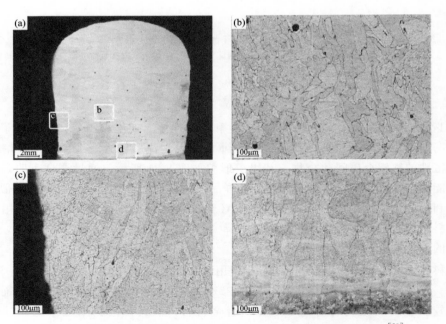

图 8-22　用 LENS 技术制备的 Fe_3Al-0.35Zr-0.1B 样品的显微结构[29]

（a）整体视图；（b）样本中心；（c）边缘附近区域；（d）样本底部

缺陷明显增多。虽然打印出来的合金的整体外观尚可，但在制造过程中却出现大的裂纹，无法实际应用。图 8-23 是 3D 打印制造的 Fe-16Al 薄壁样品组织。

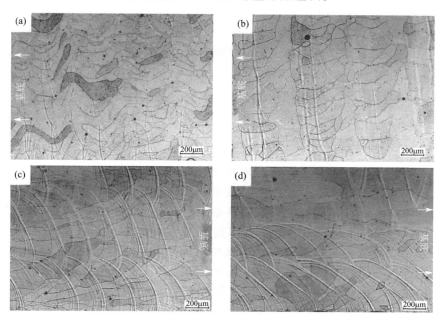

图 8-23　3D 打印制造的 Fe-16Al 薄壁样品组织[30]
壁厚：（a）0.5mm；（b）1mm；（c）2mm；（d）5mm

8.2　3D 打印难熔金属

　　难熔金属及其合金具有熔点高、高温强度高、蒸气压低、膨胀系数低以及在许多介质中的耐蚀性好等一系列优良特性，广泛应用于武器装备、医疗器械和通信发射装备等领域。20世纪 60 年代，为满足航空航天和核工业领域中的需求，科研技术人员开始研究难熔金属材料的加工。该类材料在室温条件下实现复杂零件加工的技术难度大，加工成本极高。而在高温环境中，难熔金属容易与环境中的杂质元素发生反应。一旦加工时对杂质的控制不足，容易导致金属材料性能大幅度降低。这种难加工带来的高成本、零件形状复杂程度受限的问题始终是限制该类材料实现更广泛应用的巨大瓶颈。

3D打印金属材料
Metal
Materials
for 3D Printing

　　金属 3D 打印技术的兴起，为难熔金属材料突破传统技术限制，解决复杂构件加工提供了新思路。但是，专用生产原料来源少、热源功率要求高、成形温度梯度大等问题依然困扰着难熔金属材料 3D 打印技术的发展。目前该项技术的发展仍处于起步阶段。

　　难熔金属的范畴较广，包含了钨、钼、钽、铌、锆、铪等多种金属及其合金材料。目前金属 3D 打印难熔金属技术研究中钨、钽材料研究较多，其他难熔金属主要以合金元素的形式出现在诸如钛合金、高熵合金等材料的 3D 打印当中。因此，本节仅就几种主要的难熔金属材料钨和钽 3D 打印研究现状进行介绍。

8.2.1　3D 打印钨及钨基合金

　　钨作为一种重要的难熔金属材料，具有高熔点和沸点、高硬度、低膨胀系数、低蒸气压等特点，在航天航空、电子、化工、核工业及其他极端环境领域有着重要应用。然而，由于钨有较高的熔点和低温脆性，使其很难使用通常的铸造和机加工方法制备。通常，大部分钨材料零件采用粉末冶金结合热加工的方法制备，但常规烧结态钨产品因存在密度低、强度低、塑性差和杂质含量难以控制等缺点，应用范围受到很大限制，在实际应用中，钨材料零部件的结构往往也较复杂，通常有曲面、弯曲管道、孔和槽等特征，传统粉末冶金方法也难以实现。因此，在钨及钨基合金的成形中，逐渐开始引入 3D 打印技术来克服传统成形方法的不足。目前 3D 打印钨及钨合金的研究报道相对较少，大多是基于以激光为能量源的 3D 打印技术，包括：激光选区熔化成形技术、激光立体成形技术等，研究内容主要包括成形致密化过程、裂纹控制、组织及性能调控等几个方面。由于 3D 打印过程中纯钨材料和 W-Ni-Fe、W-Ni-Cu、W-Cu 等钨基材料的致密化过程完全不同，纯钨材料的致密化成形主要是利用高能束流将钨完全熔化，而钨基合金材料的成形主要是利用低熔点熔化形成黏结相，将钨颗粒黏结，致密化过程类似于传统粉末冶金过程中的液相烧结，因此将二者分开阐述。

8.2.1.1　3D 打印钨的缺陷控制

　　受钨的熔点、熔体张力、黏度、室温脆性固有物理性能的影响，纯钨样品的 3D 打印致密化成形难度较大，目前已报道的致密度最高约为 98.7%，同时，目前报道的 3D 打印样品普遍存在开裂现象。球化现象是影响致密化过程的主要因素，周鑫等[31,32]在钨基板上开展了单层激光熔化/凝固实验，研究了纯钨激光成形中的球化现象，并运用熔滴铺展/凝固竞争模型进行了机制分析，为提高纯钨成形致密度提供参考。研究得出：激光选区熔化中，熔滴的球化过程主要由其铺展和凝固过程之间的竞争关系决定，熔滴的铺展过程和毛细力控制，与表面张力、黏度等材料本征特性有关；熔滴的凝固过程和温度梯度控制，与熔体/基底温度差、材料热导率有关。经表面黑漆处理的基板由于激光能量吸收较为理想，通过综合调整激光点距和激光作用时间可以抑制钨熔滴球化现象。Tan C 等[33]指出激光选区熔化成形过程中孔洞产生的另一个主要原因：即由于激光对熔池的扰动和熔池 Marangoni 对流过程极易在成形腔内将保护气体包覆到熔池中，在凝固过程中形成孔洞，并提出了激光成形纯钨过程中能量密度变化对此过程的影响，随着线能量密度的升高，成形样品致密度升高，当线能量密度达到 0.67J/mm 后，随着线能量密度的升高，样品致密度下降（图 8-24）。

A. T. Sidambe 等[34] 对激光选区熔化成形纯钨的缺陷的分布进行了表征（见图 8-25），随着成形高度的增高，缺陷含量增多，尤其是在使用较高的能量密度时，此现象更加明显。这主要是因为成形过程中热流向底板和粉末床传导，会导致成形腔体内不同位置的温度场和应力场分布不同。同时也给出体能量密度与成形样品致密度的关系，随着体能量密度的增加，样品致密度升高（图 8-26）。

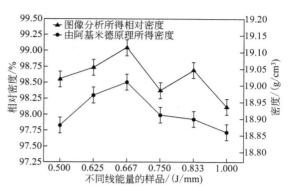

图 8-24　线能量密度与激光选区熔化成形
纯钨样品致密度的关系[33]

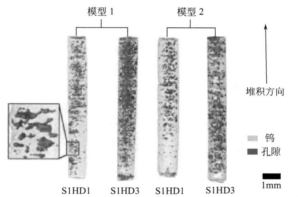

图 8-25　不同激光选区熔化成形工艺下纯钨样品的缺陷分布[34]

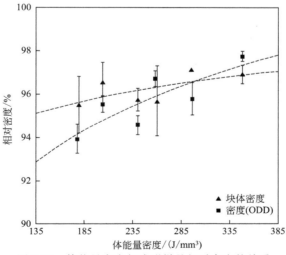

图 8-26　体能量密度与成形样品相对密度的关系

除了通过调节能量密度来提高样品致密度外，还有报道指出底板预热及引入 Ta 元素的方法同样可以促进纯钨的致密化过程[35,36]，图 8-27 为底板预热温度为 600℃、800℃、1000℃时样品的相对密度变化情况，底板预热对提高样品的致密度作用明显，随着底板预热温度的升高，成形样品的致密度升高。同时，Ta 元素的加入（图 8-28），对致密化过程也有一定的促进作用。

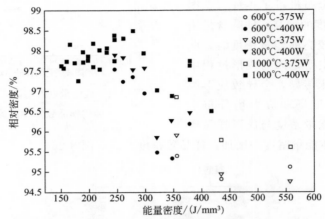

图 8-27 在激光功率为 375W 和 400W，底板预热条件分别为 600℃、800℃、1000℃时，成形样品的相对密度与能量密度的对应关系[35]

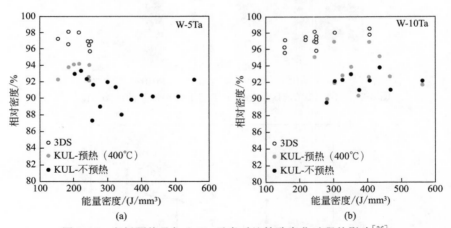

图 8-28 底板预热及加入 Ta 元素对纯钨致密化过程的影响[36]

开裂现象是目前 3D 打印钨材料中普遍存在的问题，通常认为这主要是因为钨的韧脆转变温度高于室温，通常在 250～400℃，而 3D 打印过程中由于温度梯度较高、冷却速度过快等特点，会产生热应力，且在逐层沉积的过程中逐渐累积，这种累积的残余应力极易导致纯钨材料开裂[34,37]。目前成形纯钨的致密度虽然可达到 98% 以上，但是微裂纹一直难以控制。除热应力外 Wang D. 等[38] 还提出另一种纯钨样品裂纹产生的原因，主要是由于钨的氧化物在熔化凝固的过程中挥发形成纳米孔，纳米孔在晶界处聚集形成裂纹，并提出了通过添加 Ta 元素来抑制裂纹的生成，通过添加元素，在晶粒内部形成了亚微米级的胞状结构，这种胞状结构内部含有大量位错，可以捕获纳米小孔，并且对晶界起到增韧作用，进而可以减少 80% 的裂纹（图 8-29、图 8-30）。

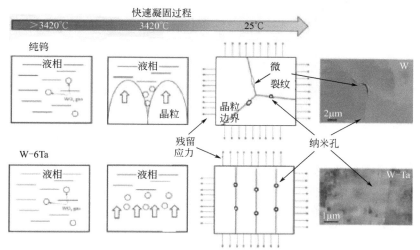

图 8-29　激光选区熔化成形纯钨在凝固过程中裂纹形成的原因及 Ta 元素抑制裂纹生成的机理[38]

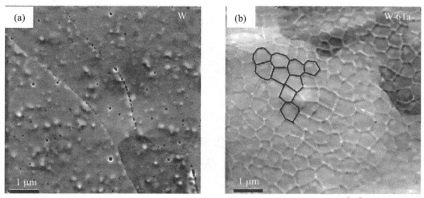

图 8-30　加入 Ta 元素后，晶粒内部形成胞状的亚结构[38]

Aljaz Iveković 等[36] 也研究了 Ta 的添加对激光选区熔化成形纯钨裂纹控制的作用，添加 Ta 作为合金元素，由于合金元素的成分过冷和偏析，导致晶粒尺寸减小。晶粒尺寸的减小可以导致不同的裂纹形态，但不足以完全防止开裂，如图 8-31 所示。Li K. 等[39] 还提出通过引入第二相 ZrC 纳米颗粒来抑制裂纹的产生，使裂纹含量降低了 88.7%。主要是因为 ZrC 颗粒作为晶粒细化元素，提高裂纹生长阻力，降低晶界处的氧含量，提高了晶界强度。

底板预热是目前使用的防止裂纹形成的另一种方法，然而预热到 400℃ 不足以防止 W 或 W-Ta 的 SLM 中裂纹的形成[36]。为了缓解凝固过程中的热应力，将激光选区熔化成形纯钨的底板预热温度提高到 1000℃，仍没有完全抑制裂纹的产生，但还是有可能会降低裂纹密度[35]（图 8-32）。

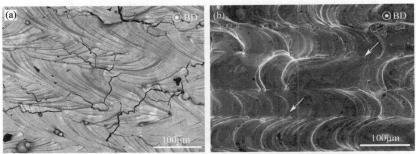

图 8-31　添加 Ta 元素后激光选区熔化成形纯钨材料的裂纹形态[36]

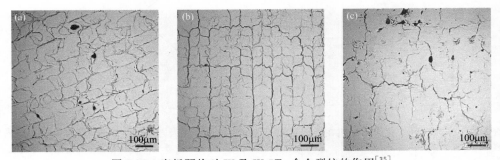

图 8-32　底板预热对 W 及 W-5Ta 合金裂纹的作用[35]

（a）无底板预热纯钨材料；（b）底板预热到 400℃时纯钨材料；（c）底板预热到 400℃时 W-5Ta 合金

8.2.1.2　3D 打印钨的组织与性能

Aljaz Iveković等[36] 研究了激光选区熔化成形 W 和 W-5Ta 材料的显微组织（图 8-33、图 8-34），在样品顶部观察到镜像 S 形晶粒。晶粒的凝固方向与温度梯度相反，由于椭圆熔池中温度梯度取向的差异，这导致晶粒旋转。扫描相邻轨迹时，晶粒在之前凝固的轨迹上外延生长，因此形成 S 形晶粒，沿着扫描轨迹中心线镜像。添加 Ta 作为合金后，由于成分过冷和偏析，导致晶粒尺寸减小。同时，由 EBSD 分析结果可以看出，纯钨材料并没有形成明

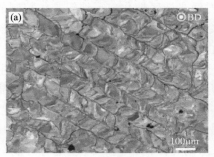
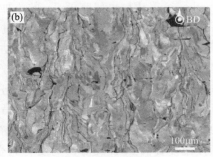

图 8-33　激光选区熔化成形纯钨显微组织[36]

显的择优取向，但是加入 Ta 元素后，沿成形方向形成了＜111＞方向的择优取向（图 8-35、图 8-36）。但 Sidambe A. T. 等[34] 研究结果显示激光选区熔化成形纯钨的显微组织以外延生长方式形成平行于成形方向的＜111＞//Z 的丝织构。

图 8-34　激光选区熔化成形 W-5Ta 合金显微组织[36]

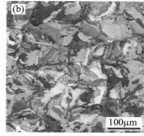

图 8-35　激光选区熔化成形 W（a）、W-5Ta（b）和 W-10Ta（c）
合金样品上表面反极图[36]（见彩图）

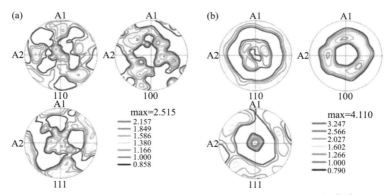

图 8-36　激光选区熔化成形 W（a）、W-10Ta（b）合金上表面极图[36]（见彩图）

Shifeng Wen 等[40] 研究了激光选区熔化成形工艺参数对纯钨的显微组织的影响（图 8-37），可以看出，随着扫描速度的增加，显微组织由粗大的柱状晶向细小的等轴晶转变，这主要是由于温度梯度和凝固速度共同导致，并对不同状态的样品进行了压缩性能测试，压缩性能最高可达 1500MPa（图 8-38）。

Tan C 等[33] 同样也报道了激光选区熔化成形纯钨的显微组织，为沿着温度梯度最大的

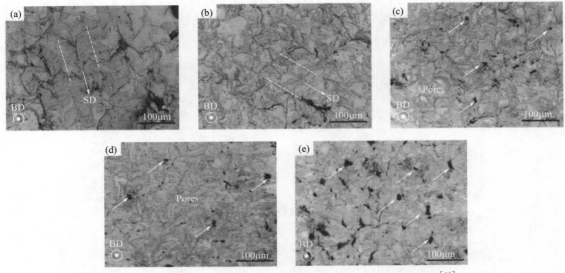

图 8-37　不同的扫描速度下激光选区熔化成形纯钨的显微组织[40]

(a) 50mm/s；(b) 100mm/s；(c) 200mm/s；(d) 300mm/s；(e) 400mm/s

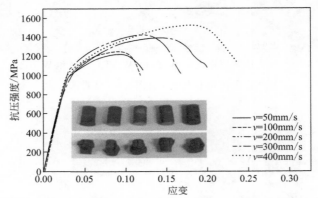

图 8-38　不同的扫描速度下激光选区熔化成形纯钨的压缩性能[40]

方向形成的可跨越多层铺粉厚度的柱状晶组织，成形样品的显微硬度超过 460HV$_{0.05}$，压缩强度达到 1GPa（图 8-39）。

钨基合金中因为加入了 Ni、Cu、Fe 等低熔点元素，以低熔点 Ni 粉、Fe 粉、Cu 粉与 W 粉混合作为原料，在 3D 打印成形过程中可形成类似于粉末冶金过程中的活化烧结过程，致密化过程通常包括 Marangoni 流动、钨颗粒的重排等过程。南京航空航天大学顾冬冬等[41~43] 模拟了激光选区熔化成形 W-Cu 复合材料过程中熔池的温度场与速度场，研究了 W 粉末颗粒在 Cu 熔液中的受力情况和致密化过程。研究指出，随着激光功率由 600W 增至 900W，熔池内 Marangoni 流特征变化明显，激光功率大于 800W 时，粉末周围会形成由压强差所引起的压力 F 和二次流。当压力 F 与二次流产生的引力 FR 之间的夹角为锐角时，W 颗粒趋于形成小环状结构，颗粒重排困难，易于发生团聚；而当压力 F 与二次流产生的

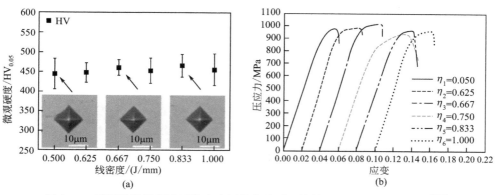

图 8-39 不同线能量密度下激光选区熔化成形纯钨样品的硬度和压缩性能[33]

引力 FR 之间的夹角为钝角时，W 颗粒趋于形成大环状结构，利于颗粒的重排。采用激光选区熔化成形技术制备了 W 含量（质量分数）在 $30\% \sim 50\%$ 的一系列 W-Cu 复合材料。同时发现，在 Cu 含量达到 40% 时，在 Marangoni 气流和固相钨颗粒的重排作用下，可形成 W 环 Cu 心的特殊显微结构，并建立了 W-Cu 复合材料最佳成形窗口（图 8-40）。

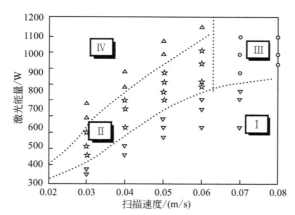

图 8-40 3D打印工艺与钨合金成形效果（其中星形区域为连续熔化参数）
▽熔合不良；☆熔化良好；○球化；△过熔

华中科技大学科研团队[44] 开展了激光成形 90W-7Ni-3Fe 材料的研究，发现在成形过程中随着成形工艺参数的改变可以实现钨合金的组织调控，粉末熔化凝固过程中可以形成枝晶或者柱晶（图 8-41）。

该团队[45~47] 在进一步对钨镍合金的研究中，分析了 Ni 含量对于钨镍合金激光选区熔化显微组织的影响（图 8-42），研究了镍含量（质量分数）分别为 10%、20% 和 40% 对于成形和组织的影响，发现镍含量过高会降低熔体的黏度和提高成形件的密度，并对液相烧结和激光选区熔化成形件进行了表征，发现微观结构是传统的液相烧结组织和形成钨的树枝状结晶结合而成，显微组织表明激光选区熔化过程提高了粉末的粘接性，从而提高了力学性能。

3D打印金属材料
Metal
Materials
for 3D Printing

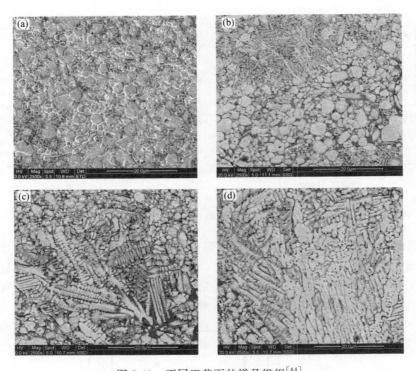

图 8-41　不同工艺下的样品组织[44]

(a) $v=110$mm/s，$P=100$W，$d=0.1$mm，$h=0.05$mm；(b) $v=80$mm/s，$P=100$W，$d=0.05$mm，$h=0.05$mm；
(c) $v=50$mm/s，$P=100$W，$d=0.1$mm，$h=0.05$mm；(d) $v=20$mm/s，$P=100$W，$d=0.05$mm，$h=0.05$mm
P—激光功率；d—扫描线间距；h—粉层厚度

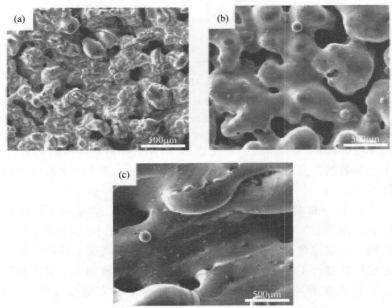

图 8-42　SLM 方法制备的不同合金表面形貌[45]

(a) 样品 A（90W-Ni）；(b) 样品 B（80W-Ni）；(c) 样品 C（60W-Ni）

在针对激光熔化 W-Ni-Cu 的成形工艺研究中，发现当增大激光能量输入时，烧结机制由传统的液相烧结转变为液相烧结与 W 颗粒熔化/凝固的综合作用，成形参数对试样的物相没有明显的影响。并研究了 La_2O_3 对选择性激光熔化 W-Ni-Cu 合金粉体的成形性和微观组织的影响，探讨了 La_2O_3 对激光熔凝过程的作用机制。La_2O_3 作为一种添加剂可改善 W-Ni-Cu 合金粉体烧结性能，但是过量不利于成形过程，La_2O_3 的加入使得成形过程具有改善固液润湿性、提高形核率、细化晶粒和净化晶界的作用，并能抑制微裂纹的产生，而且还可提高显微硬度。

王攀等[48] 采用激光立体成形技术制备了多种成分的 W-Ni-Fe 合金，发现其力学性能与传统粉末冶金烧结工艺之间存在一定差距，由于存在明显的孔洞和氧化现象，且微观组织均匀性较差，最高仅能达到 717MPa。

8.2.1.3 3D 打印钨及钨基合金的应用

虽然目前 3D 打印钨及钨基合金在致密度、性能上仍有很大提升空间，但在一些对材料性能要求较低的应用领域目前已经具备了开始使用 3D 打印纯钨零件的条件。比利时鲁汶大学 Karel Deprez 等[49] 基于 X 射线透视设备用准直器的多孔结构，开展了孔径约为 $500\mu m$、具有锥形孔结构的纯钨结构的精确成形，孔径位置的平均偏差可控制在 $5\mu m$ 左右（图 8-43）。

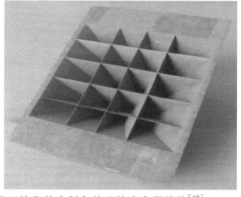

图 8-43 比利时鲁汶大学采用激光选区熔化技术制备的纯钨准直器结构[49]

菲利浦公司下属企业，医疗成像零部件制造商 Smit Röntgen 已经实现了 3D 打印钨基材料的商业化应用。利用激光选区熔化技术制备了纯钨针孔准直器及用于 X 射线透视设备如 CT/PET/SPECT 上的高精度钨零部件，给准直孔径角和一些复杂形状带来极大的制造自由度。如图 8-44 所示。同时，该公司也开始设计并生产工业用的零部件，精确高效地制造出高度复杂的凹面或支撑部件。

上述研究中基本都是利用 SLM 技术开展的钨基材料研究。实际上选区熔化方法中的另一种重要手段，电子束选区熔化（SEBM）技术，使用电子束能量源熔化钨材料在熔化能量、应力控制等方面具有独特优势。西北有色金属研究院开展了纯钨材料的成形研究工作，目前成形样品致密度可达 99％以上。

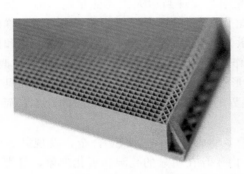

图 8-44　增材制造成形针孔准直器和 X 射线过滤装置

8.2.2　3D 打印钽

钽，作为一种传统的难熔金属，不但具有高的化学性能稳定性，而且对人体组织具有良好的生物相容性[50]。金属钽完全不刺激人的肌体，也不妨碍人的肌体活动，因此，金属钽是医学界公认生物相容性最好的硬组织植入材料，已在临床应用多年[51]。随着医疗技术水平以及材料科学的发展，临床对医用金属钽植入体也提出了个性化的需求。粉末床 3D 打印技术是实现植入体个性化制备的有效手段，并且已经在钛合金植入体的制备方面取得了巨大成功。然而，钽的熔点（2996℃）高，是钛（1668℃）的 1.8 倍；导热性能好，热导率［57.5W/（m·K）］是钛的 3.8 倍，这对粉末原料的选择以及成形参数的控制提出了挑战，因此现有报道的 3D 打印金属钽还停留在实验室研究阶段。下面将针对粉末床 3D 打印技术制备的金属钽以及多孔钽的微观组织及性能进行重点阐述。

8.2.2.1　3D 打印金属钽的组织特点

纯钽在室温下是由 bcc 结构的 α-Ta 组成，不存在复杂的相变，然而，纯金属在 3D 打印过程中容易出现各向异性严重的粗大柱状晶组织。因此，如何通过成形工艺参数以及扫描策略的调整来改变择优取向是目前研究的一个重点方向。

Thijs 等人[52] 采用激光选区熔化技术，在保证样品致密度的前提下，通过改变层间激光束的扫描角度，研究了 3D 打印钽组织特征的演变规律。图 8-45 为扫描线旋转角度为 0°时的微观组织特征，可以看到明显的柱状晶生长特征，激光束的扫描轨迹清晰可见，晶粒尺寸与扫描线宽度基本一致。内部<111>择优取向分布强烈，但在样品内部还是可以观察到<100>取向的晶粒，然而，在样品轮廓扫描区域，晶粒较细小且择优取向显著降低。当扫描线旋转角度调整至 90°时（图 8-46），内部晶粒呈棋盘式分布，轮廓区域的晶粒尺寸为 350μm，取向随机分布。但样品内部的晶粒取向更为统一，基本全部为<111>取向。当旋转角度变为 60°时（图 8-47），晶粒形态随着发生了变化，但晶粒取向的趋势基本与 90°保持一致。

更进一步的研究表明，3D 打印技术制备的金属钽均为柱状晶结构，并且沿生长方向择

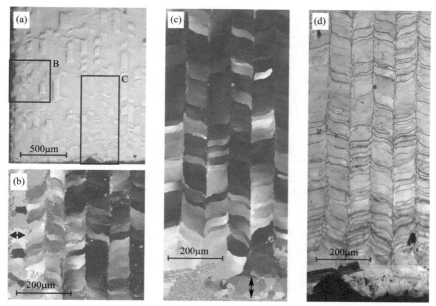

图 8-45　扫描线角度为 0°时 SLM 成形 Ta 的微观组织特征（水平方向）[52]（见彩图）
(a) 金相；(b)，(c) 局部区域的 EBSD 反极图；(d) (c) 的 EBSD 图片质量图

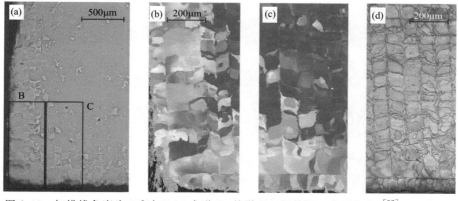

图 8-46　扫描线角度为 90°时 SLM 成形 Ta 的微观组织特征（水平方向）[52]（见彩图）
(a) 金相；(b)，(c) 局部区域的 EBSD 反极图；(d) (c) 的 EBSD 图片质量图

优取向。激光功率、分层厚度、扫描策略等参数的调整，不会对柱状晶的结构特点产生影响，仅会影响材料内部的取向分布[53]，如图 8-48 所示。

8.2.2.2　3D 打印金属钽的力学性能

表 8-4 汇总了不同制备方法以及不同状态下金属（致密）钽的力学性能，可以看出钽的强度随着制备工艺以及热处理状态的不同差异较大。另外，氧含量对钽的力学性能也有显著的影响，如图 8-49 所示。

3D打印金属材料
Metal
Materials
for 3D Printing

图 8-47　扫描线夹角为 60°时 SLM 成形 Ta 的微观组织[52]（见彩图）
（a）金相；（b）竖直方向的 EBSD；（c）水平方向的 EBSD

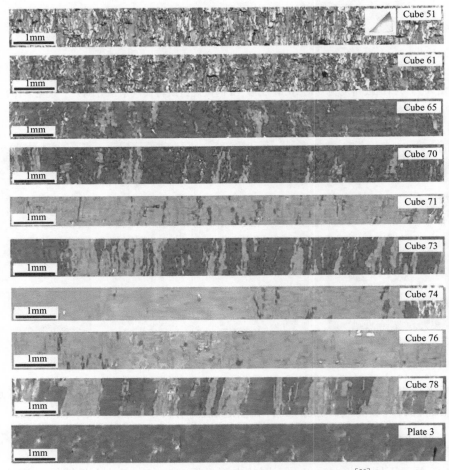

图 8-48　工艺参数对 3D 打印金属钽组织特征的影响（EBSD）[53]（见彩图）
不同激光功率状态下的样品

Cube 51：133.48W；Cube 61：209.28W；Cube 65：349.06W；Cube 70：465.41W；Cube 71：654.17W；
Cube 73：872.64W；Cube 74：840.91W；Cube 76：840.91W；Cube 78：840.91W；Plate 3：840.91W

表 8-4　金属钽的力学性能[52,54]

制备方法	电子束熔炼	粉末冶金	退火态	冷加工态
弹性模量/GPa	185	185	186	186
显微硬度/HV	110	120	60~120	105~200
断裂强度/MPa	205	310	200~390	220~1400
屈服强度/MPa	165	220	—	—
延伸率/%	40	30	20~50	2~20

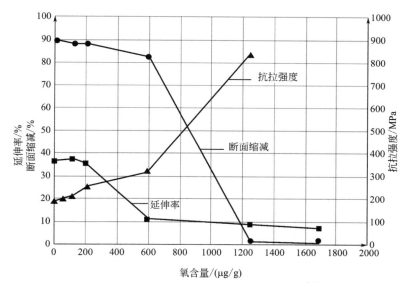

图 8-49　氧含量对金属钽力学性能的影响[55]

表 8-5 根据上述文献，对现有 3D 打印金属钽的力学性能进行了汇总。可以看到，3D 打印金属钽的强度要显著高于传统制备技术（表 8-4），但相关研究数据较少。

表 8-5　3D 打印金属钽的力学性能

序号	制备技术	取样方向	氧含量（质量分数）/%	屈服强度/MPa	抗拉强度/MPa	延伸率/%
1	SLM	竖直	—	528±7	—	—
2	SLM	对角线	—	464±3	—	—
3	SLM	水平	—	654±25	—	—
4	SLM	水平	0.18	450	739	2

8.2.2.3　3D 打印多孔钽的结构和性能

由于金属钽的密度较高，因此用于医用植入材料时，通常是以多孔结构的形式呈现，不但可以充分发挥金属钽优异的生物相容性，同时多孔材料丰富的孔隙结构为组织生长提供了天然的通道。因此，3D 打印多孔钽的相关研究的另一个重要领域就是多孔钽。然而，自从

3D 打印金属被开发至今，3D 打印多孔钽材料方面的研究报道相对较少。比利时鲁汶大学 2015 年采用球形金属钽粉为原料实现了均匀孔隙结构多孔钽材料的制备，并对其力学性能进行了全面的评价[56]。

图 8-50 为 3D 打印多孔钽所用的粉末形貌及多孔钽的模型和实物，该项研究是以平均粒径 18.4μm 的球形钽粉为原料，实现了孔隙率为 80% 的多孔钽材料的制备，内部熔化质量良好，并且样品没有发生宏观的变形和翘曲。压缩应力应变的测试结果表明（图 8-51），屈服强度为 12.7MPa±0.6MPa，平台应力 21.8MPa±0.9MPa，压缩弹性模量 1.22GPa±0.07GPa，曲线的平台区域光滑无锯齿，表明 SLM 制备的多孔钽材料塑性优异，模量与人体松质骨完全匹配。此外，多孔钽的压缩疲劳极限为 7.35MPa（10^6 次），表现出了较高的抗循环载荷能力。

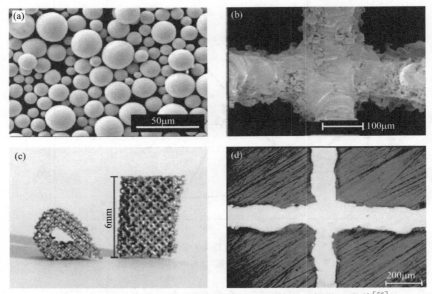

图 8-50 激光选区熔化技术制备的多孔钽材料宏观与微观形貌[56]

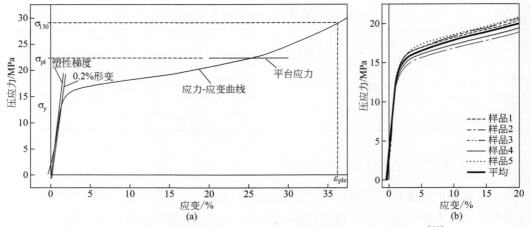

图 8-51 激光选区熔化技术制备的多孔钽材料压缩应力-应变曲线[56]

8.2.2.4　3D 打印钽的应用

钽及多孔钽被认为是生物相容性最好的骨科植入材料，我国在 3D 打印多孔钽的应用走在世界前列。2016 年，在科技部重点研发计划的支持下，西北有色金属研究院与西南医院共同完成了全球首例个性化粉末电子束 3D 打印多孔钽植入体的制备并实现了临床应用。目前，西北有色金属研究院及其下属的西安赛隆金属材料有限公司已经实现了医用多孔钽植入体的粉末原料、电子束成形装备与工艺的全产业链覆盖，如图 8-52 所示。

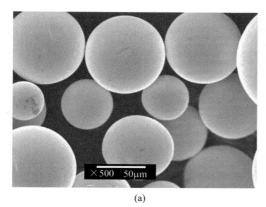
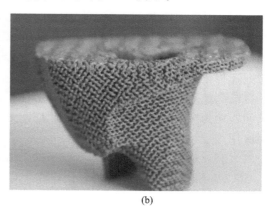

(a)　　　　　　　　　　　　　　　　　　(b)

图 8-52　我国开发的医疗级球形钽粉（a）以及电子束 3D 打印定制化多孔钽植入体（b）

8.3　3D 打印高熵合金

高熵合金是采用多种元素以相近的原子比例混合的新型合金材料，突破了传统合金以一种或两种金属为主的合金设计局限。在高熵合金中，受多主元混合熵的显著提高的影响，金属间化合物以及其他合金中间相的生成受到明显抑制，没有出现传统经典的 Gibbs 理论中平衡相数量 P 不小于合金元素数量 $n+1$ 的特点，反而形成简单体心立方或面心立方结构甚至非晶，这就是高熵效应。高熵合金由多种原子特性迥异的元素简单阵列导致的强烈的晶格畸变以及其凝固过程中产生的纳米晶粒和非晶相都对其性能有重要影响，相较于普通合金具有硬度高、耐高温、耐腐蚀等特点。此外，高熵合金成分设计时的"鸡尾酒"效应，为高熵合金成分设计与应用提供了广阔的空间[57~59]。

　　作为新一代高温结构材料，高熵合金受到了全世界范围内的广泛关注和竞相发展，但均处于起步阶段，关于高熵合金的研究成果不多。在研究方面，目前受到关注的高熵合金体系主要有 AlFeCuCrCo＋X 以及 FeCoNiCrMn 等，Murali 等人发现了 AlFeCuCrCoZn 在多种原子配比条件下凝固组织中纳米晶粒析出现象，晶粒尺寸小于 10nm。Gali 等研究发现 FeCoNiCrMn 高熵合金材料在温度由室温向 77K 降低过程中，强度、塑性、断裂韧性同步提高的现象。在应用方面，美国空军实验室自 2010 年起开展高温高熵合金研究。近年来，美国海军实验室资助加州大学、杜克大学、弗吉尼亚大学等研究机构近千万美元，用于开发海军空间武器用耐 2000℃高温的高性能超高温高熵合金。2013 年，欧空局实施 2000 万欧元的 AMAZE 项目，开展高熔点、高强度金属结构件的快速增材制造技术研究[60~63]。目前这些研究还处于材料研发阶段。

　　目前高熵合金应用的主要问题是合金体系的开发与高熵合金的加工，尤其是高熵合金的加工问题尤为突出，将 3D 打印先进加工手段与高熵合金结合起来，可以有效解决高熵合金推广应用难题。

　　澳大利亚迪肯大学前沿材料研究所的 Jithin Joseph 等人[64] 通过激光直接沉积成形制得 $Al_{0.3}CoCrFeNi$ 高熵合金，通过对比研究该合金压缩和拉伸行为的差异，发现合金在压缩过程中产生了大量的变形孪晶，导致显著的加工硬化效应。材料的力学性能曲线如图 8-53(a)所示。虽然该合金在拉伸和压缩时的屈服强度都是 194MPa，但屈服后的加工硬化行为在不同的加载方向上明显不同。在压缩过程中，合金表现出可观的持续的加工硬化行为，在试验期间没有失效［试验在真应变为 1.0 时停止，图 8-53(b)］。然而，在受拉时，合金显示出有限的加工硬化，并且在 0.38 的真应变下失效。拉伸破坏是沿平行于拉伸轴的晶界传播裂纹，如图 8-53(c) 所示。

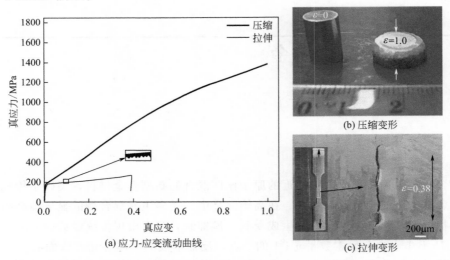

图 8-53　拉伸和压缩载荷下的真实应力-应变曲线（a），真实应变为 1.0 的
压缩变形试样的宏观组织（b），拉伸变形试样中晶界裂纹的 SEM 显微组织（c）
（真实应变为 0.38 时，$Al_{0.3}CoCrFeNi$ 合金拉伸试样的宏观结构的一部分）[64]

利用 EBSD 检测变形的高熵合金组织，其显微组织如图 8-54 所示，其中图 8-54（f）为拉伸，其他为压缩。结果表明，在一些压缩的样品中存在变形孪晶。在拉伸加载后［图 8-54(f)］或在压缩的低应变下没有观察到孪晶。然而，孪晶的体积分数随着压缩应变增加而增加，图 8-54(b)～(e)。这是造成合金拉压性能特性的主要原因。

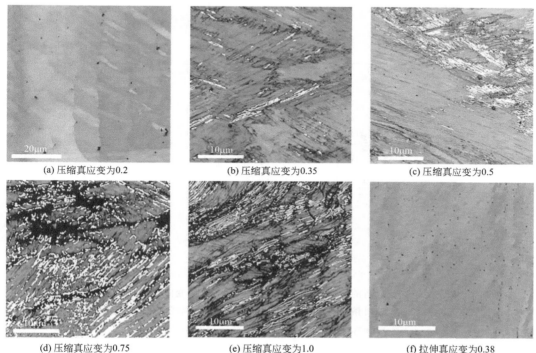

图 8-54　在压缩下变形为各种应变水平的 DLF 合金样品的 EBSD 图（灰度带对比）（见彩图）
双向取向 5°以内的边界以黄色突出显示[64]

日本日立公司的 Tadashi Fujied 等人[65] 通过 SEBM 方式成功制备高抗拉强度和抗腐蚀性的 CoCrFeNiTi 高熵合金。SEBM 样品相对于铸造样品有优异的拉伸性能。而且，经固溶处理后的样品拉伸性能和耐腐蚀性能显著提高。固溶处理 SEBM 试样拉伸应力-应变曲线、极化曲线、点蚀电位等如图 8-55 所示。

澳大利亚莫纳什大学的 Rui Wang 等[66] 通过激光直接沉积成形（DLF）制备了 AlCoCrFeNi 高熵合金，研究了沉积态样品和分别在 600℃、800℃、1000℃、1200℃下时效 168h 的样品的显微组织、物理性能和腐蚀性能。结果发现沉积态样品是近乎单一的 B2 固溶体结构，在 800℃、1000℃和 1200℃时效后，晶间出现一些针状和片状的 FCC 沉积物，还有连续带状的 FCC 相沿晶界分布，图 8-56 所示。而这些 FCC 相会使样品压缩屈服强度减弱，延展性增强。

波兰军事科技大学的 I. Kunce 等人[67] 用 AlCoCrFeNi 预合金粉通过激光近净成形制备了薄壁高熵合金样品。图 8-57 所示是样品的 EBSD 图谱，不同扫描速度下制造的所有薄壁样品呈现出柱状晶粒结构。晶粒细长，几乎垂直于衬底，与晶粒生长方向一致。在椭圆晶粒的各层之间，可以在层间界面处观察到细等轴晶粒区域，这是利用激光直接制造技术生产薄壁结构中的一种普遍现象。冷却速度增大时，晶粒尺寸减小。

3D打印金属材料
Metal
Materials
for 3D Printing

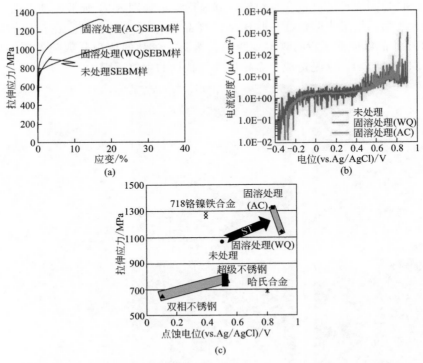

图 8-55　在室温下固溶前后的 SEBM 试样的拉伸工程应力-应变曲线（a），固溶前后 SEBM
试样在 353K 的 3.5％NaCl 溶液中的腐蚀性能的动力学极化曲线（b），固溶处理前后样品
在腐蚀环境下与其他合金之间的性能对比（c）[65]

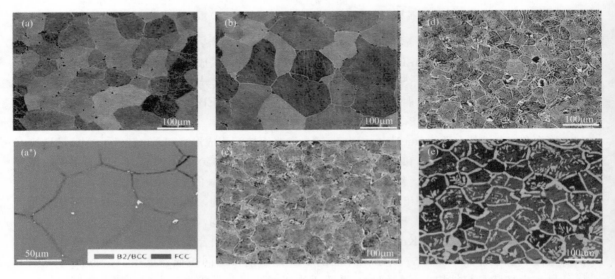

图 8-56　沉积态样品和在 600℃、800℃、1000℃、1200℃下时效 168h 的样品垂直于堆积方向的
横截面的背散射图［(a)～(e)］［(a*) 表示 600℃时效样品垂直于堆积方向的横截面］[66]

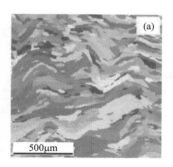
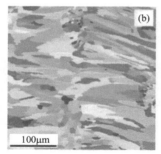
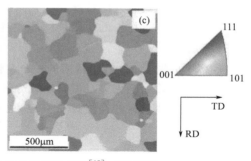

图 8-57　不同扫描速率下薄壁 AlCoCrFeNi 合金样品组织及晶粒[67]　（见彩图）
(a) 2.5mm/s；(b) 40mm/s；(c) 铸态
RD—平行于基板的方向；TD—平行于样品生长的方向

8.4　3D 打印其他金属材料存在的问题

本章讨论的 3D 打印金属间化合物、难熔金属、高熵合金材料相较于合金钢、钛合金、铝合金等金属材料，无论是从技术成熟度还是市场规模的角度都还处于发展初期。这些材料因其特殊性能往往在国防武器装备、航空航天、生物医疗等高精尖领域具有难以取代的重要用途。因此，大力推动这些特殊材料 3D 打印的研究具有明显的应用价值和巨大的社会经济效益。目前，其发展的主要问题除普通金属 3D 打印的共性问题外，还有以下几个：

（1）3D 打印原料

3D 打印原料，无论是丝材还是粉末，制备难度都比较大。而金属间化合物、难熔金属、高熵合金的 3D 打印原料的制备难度较之一般金属材料更加难以得到。很多原料的制造规模小、成本高，甚至难以满足科研需要。而类似高熵合金的许多成分，本身高品质铸锭的加工难度已经很高，粉末、丝材没有条件加工，要实现 3D 打印只能通过元素粉末混合的方式。因此发展上述特殊金属材料 3D 打印首先要针对性地开发 3D 打印原料的生产技术。

（2）装备

特殊材料的 3D 打印必然带来对设备条件的特殊要求。在本章的介绍中曾出现过很多类似激光成形设备成形过程中对基板加热到较高温度进行成形研究的例子。目前市场上主流的装备还基本不具有这些特殊功能，只能通过研究人员自己进行改造获得需要的实验条件。这对研究本身以及材料的应用推广都会造成很多不利影响。

（3）标准

标准问题是 3D 打印目前的一个共性问题，但本章涉及的金属材料在标准问题上还处于最初级的阶段，绝大多数材料连成分牌号都没有形成标准。相关研究的系统性和全面性都大打折扣，某些材料的性能评价甚至不适用现行的一般检测，这对材料的研究有巨大的不利影响。

参考文献

［1］ 傅恒志，郭景杰，苏彦庆，等.中国有色金属学报［J］，2003，13（4）：797-810.

［2］ Michael R，James B，Cathleen M C，et al. ASM Metals Handbook：Volume 3//Alloy Phase Diagrams ［M］. VSA：The Materials Information Company，1992.

［3］ Korznikov A V，Dimitrov O，Korznikova G F，et al. Nanocrystalline structure and phase transformation of the intermetallic compound TiAl processed by severe plastic deformation ［J］. Nanostructured Materials，1999，11（1）：17-23.

［4］ Srivastava D，Chang I，Loretto M H. The effect of process parameters and heat treatment on the microstructure of direct laser fabricated TiAl alloy samples ［J］. Intermetallics，2001，9：1003-1013.

［5］ Vilaro T，Kottman-Rexerodt V，Thomas M. Direct fabrication of a Ti-47Al-2Cr-2Nb alloy by selective laser melting and direct metal deposition processes ［J］. Advanced Materials Research，2010，89-91：586.

［6］ Gussone J，Garces G，Haubrich J，et al. Microstructure stability of γ-TiAl produced by selective laser melting ［J］. Scripta Materialia，2017，130：110-113.

［7］ Wang J，Yang K，Liu N，et al. Microstructure and Tensile Properties of Ti-48Al-2Cr-2Nb Rods Additively Manufactured by Selective Electron Beam Melting ［J］. JOM，2017，69（12）：2751-2755.

［8］ Markl M，Ammer R，Ljungblad U，et al. Electron beam absorption algorithms for electron melting processes simulated by a three-dimensional thermal free surface lattice boltzann method in a distributed and parallel environment ［J］. Procedia Computer Science，2013，18：2127-2136.

［9］ Schwerdtfeger J，Korner C. Selective electron beam melting of Ti-48Al-2Nb-2Cr：Microstructure and Aluminium loss ［J］. Intermetallics，2014，49：29-35.

［10］ Ashfaq M，Abdulrahman M A，et al. Effect of energy input on microstructure and mechanical properties of Titanium Aluminide alloy fabricated by the additive manufacturing process of electron beam melting ［J］. Materials，2017，10（2）：211-227.

［11］ Kan W，Chen B，Jin C，et al. Microstructure and mechanical properties of a high Nb-TiAl alloy fabricated by electron beam melting ［J］. Materials & Design，2018，160：611-623.

［12］ Tang H P，Yang G Y，Jia W P，et al. Additive manufacturing of a high niobium-containing titanium aluminide alloy by selective electron beam melting ［J］. Materials Science & Engineering A，2015，636：103-107.

［13］ Clemens H，Bartels A，Bystrzanowski S，et al. Grain refinement in γ-TiAl-based alloys by solid state phase transformations [J]. Intermetallics，2006，14（12）：0-1385.

[14] Kan W，Liang Y，Peng H，et al. Microstructural Degradation of Ti-45Al-8Nb Alloy During the Fabrication Process by Electron Beam Melting [J]. JOM，2017，69：2596-2601.

[15] Mathieu Terner，Sara Biamino，Paolo Epicoco，et al. Electron beam melting of high niobium containing TiAl alloy：feasibility investigation [J]. Steel Research International，2012，83（10）：943-949.

[16] Seifi M，Salem A A，Satko D P，et al. Effects of HIP on microstructural heterogeneity，defect distribution and mechanical properties of additively manufactured EBM Ti-48Al-2Cr-2Nb [J]. Journal of Alloys and Compounds ，2017，729：1118-1135.

[17] Biamino S，Penna A，Ackelid U，et al. Electron beam melting of Ti-48Al-2Cr-2Nb alloy：Microstructure and mechanical properties investigation [J]. Intermetallics，2011，19（6）：776-781.

[18] Todai M，Nakano T，Liu T，et al. Effect of building direction on the microstructure and tensile properties of Ti-48Al-2Cr-2Nb alloy additively manufactured by electron beam melting [J]. Additive Manufacturing，2017，13：61-70

[19] 汤慧萍，王建，逯圣禄，等. 电子束选区熔化成形技术研究进展 [J]. 中国材料进展，2015（3）：49-59.

[20] Otsuka K，Ren X. Physical metallurgy of Ti-Ni-based shape memory alloys [J]. Progress in Materials Science，2005，50（5）：511-678.

[21] Yamauchi K，Ohkata I，Tsuchiya K，Miyazaki S. Shape memory and superelastic alloys：technologies and applications [M]. Cambridge：Woodhead Publishing，2011.

[22] Mohd Jani J，Leary M，Subic A，Gibson M A. A review of shape memory alloy research，applications and opportunities [J]. Materials & Design，2014，56：1078-1113.

[23] Herzog D，Seyda V，Wycisk E，Emmelmann C. Additive manufacturing of metals [J]. Acta Materialia，2016，117（Supplement C）：371-392.

[24] Christoph Haberland1，Elahinia1 M，Walker J M，et al. On the development of high quality NiTi shape memory and pseudoelastic parts by additive manufacturing [J]. Smart Materials and Structures，2014，10：1-13.

[25] Elahinia M，Shayesteh Moghaddam N，Taheri Andani M，et al. Fabrication of NiTi through additive manufacturing：A review [J]. Progress in Materials Science，2016，83：630-663.

[26] Bimber B A，Hamilton R F，Keist J，Palmer T A. Anisotropic microstructure and superelasticity of additive manufactured NiTi alloy bulk builds using laser directed energy deposition [J]. Materials Science and Engineering A，2016，674：125-134.

[27] Zhou Q，Hayat M D，Chen G，Cai S，Qu X H，Tang H P. Selective electron beam melting of NiTi：Microstructure，phase transformation and mechanical properties [J]. Materials Science and Engineering A，2018，744：290-298.

[28] Shen C，Pan Z，Ma Y，et al. Fabrication of iron-rich Fe-Al intermetallics using the wire-arc additive manufacturing process [J]. Additive Manufacturing，2015，7：20-26.

[29] Durejko T，Ziętala M，Łazińska M，et al. Structure and properties of the Fe_3Al-type intermetallic alloy fabricated by laser engineered net shaping（LENS）[J]. Materials Science and Engineering A，2016，650：374-381.

[30] Karczewski K，Dąbrowska M，Ziętala M，et al. Fe-Al thin walls manufactured by Laser Engineered Net Shaping [J]. Journal of Alloys and Compounds，2017，696：1105-1112.

[31] 周鑫，刘伟. 纯钨单层铺粉激光选区熔化/凝固行为 [J]. 中国激光，2016，43（5）：71-77.

3D打印金属材料
Metal
Materials
for 3D Printing

［32］ Zhou Xin，Liu Xihe，Zhang Dandan，et al. Balling phenomena in selective laser melted tungsten ［J］. Journal of Materials Processing Technology，2015，222：33-42.

［33］ Tan C，Zhou K，Ma W，Attard B，Zhang P，Kuang T. Selective laser melting of high-performance pure tungsten：parameter design，densification behavior and mechanical properties ［J］. Science and technology of advanced materials，2018，19：370-380.

［34］ Sidambe A T，Tian Y，Prangnell P B，Fox P. Effect of processing parameters on the densification，microstructure and crystallographic texture during the laser powder bed fusion of pure tungsten ［J］. International Journal of Refractory Metals and Hard Materials，2019，78：254-263.

［35］ Müller A V，Schlick G，Neu R，Anstätt C，Klimkait T，Lee J，et al. Additive manufacturing of pure tungsten by means of selective laser beam melting with substrate preheating temperatures up to 1000℃ ［J］. Nuclear Materials and Energy，2019，19：184-188.

［36］ Iveković A，Omidvari N，Vrancken B，Lietaert K，Thijs L，Vanmeensel K，et al. Selective laser melting of tungsten and tungsten alloys ［J］. International Journal of Refractory Metals and Hard Materials，2018，72：27-32.

［37］ Vrancken B，King V E.，Matthews M J. In-situ characterization of tungsten microcracking in Selective Laser ［J］. Proceedia CIRP，2018，74：107-110.

［38］ Wang D，Wang Z，Li K，Ma J，Liu W，Shen Z. Cracking in laser additively manufactured W：Initiation mechanism and a suppression approach by alloying ［J］. Materials & Design，2019，162：384-393.

［39］ Li K，Wang D，Xing L，Wang Y，Yu C，Chen J，et al. Crack suppression in additively manufactured tungsten by introducing secondary-phase nanoparticles into the matrix ［J］. International Journal of Refractory Metals and Hard Materials，2019，79：158-163.

［40］ Wen Shifeng，Wang Chong，Zhou Yan，Duan Longchen，Wei Qingsong，Yang Shoufeng Shi Yusheng. High-density tungsten fabricated by selective laser melting _ Densification，microstructure，mechanical and thermal performance ［J］. Optics and laser technology，2019，116：128-138.

［41］ 戴冬华，顾冬冬，李雅莉，等. 选区激光熔化 W-Cu 复合体系熔池熔体运动行为的数值模拟 ［J］. 中国激光，2013，40（11）：1-9.

［42］ Gu D D，Shen Y F，Wu X J. Formation of a novel W-rim/Cu-core structure during direct laser sintering of W-Cu composite system ［J］. Materials Letters，2008，62（12-13）：1765-1768.

［43］ Gu D D，Shen Y F. Effects of processing parameters on consolidation and microstructure of W-Cu components by DMLS ［J］. Journal of Alloys and Compounds，2009，473（1-2）：107-115.

［44］ Li R D，Liu J H，Shi Y S，et al. Effects of processing parameters on rapid manufacturing 90W-7Ni-3Fe parts via selective laser melting ［J］. Powder Metallurgy，2010，53：310-317.

［45］ 张丹青. 钨及钨合金的选择性激光熔化过程中微观组织演化研究 ［D］. 武汉：华中科技大学，2011.

［46］ Zhang D Q，Liu Z H，Cai Q Z，et al. Influence of Ni content on microstructure of W-Ni alloy produced by selective laser melting ［J］. International Journal of Refractory Metals and Hard Materials，2014，45：15-22.

［47］ Zhang Danqing，Cai Qizhou，Liu Jinhui，et al. Microstructural evolvement and formation of selective lasermelting W-Ni-Cu composite powder ［J］. International Journal of Advanced Manufacturing Technology，2013，67：2233-2242.

［48］ 王攀，刘天伟，王述钢，等. 钨基合金激光立体成形的组织及性能研究 ［J］. 激光技术，2016（2）：254-258.

［49］ Karel Deprez，Stefaan Vandenberghe，Karen Van Audenhaege，et al. Rapid additive manufacturing of MR compatible multipinhole collimators with selective laser melting of tungsten powder ［J］. Medical

Physics，2013，40：1-11.

[50] 殷为宏，汤慧萍.难熔金属材料与工程应用［M］.北京：冶金工业出版社，2012.

[51] 杨坤，汤慧萍，王建，等.标准化和增材制造个性化多孔钽植入体的研究进展［J］.热加工工艺，2017，22：5-8.

[52] Thijs L，Montero Sistiaga M L，Wauthle R，et al. Strong morphological and crystallographic texture and resulting yield strength anisotropy in selective laser melted tantalum ［J］. Acta Mater，2013，61 (12)：4657-4668.

[53] Livescu V，Knapp C M，Gray G T，et al. Additively manufactured tantalum microstructures ［J］. Materialia，2018.

[54] Zhou L，Yuan T，Li R，et al. Selective laser melting of pure tantalum：Densification，microstructure and mechanical behaviors ［J］. Mater Sci Eng A，2017，707：443-451.

[55] Goodwin F，Guruswamy S，Kainer K U，et al. Metals ［M］//MARTIENSSEN W，WARLIMONT H. Springer Handbook of Condensed Matter and Materials Data. Berlin，Heidelberg：Springer Berlin Heidelberg，2005：161-430.

[56] Wauthle R，van der Stok J，Amin Yavari S，et al. Additively manufactured porous tantalum implants ［J］. Acta Biomater，2015，14：217-225.

[57] Yeh J W，Chen S K，Lin S J，et al. Microstructural control and properties optimization of high-entropy alloys ［J］. Advanced Engineering Materials，2004，6：299-303.

[58] Huang P K，Yeh J W，Shun T T，Chen S K. Multi-principal-element alloys with improved oxidation and wear resistance for thermal spray coating ［J］. Advanced Engineering Materials，2004，6 (1-2)：74-78.

[59] Yeh J W. Recent progress in high-entropy alloys ［J］. European Journal of Control，2006，31 (6)：633-648.

[60] Murali M，Babu S P K，Krishna B J，Vallimanalan A. Synthesis and characterization of AlCoCr-CuFeZnx high-entropy alloy by mechanical alloying ［J］. Progress in Natural Science Materials International，2016，4：380-384.

[61] Gali A，George E P. Tensile properties of high- and medium-entropy alloys ［J］. Intermetallics，2013，39 (4)：74-78.

[62] Senkov O N，Wilks G B，Miracle D B，et al. Refractory high-entropy alloys ［J］. Intermetallics，2010，18：1758-1765.

[63] 科技日报.欧空局公布新项目 3D打印将进入"金属与深空时代"［EB/OL］.(2013-10-17)［2018-08-1］.http：//digitalpaper. stdaily.com/http _ kjrbsjb. com/kjrb/html/2013-10/17/content _ 228608.

[64] Joseph J，Stanford N，Hodgson P，et al. Tension/compression asymmetry in additive manufactured face centered cubic high entropy alloy ［J］. Scripta Materialia，2017，129：30-34.

[65] Fujieda T，Shiratori H，Kuwabara K，et al. CoCrFeNiTi-based high-entropy alloy with superior tensile strength and corrosion resistance achieved by a combination of additive manufacturing using selective electron beam melting and solution treatment ［J］. Materials Letters，2017，189：148-151.

[66] Wang R，Zhang K，Davies C，et al. Evolution of microstructure，mechanical and corrosion properties of AlCoCrFeNi high-entropy alloy prepared by direct laser fabrication ［J］. Journal of Alloys and Compounds，2017，694：971-981.

[67] Kunce I，Polanski M，Karczewski K，et al. Microstructural characterisation of high-entropy alloy AlCoCrFeNi fabricated by laser engineered net shaping ［J］. Journal of Alloys and Compounds，2015，648：751-758.

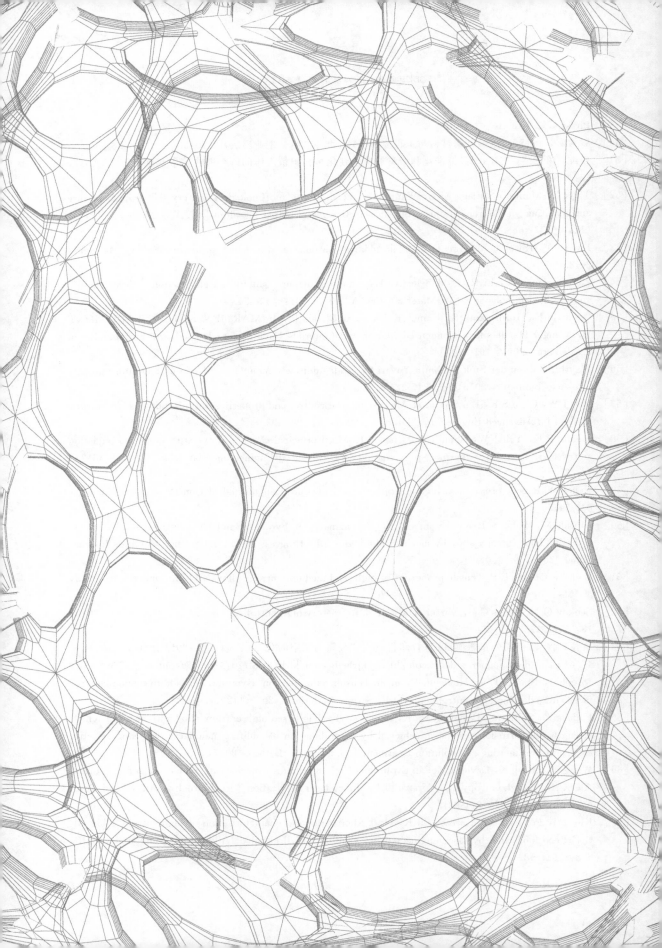

第 9 章
增材再制造材料

9.1 增材再制造技术概述

9.1.1 再制造的内涵和特点

再制造是指针对损坏或将报废的零部件，在性能失效分析、寿命评估等分析的基础上，采用一系列相关的先进制造技术，对损坏或将报废的零部件进行再制造修复处理，使再制造产品质量达到或超过新品的技术过程[1~3]。再制造工程是以产品全寿命周期理论为指导，以废旧产品性能实现提升为目标，以优质、高效、节能、节材、环保为准则，以先进技术和产业化生产为手段，对废旧产品进行一系列修复和改造的技术措施或工程活动的总称[4,5]。

"再制造"提倡旧品再生，再制造过程中采用各种维修技术，把损坏、磨损、腐蚀以及断裂等失效零部件翻新如初，大量节省了因购置新品、库存备件、管理以及停机等造成的对能源、原材料和经费的浪费，同时极大地减少了环境污染和废物处理。

再制造工艺流程一般包括如下步骤：废旧产品拆解检验、产品清洗处理、分类检测、再制造评定、再制造方案设计以及再制造加工检验等环节，依据国家标准《机械产品再制造通用技术要求》(GB/T 28618—2012)，再制造流程图为图 9-1 所示。

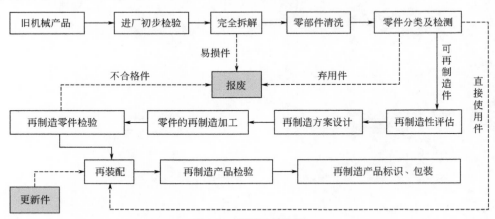

图 9-1 再制造流程图

增材再制造是以增材制造技术（3D 打印）为基本手段实施零件尺寸恢复与性能提升。增材再制造的目标是对损伤零部件的尺寸和性能同时进行还原，即增材再制造之后，产品的几何形状尺寸和原品一致，并且性能不低于原品。增材再制造是将 3D 打印的技术应用于再制造过程。不同于常规的 3D 打印技术，增材再制造过程中首先需要对再制造件利用几何逆向进行几何尺寸的还原，同时增材再制造是在基于损伤再制造件的基础上进行再制造成形，因此在再制造过程中，除了要考虑再制造成形体的自身性能特征之外，同时还要考虑基体的影响，在基体与成形层的界面控制以及基体的损伤方面需要进行多方面的考虑和成形过程优化。常规的 3D 打印所用的技术手段，如温度实时监测及闭环控制反馈等均可应用于增材再制造过程。同时增材再制造过程还需要考虑成形之后的立体加工问题，在增材再制造之后的整体加工方面要难于传统的 3D 打印。

再制造的主要特点如下：

（1）经济效益突出

再制造的对象是废旧机械产品，取得的效果是再制造件的性能和寿命周期不低于新品。和将废旧产品重新回炉进行新品制造相比，其节能减排效果十分突出。再制造对象本身潜藏着采矿、冶炼及加工制造等一系列附加值，再制造能很大程度保留和利用该类附加值，降低加工成本，减少能耗。

（2）质量稳定可靠

再制造本身的目的和要求就在于对零部件的性能全面恢复和超越，再制造过程中不断使用新技术和新设备，制造领域的高端技术多数可用于同种产品的再制造。同时随着再制造技术理论体系的不断完善，相关检测和评估方法不断革新，再制造的产品质量越来越能够保证。

（3）绿色环保

再制造由于减少大量的能耗和材料消耗，减少了大量的工业排放，尤其是对于大型钢铁类装备的再制造，环保效果更加明显。

9.1.2　增材再制造技术方法及其特点

与金属增材制造技术相似，根据所采用的能量手段不同，增材再制造技术主要包括：激光增材再制造、电子束增材再制造、等离子弧增材再制造、电弧增材再制造、喷涂沉积增材再制造以及激光-电弧复合增材再制造等。不同的增材再制造技术手段和工艺方法，对所用材料的要求不尽相同，详见下一节中相关内容。

目前，以激光增材再制造技术研究和应用最为广泛。激光增材再制造技术诞生至今，已经在冶金、汽车、航空航天、石油化工、电力等工业领域都得到了广泛应用[6,7]。

9.1.2.1　激光增材再制造和激光增材制造的区别

激光增材再制造是以丧失使用价值的损伤、废旧零部件作为再制造毛坯，利用以激光增材再制造技术为主的高新技术对其进行批量化修复、性能升级，所获得的激光增材再制造产品在技术性能上和质量上都能达到甚至超过新品的水平。激光增材再制造有利于生产自动化和产品的在线质量监控，有利于降低成本、降低资源和能源消耗、减少环境污染，能以最小的投入获得最大的经济效益，具有优质、高效、节能、节材、环保的基本特点[8]。激光增材制造，亦称激光增材 3D 打印技术，是基于离散堆积成形思想，通过计算机 CAD 数据模型，并在计算机控制下制造复杂的三维零件，其技术主要有 2 种：激光选区熔化（SLM）成形和激光选区烧结（SLS）。

激光增材再制造技术与激光增材制造技术的重要区别之一是：激光增材制造技术是直接成形零件，而激光增材再制造技术是利用原有零件作为再制造毛坯，采用激光增材再制造成形技术，使零部件恢复尺寸、形状和性能，形成激光增材再制造产品。主要包括在新产品上重新使用经过再制造的旧部件，以及对长期使用过的产品部件的性能、可靠性和寿命等通过再制造加以恢复和提高，从而使产品或设备在对环境污染最小、资源利用率最高、投入费用最小的情况下重新达到最佳的性能要求。

激光增材再制造的最大优势，是能够以先进成形技术方法制备出优于基体材料性能的再制造成形层，赋予零件耐高温、防腐蚀、耐磨损、抗疲劳、防辐射等性能，这层表面材料厚度从几十微米到几毫米，与制作部件的整体材料相比，厚度薄、面积小，但却承担着工作部件的主要功能，使工件具有了比本体材料更高的耐磨性、抗腐蚀性和耐高温等能力[9]。

9.1.2.2 激光增材再制造技术特点

激光增材再制造技术是利用大功率、高能量激光束聚焦能量极高的特点，瞬间将被加工件表面金属微熔，同时使零件表面预置或同步自动送置的合金粉完全熔化。激光束扫描后合金快速凝固，获得与零件基体完全冶金结合的致密熔覆层。激光增材再制造技术采用的熔覆材料范围广泛，通常采用耐热、耐磨、耐腐蚀和耐疲劳性能好的材料。与其他传统加工技术相比，具有以下几个显著特点[10~14]：

① 激光增材再制造涂层与基体为冶金结合，结合强度不低于原基体材料的90%，因此可以用于一些重载条件下零件的表面强化与修复，如大型轧辊、大型齿轮、大型曲轴等零件的表面强化与修复。

② 基体材料在激光加工过程中表面微熔，微熔层仅为0.05~0.1mm，基体热影响区极小，一般为0.1~0.5mm。

③ 激光加工过程中基体温升不超过80℃，激光加工后热变形小，因此适合强化或者修复一些高精度零件或者对变形要求严格的零件，如精轧辊的表面强化处理。

④ 激光增材再制造技术可控性好，易实现自动化控制，可以对几何形状复杂的产品零部件进行修复，如涡轮动力叶片等。

⑤ 涂层与基体均无粗大的铸造组织，涂层及其界面组织致密，晶体细小，无孔洞、夹杂、裂纹等缺陷。

⑥ 激光增材再制造涂层可做到从底层、中间层到表面层都由各具特点的梯度功能材料组成。底层具有与基体浸润性好、结合强度高等特点；中间层具有一定强度和硬度，抗裂性好等优点；面层具有抗冲刷、耐磨损和耐腐蚀等性能，使修复后的设备在安全和使用性能上更加有保障。

⑦ 激光增材再制造技术可以任意仿形修复和制造零件，涂层厚度可以按需要达到预定的几何尺寸要求。

激光增材再制造技术的应用和发展，解决了传统表面加工，如电焊、氩弧焊、喷涂、镀层等无法克服的材料选用局限性、工艺热变形、组织粗大、热疲劳损伤及结合强度差等一系列技术难题。因此激光增材再制造技术正逐渐成为再制造的主流技术之一。

9.2 增材再制造材料及其国内外现状

9.2.1 增材再制造材料分类及质量要求

9.2.1.1 增材再制造材料分类

增材再制造材料的选用不但应当考虑其合金力学性能，而且还必须综合考虑其增材成形工艺性及其与拟再制造金属零件基体的匹配性，因此增材再制造材料分类有多种方法，可以根据材料形态、性能特征、合金体系等不同特征进行分类。

根据所适用的增材再制造技术手段不同，依据再制造材料形态，增材再制造所用的金属材料主要分为丝材、粉材（粉体材料）以及膏状、棒状和箔（薄板）状材料等[15~17]。其中，目前应用最为广泛的是丝材和粉材。

根据拟再制造金属零件损伤部位的服役性能要求不同，增材再制造所采用的金属材料按其性能特征可以分为：耐磨材料、耐蚀材料、耐热材料、抗冲击材料、高强度材料等。

根据拟再制造金属零件材料体系的不同，综合考虑增材再制造材料与零件基体之间匹配性及其成形工艺性，增材再制造材料按其合金体系的不同，可以分为铁基合金、镍基合金、钴基合金、钛基合金、铝基合金、镁基合金、铜基合金以及陶瓷/金属复合材料等。

不同的金属增材再制造技术手段，所采用的增材材料的合金种类及其形态也有差异。表9-1给出了几种增材再制造技术所用材料的特征。

表 9-1 不同增材再制造技术所用材料特征统计

增材再制造技术	材料主要形态	材料主要合金体系	成形原理
激光增材再制造	粉体、丝材	各种合金、复合粉体	选区熔化成形;熔融沉积
电子束增材再制造	粉体	各种合金、复合粉体	选区熔化成形
等离子弧增材再制造	粉体、丝材	各种合金、复合粉体	熔融沉积
电弧增材再制造	丝材	钢、铝合金	熔融沉积
激光-电弧复合增材再制造	粉体、丝材	各种合金、复合粉体	熔融沉积
激光-等离子弧复合增材再制造	粉体、丝材	各种合金、复合粉体	熔融沉积

9.2.1.2 增材再制造材料质量要求

激光增材再制造对合金粉末的性能要求与激光增材制造的要求存在一定的差异。除了对粉末的形状、粒径、流动性、松装/压实密度、纯净度和氧含量等要求外，还要根据使用要求与基体的状况来选配。对于一定工作环境，某一基体而言，存在一最佳合金成分。目前，对于涂层材料及基体材料的许多物理性质无法获得，因此如何去度量涂层材料与基材是否具有良好的匹配关系，成为激光增材再制造技术的一个重点。另外，不能一味地追求涂层材料的使用性能，还要考虑涂层材料是否具有良好的涂覆工艺性，尤其是与基材在热膨胀系数、熔点等热物理性质上是否具有良好的匹配关系[18]。

（1）与基材热膨胀系数相近

激光增材再制造层中产生开裂、裂纹的重要原因之一是熔覆合金与基材之间的热膨胀系数的差异，所以在选择涂层材料时首先要考虑涂层与基材在热膨胀系数上的匹配，考虑涂层与基材的热膨胀系数差异对涂层的结合强度、抗热震性能，特别是抗开裂性能的影响[19]。

（2）与基体熔点相近

熔覆材料与基体金属的熔点不能相差太大，否则难以形成与基体良好冶金结合且稀释度小的熔覆层。一般情况下，若熔覆材料熔点过高，加热时熔覆材料熔化少，则会使涂层表面粗糙度高，或者由于基体表面过度熔化导致熔覆层稀释度增大，熔覆层被严重污染；若熔覆材料熔点过低，则会因熔覆材料过度熔化而使熔覆层产生空洞和夹杂，或者由于基体金属表面不能很好熔化，熔覆层和基体难以形成良好冶金结合。因而在激光增材再制造中，一般选择熔点与基体金属相近的熔覆材料。

（3）对基体润湿性好

熔覆材料和基体金属以及熔覆材料中高熔点陶瓷相颗粒与基体金属之间应当具有良好的润湿性，否则会因为润湿性不佳导致裂纹的萌生。

（4）良好的固态流动性

此外，针对同步送粉激光再制造工艺，合金粉末还应遵循流动性原则，即合金粉末应具有良好的固态流动性。粉末的流动性与粉末的形状、粒度分布、表面状态及粉末的湿度等因素有关。球形粉末流动性最好。粉末粒度最好在 $40 \sim 200 \mu m$ 范围内，粉末过细，流动性差；粉末太粗，熔覆工艺性差。粉末受潮后流动性变差，使用时应保证粉末的干燥性。

（5）合适的粒度范围

一般来说，激光增材再制造所需粉末中粒径一般在 $90 \sim 150 \mu m$。

粉末直径越小，在其他参数相同的条件下，越容易在成形过程中出现过热现象。过度的加热可能会造成材料熔融过度，熔池温度过高，熔池内金属液的流动情况变得更为复杂，有可能使金属液发生飞溅现象，过高的温度更容易使合金元素发生烧损，甚至会导致元素与保护气体发生反应而引入夹杂等问题。粉末直径越小，比表面积越大，越容易发生团聚现象，团聚后的粉末会大大降低粉末的可输送性。

当粉末直径过大时，加热过程获取的能量无法充分地将粉末加热至理想成形温度，这可能导致材料的冶金变化不完全，影响材料之间的结合力，使得工件的致密性下降。当粉末直径达到一临界值时，成形过程将完全无法进行。

（6）材料的一致性

材料的一致性越好，加工过程中材料发生的冶金变化越稳定，这样才能保证扫描路径中材料的变化以及最终的性能更加的稳定、一致。对于粉末材料，性能的一致性不仅包括材料的化学成分、组织、力学性能等常规性能一致，同时其形貌特征，如粒径大小、球形度等因素也是重要的指标。最理想的激光增材再制造用粉末应是粒径尺寸、外形一致的。

除此之外，金属粉末还应尽可能同时满足纯度高，少或无空心、卫星球（实心最佳），粒度分布窄，球形度高，氧含量低和松装密度高等要求[20～22]。

9.2.2 增材再制造材料体系

激光增材修复与再制造工艺和修复部位性能决定了激光增材修复与再制造技术的应用。激光增材修复与再制造层的形成过程是一个复杂的物理化学过程和熔体快速凝固过程。在此过程中，影响激光增材修复与再制造层成形质量和性能的因素复杂，其中，激光增材修复与再制造材料是一个主要因素。修复与再制造材料直接决定修复部位的服役性能，因此，自激光增材修复与再制造技术诞生以来，激光增材修复与再制造材料一直受到研究开发和工程应用人员的重视。

增材修复与再制造材料体系，按材料的初始供应状态可分为粉末状、膏状、丝状、棒状和薄板状，其中应用最广泛的是粉末状材料。按照材料成分构成，增材修复与再制造用合金材料主要分为铁、镍、钴基合金和其他合金材料等。

9.2.2.1 铁基合金材料

由于大多数需要增材修复和再制造的零件是铁基材料，铁基合金材料与零件基体成分接近熔合性好，而且铁基合金材料相对镍基合金和钴基合金材料便宜得多。因此，在激光增材修复与再制造领域，铁基合金材料相对其他两种材料具有更广的应用领域，因而也最值得关注。目前，增材修复和再制造用铁基合金材料主要有自熔性铁基合金和非自熔性铁基合金两类。

（1）自熔性铁基合金材料

Fe 基自熔粉末合金成本低廉、耐磨性好，其成分与铸铁、低碳钢等基体合金接近，相容性好，界面结合牢固，常用于要求局部耐磨的零件。目前 Fe 基合金常用的合金元素有 C、Si、B、Cr 等。Fe、Cr 等元素可与 C、B 等元素反应生成细小的硬质碳化物或硼化物，弥散分布于熔覆层内，提高熔覆层硬度，进而提高其耐磨性能。近年来，国内外有关激光增材修复与再制造的研究有不少是围绕激光增材修复与再制造专用铁基合金粉末展开的，但总体来说主要还是以铁基自熔性合金粉末为主，可以归结为两种类型：奥氏体不锈钢型和高铬铸铁型[23～25]。

奥氏体不锈钢型是在奥氏体不锈钢中加入 B、Si 元素，通过调整合金元素含量来调整涂层的硬度，并通过添加其他元素来改善合金的性能。激光增材修复与再制造后涂层除得到奥氏体外，还生成多种金属间化合物和共晶化合物，从而改变了涂层的性能。总体来说，该类熔覆层一般硬度较低，抗磨损性能并不理想，但抗拉强度、耐冲击性及耐疲劳性相对较好，常用作常规的轴类等钢铁件的增材再制造。如采用成分为表 9-2 的自行设计的铁基合金粉末

3D打印金属材料
Metal
Materials
for 3D Printing

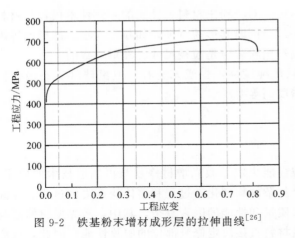

图 9-2　铁基粉末增材成形层的拉伸曲线[26]

进行激光增材再制造成形时，获得的粉末增材成形层力学性能如表 9-3 所示，拉伸曲线如图 9-2 所示[26]。和常见的钢铁材料的性能对比之后可以发现，采用该成分粉末进行增材再制造成形层的力学性能基本满足常规的钢铁件的再制造性能要求。

高铬铸铁型主要为在 Fe-Cr-C 合金体系的基础上添加一定量的 B、Si 元素形成自熔性合金。高铬铸铁型合金粉末中碳和铬含量较高，熔覆组织中有较多的碳化物和硼化物，强化机制为马氏体强化及碳化物强化，因此涂层具有较高的硬度和耐磨性。但由于熔覆层组织中碳化物常常呈网状分布，导致该熔覆材料具有较高的开裂倾向，降低了熔覆层的使用性能。

表 9-2　铁基合金粉末成分[26]

成分	C	Si	Mn	Cr	Ni	Fe
含量/%	≤0.03	≤1.00	≤2.00	18.00～20.00	8.00～12.00	余量

表 9-3　铁基粉末增材成形层的力学性能[26]

屈服强度/MPa	抗拉强度/MPa	延伸率/%	冲击功/J	硬度/HRC	最大疲劳周次/次
500～550	750～780	17～18	60～70	240～300	1.00×10^7

以上铁基合金粉末中通常加入较高含量的 Si 和 B 元素，在激光增材修复与再制造熔融过程中，上述硼硅酸盐熔渣不能有效上浮，大部分将成为夹杂保留在熔覆层中，导致激光增材修复与再制造层的裂纹敏感性和夹杂增加。另外，B 在铁中的溶解度极低，B 在 α-Fe 中的溶解度小于 0.0004%，在 γ-Fe 中的溶解度也只有 0.02%[27]，而且 B 易偏析在晶界上形成低熔点共晶组织，降低铁基合金激光增材修复与再制造层的韧性，为制备高韧性激光增材修复与再制造层，应严格限制 B 元素的添加和含量。

（2）高碳高合金材料

尽管近期有关激光增材修复与再制造专用铁基合金的研究活动较多，但应用的合金大多数为"高碳高合金"，覆层组织具有两相组成的特征，即其中一相为韧性较好的奥氏体或铁素体，另一相为大量形状细小、弥散分布的高硬度合金碳化物强化相[28]。周野飞[29] 等发现当熔覆层中碳含量（质量分数）为 2.5% 时，其组织为初生 γ-Fe 胞状树枝晶及晶间 M_7C_3 型碳化物；当熔覆层中碳含量（质量分数）为 4.5% 时，其组织为等轴树枝晶形貌的初生 M_7C_3 型碳化物及共晶（$M_7C_3 + \gamma\text{-Fe}$）。这种设计思想是最近几年激光增材修复与再制造专用铁基合金成分与修复层组织设计的主要思想。相对于早期研究者企图用预热、后热和调整工艺参数等简单技术手段消除裂纹而言，近期有关研究者则从凝固理论和界面精细结构等更深层面考虑消除裂纹问题，这显然是一种进步。按这些思想设计的激光增材修复与再制造专用铁基合金取得了一些进步，但也还存在着一些问题。从工程应用的角度考虑，按这种设计思想制作的熔覆层尚未能获得广泛的应用，尤其是未能在价值昂贵的大中型零部件上获得应用。由于不能在技术难度更大即熔覆层开裂倾向更大的大中型零部件上获得应用，表明这些设计思想还有其局限性，还需要较大改进。

（3）中、低碳中合金

激光增材修复与再制造层的裂纹问题深刻体现了材料硬度与韧性之间的矛盾，为解决材料硬度与韧性这一对矛盾，在激光增材修复与再制造专用铁基合金成分设计上，李胜[30] 等提出了采用中、低碳中合金；在激光增材修复与再制造铁基合金层的室温组织设计上采用：中碳混合马氏体（或低碳板条马氏体）+少量残余奥氏体+少量碳化物。并采用自行研制的激光增材修复与再制造专用高硬度铁基合金（熔覆层硬度为 60HRC）成功修复了数支大型轧辊，但未见有关组织结构和力学性能的详细报道。采用低含碳量高合金铁基合金（碳质量分数 0.04％~0.07％）进行激光增材修复与再制造试验和摩擦磨损试验，并对修复层的显微组织、硬度、耐磨性和磨痕显微形貌进行了研究。其修复层组织为平面晶和树枝晶，无裂纹，但没有在大中型零件上应用。

微合金钢具有良好的综合力学性能，高强度、高韧性和良好的延展性、焊接性、成形性。与普通低碳钢和低合金钢相比，微合金钢进一步降低碳含量，质量分数通常小于 0.1％，以保证其具有较高的塑韧性以及较好的焊接性和成形性。微合金钢力学性能优异，屈服强度比普通碳钢高数百兆帕，而在屈服强度基本相同的条件下，微合金钢具有相当高的韧性、塑性指标，且具有相当低的韧-脆转变温度[31~33]。激光增材修复与再制造铁基合金粉末设计可参照低合金钢、微合金钢的成分设计理念，以此为基础结合激光增材修复与再制造工艺特点对粉末成分进行微调，则有望制备出高塑韧性的熔覆层。

综上所述可以看出采用中、低碳中合金激光增材修复与再制造专用铁基合金成分与组织设计思想有可能成功解决裂纹问题，具有相当的技术可行性和经济可行性。降低碳和合金元素含量应该是高塑韧性激光增材修复与再制造专用合金粉末成分设计的发展方向。

（4）其他铁基合金材料

常规的铁基合金粉末广泛应用于常见轴类及一般齿轮等常规的再制造成形，同时对于铸铁件的再制造，铁基合金材料由于相近的性能匹配和成本的低廉，其在铸铁类零件的再制造中应用也较为广泛。但由于要考虑铸铁件再制造过程出现的白口倾向，粉末材料中通常加入 Ni 元素进行白口化控制，同时对其他碳化物形成元素也有着一定的限制。图 9-3 为采用专用的铁基合金粉末对铸铁件（QT500-7）进行激光增材再制造成形之后的硬度和抗拉强度曲线[34]，表 9-4 为成形层和基体性能对比，成形层的抗拉强度达到 500MPa，屈服强度超过 340MPa，平均硬度超过 260HV，可以广泛应用于铸铁件的再制造。

表 9-4 铁基合金再制造球铁件性能对比[34]

性能	屈服强度/MPa	抗拉强度/MPa	延伸率/%	硬度/HV
成形层	340~370	500~540	6~7	230~350
基体	350	500	7	180~240

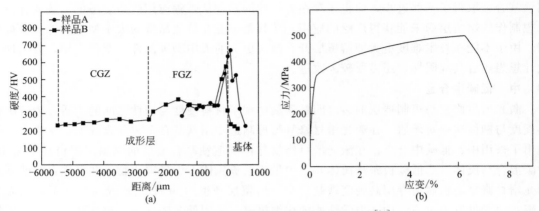

图 9-3 铁基合金再制造的硬度和抗拉强度[34]

(a) 单道 A 和多层多道 B 硬度；(b) 拉伸曲线

(5) 典型增材修复与再制造用铁基材料

目前，应用于激光增材制造的较为成熟的铁基合金粉末材料相对较少，且多沿用热喷涂系列合金或激光表面熔覆系列合金，这些材料表面涂覆层成形性能较为优异，但体成形性相对欠缺。现阶段适用于激光增材修复与再制造的铁基材料主要有与 316L 和 304L 不锈钢、马氏体时效钢、沉淀硬化不锈钢以及工具钢等成分一致或接近的粉体材料，依据激光增材修复与再制造铁基材料的使用性能，可将其分为高强韧铁基材料、耐磨损铁基材料、抗疲劳铁基材料等类型[35]。

① 高强韧铁基材料　高强韧铁基材料兼具高强度、高韧性，且成形性能好，目前已成为激光增材修复与再制造零件的主要材料。高强韧铁基材料中合金元素的主要强化机制为固溶强化，析出碳化物第二相强化和细晶强化。因此，高强韧铁基材料多采用添加 Ni、Cr、W 和 Mo 等元素实现固溶强化以及采用析出的碳化物来强化合金化层。通过添加少量的 B 和 C 改善晶界，以实现晶界强化。Al、Ti、Nb 等强碳氮化物形成元素可形成颗粒，阻止晶粒长大，弥散分布的硬质碳化物颗粒使整个材料的强度得到了提升；同时激光增材修复与再制造过程中的快速升温和降温过程使材料发生非稳态固态的相变过程，为个别钢种弥散的纳米级渗碳体的形成等硬化过程提供了条件。在高强韧铁基材料体系中，不锈钢材料的研究与应用相对较多，其中，316L 钢是使用和研究较多的不锈钢之一，具有较好的强韧综合性能，在高温下具有较大的强度和较好的耐腐蚀性。与 316 不锈钢相比，316L 降低了其中的 C 含量；在激光加工过程中，316L 中的碳很难析出并与铬结合成碳化铬，提升了不锈钢的耐腐蚀性能。304L 不锈钢具有优异的强韧综合性能、耐腐蚀性能和加工性能。目前已经有一些关于 304L 在激光增材制造中

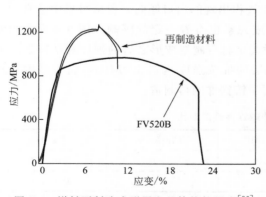

图 9-4　增材再制造成形层和基体抗拉强度[36]

的应用研究成果。

具有代表性的还有 17-4PH 粉末材料，合金成形之后具有较大强度、良好的塑韧性和耐腐蚀性能，广泛应用于各种对材料性能要求较为苛刻的场合，如大型压缩机转子、压气机叶片和核反应堆结构件等。图 9-4 为采用典型的 17-4PH 粉末材料对 FV520B 高性能钢进行激光增材再制造之后的抗拉性能对比，表 9-5 为具体的性能对比分析[36]。再制造之后成形层的抗拉强度达到 1275MPa，屈服强度为 920MPa，远高于基体，但基体材料的延伸率达到23%，而成形层的延伸率则为 11%，同时成形层冲击功仅为 32J，不到基体材料的一半，但硬度、屈服强度和抗拉强度远高于基体材料，因此可用于对强度要求较高的 FV520B 构件，采用该粉末材料进行增材再制造成形，基本上达到再制造的要求，如果对于韧性要求较高的构件，可适当进行热处理，提高成形层的韧性。

表 9-5　成形层和基体性能对比[36]

参数	屈服强度/MPa	抗拉强度/MPa	延伸率/%	冲击功/J	硬度/HRC
成形层	920	1275	11	32	42
基体	831	970	23	72	39

② 耐磨损铁基材料　某些激光增材制造钢件需在摩擦磨损条件下使用，例如模具零件，这对铁基材料提出了较高的耐磨损性能要求。从微观结构上看，钢的耐磨性主要得益于碳化物的生成，以及经历固态相变后奥氏体及残余奥氏体向马氏体的转变。一般来说，随着 C元素的增多，固溶体中的 Fe_3C 等碳化物的增多和弥散分布势必会增强钢件的耐磨性，但也严重降低了材料的可塑性。如果加入其他强碳化物后形成了合金元素，则可有效解决强韧性低的问题。目前，由于耐磨损钢的成分、成形能力及其应用等综合问题较为复杂，仅有少数学者使用耐磨损钢材料进行激光增材制造试验。

代表性的耐磨铁基材料如 H13 钢，H13 钢是一种应用广泛的热作模具钢材料，对应我国牌号 4Cr5MoSiV1，具有高的强度、耐磨损、冲击韧性、淬透性和相对较好的热稳定性。通过硫元素、碳元素和铬元素的控制，H13 钢的塑韧性得到了明显改善。采用 H13 合金粉体的激光熔覆工作，H13 熔覆层与基体冶金结合良好，涂层组织致密无裂纹，成形件界面区域出现硬化，硬度为基体的近 3 倍[37,38]。

③ 抗疲劳铁基材料　大型复杂的承力零部件的服役时间长，服役环境恶劣，其材料必须同时拥有较好的强韧性能、加工性能和抗疲劳性能。一些学者对承力部位的激光增材修复与再制造件的疲劳特性进行了研究。在激光/金属相互作用过程中，极高的能量密度使基体表面材料在成形过程中发生熔化，熔覆层及基体受到的短周期、多循环、具有极高加热和冷却的热历史不同，因而固态相变过程和最终组织的形貌也不同。材料的成分决定其升降温过程的稳态和非稳态固态相变过程是复杂而难以精准预测和控制的，同时材料本身还要拥有优异的增材制造成形能力，因此目前和未来一段时间，材料的增材制造部件的疲劳问题会成为制约增材修复与再制造的关键问题之一。

300M 钢是典型的耐疲劳钢铁材料，其拥有超高的强度（达到 1860MPa 以上）及优异的综合性能，其屈服强度和抗拉强度，特别是固有疲劳强度均较高，因此该种合金粉体具有极大的强度和较好的抗疲劳性能，是世界上使用的强度最高、纯度最高、综合性能最好和应用最广的起落架用钢。其国内牌号为 43CrNiSiMoV，相比 4340 钢加入了硅（1.6%）和钒（0.1%），其屈服强度和抗拉强度、特别是固有疲劳强度得到极大的提高。董翠等[39] 对激光熔化沉积快速成形 300M 钢薄板的显微组织和力学性能进行了分析，结果显示，沉积过程不同沉积高度材料经历不同的快速非稳态热循环历史，试样中、上部为马氏体和贝氏体混合组织，中、下部位无碳贝氏体和岛状马氏体/奥氏体（M-A）组织，底部为马氏体及贝氏体回火组织，其硬度也随沉积高度变化呈阶状变化，对应上述组织结果。刘丰刚等[40] 开展了激光立体成形修复 300M 钢的相关工作，修复后沉积态试样的拉伸性能远低于锻件标准，经过热处理后，各项力学性能均得到了改善，另外应力-应变曲线结果显示，超过最大抗拉强度后，局部应变在修复区急剧增加；修复件沉积态显微组织从修复区顶部到基材发生率显著变化，冲击韧性为 14.3J/cm²，远低于 300M 钢锻件，经过热处理后修复件组织发生明显均匀化，冲击韧性提高到 28.3J/cm²，沉积态试样的断裂方式为准解理断裂，主裂纹在扩展过程中横穿马氏体区域，并在下个区域发生偏转，而热处理试样的断裂方式为韧性断裂。

9.2.2.2　镍基合金材料

目前，用于增材修复与再制造的镍基合金主要可分为两类，镍基自熔性合金和镍基高温合金。

(1) 镍基自熔性合金材料

镍合金粉末中加入适量 B、Si 便形成了镍基自熔性合金粉末。镍基自熔性合金粉末中主要含有 C、B、Si、Cr、Ni、Fe、W、Mo 等合金元素，主要有 Ni-B-Si 和 Ni-Cr-C-B-Si 两个合金系列。其中 Ni-Cr-C-B-Si 合金是激光增材修复与再制造技术中应用最广泛的熔覆材料。它是在 Ni-B-Si 合金系列的基础上加入适当的 Cr 和 C 而形成的。其中 B、Si 是使自熔性合金粉末自造渣、自保护、具有自熔性的关键元素，对激光增材修复与再制造工艺性能有很大影响。同时 B、Si 元素对粉末熔点、成球性、涂层硬度、耐磨性等均有明显影响。当 B、Si 含量过高时，涂层的脆性明显增加，塑性韧性下降，极易产生裂纹。Cr 能溶于 Ni 中形成镍铬固溶体而增加熔覆层强度，提高熔覆层的抗氧化性和耐蚀性。C 能与 Cr、W、Mo、Fe 等生成碳化物，这些硬质点分布在基体上，提高了涂层的硬度。在高温时 C 的脱氧作用强烈。但 C 含量较高时，材料的耐蚀性将下降。Fe、Cr、Co、Mo、W 等元素能对镍基体进行奥氏体固溶强化，提高基体的强度。总之，Ni 基自熔性合金粉末中各元素的选择和添加量依据合金成形性能和激光增材修复与再制造工艺进行确定。

(2) 镍基高温合金材料

镍基高温合金具有较高的强度、抗高温氧化和抗燃气腐蚀能力以及微观组织稳定等优点，被大量应用在燃气轮机、发动机和核反应堆中的热端部件，如航空涡轮发动机燃烧室、导向叶片、涡轮叶片、涡轮盘、发动机轴、燃烧室隔板、涡轮进气导管以及喷管等部件。随着工业化的发展，镍基高温合金也逐渐应用于增压涡轮、工业燃气轮机、内燃机阀座、转向辊等能源动力、交通运输、石油化工、冶金矿山和玻璃建材领域。

镍基高温合金是以镍为基体（镍质量分数一般大于 50%）、在 650～1000℃ 范围内具有

第9章
增材再制造材料

较高的强度和良好的抗氧化、抗燃气腐蚀能力的高温合金。它是在 Cr20Ni80 合金基础上发展起来的，为了满足 1000℃左右高温热强性（高温强度、蠕变抗力、高温疲劳强度）和气体介质中的抗氧化、抗腐蚀的要求，加入了大量的强化元素，如 W、Mo、Ti、Al、Nb、Co 等，以保证其优越的高温性能。除具有固溶强化作用，高温合金更依靠 Al、Ti 等与 Ni 形成金属间化合物 γ' 相（Ni3Al 或 Ni3Ti 等）的析出强化和部分细小稳定 MC、M23C6 碳化物的晶内弥散强化以及 B、Zr、Re 等对晶界起净化、强化作用。添加 Cr 的目的是进一步提高高温合金抗氧化、抗高温腐蚀性能[41]。

目前，增材修复与再制造用镍基高温合金材料主要为 GH4169 合金（国外牌号 Inconel 718），GH4169 合金是一种沉淀强化型变形高温合金，含有 18%（质量分数）的 Fe，具有面心立方结构。由 γ 基体相、主要强化相 γ''、辅助强化 γ' 相、δ 相和碳化物等相组成。在 650℃以下该合金具有较高的屈服强度、较好的耐腐蚀能力、高温抗氧化性能和良好的塑性、成形能力等[42]。常见的 Inconel 718 合金不仅可以采用激光增材再制造方法增材成形，同时还可以采用等离子弧等方法进行成形。徐富家[43] 采用脉冲等离子弧成形方法对 Inconel 625 进行增材制造，成形材料采用 Inconel 625 丝材，并且详细地对沉积态、直接时效、固溶失效及均匀化等方法获得的成形层进行了性能上的评价比较，结果表明几种方法获得的成形层的性能和锻造基材相有一定差异，其中直接

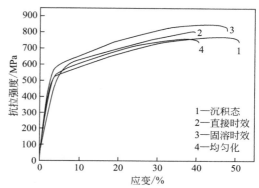

图 9-5　Inconel 718 合金粉末增材成形层抗拉强度[43]

时效和固溶失效获得的成形层更接近锻造基体材料，抗拉强度基本上在 850MPa 左右，延伸率在 40%左右，屈服强度基本上在 500MPa 以上。而沉积态和均匀化获得的成形层抗拉强度在 730~780MPa，屈服强度在 480~490MPa 左右，如表 9-6 和图 9-5 所示。

表 9-6　Inconel 718 合金粉末增材成形层性能[43]

工艺条件	试样类型	抗拉强度/MPa	延伸率/%	屈服强度/MPa
沉积态	薄壁	782	48	493
	块体	771	50	480
直接时效	薄壁	841	35	505
	块体	833	38	495
固溶时效	薄壁	857	43	525
	块体	851	44	515
均匀化	薄壁	754	42	477
	块体	732	40	489
锻造	—	855	50	490

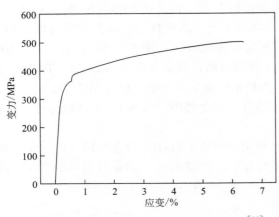

图 9-6　NiCu 合金粉末增材成形层抗拉强度[44]

（3）特殊成分镍基合金粉末材料

除了以上常见的两种镍基合金材料之外，一些特殊成分的镍基合金材料被用作某些特殊钢铁件的再制造，如高性能铸铁件的再制造。常见的特殊镍基合金体系包括镍铜体系及镍铁体系等，由于要适应铸铁件在再制造过程中熔池发生的各种特殊反应及铸铁本身凝固的特殊性，这类材料对碳含量以及其他易于形成碳化物的合金元素含量控制较为严格，如粉末材料不能含有 Ti 等元素，为了提高石墨形核的共晶点，促进石墨形核，粉末成通常要加入适量 Si 及 Mn 等石墨化元素。再制造件的抗拉强度不低于 500MPa，硬度不低于 220HV，其他性能不低于基体材料，采用 NiCu 合金粉末对 QT500-7 高性能球墨铸铁件进行再制造成形之后，性能如表 9-7 所示，拉伸曲线如图 9-6 所示[44]。

表 9-7　NiCu 合金粉末增材成形层和基体性能对比[44]

性能	屈服强度/MPa	抗拉强度/MPa	延伸率/%	硬度/HV
成形层	330～360	500～550	5～8	300～360
基体	350	500	7	180～240

9.2.2.3　钴基合金

钴基合金，是一种能耐各种类型磨损和腐蚀以及高温氧化的硬质合金，即通常所说的钴铬钨（钼）合金或司太立（Stellite）合金（司太立合金由美国人 Elwood Hayness 于 1907 年发明）。钴基合金是以钴作为主要成分，含有相当数量的镍、铬、钨和少量的钼、铌、钽、钛、镧等合金元素，偶尔也还含有铁的一类合金。根据合金中成分不同，它们可以制成焊丝、粉末用于硬面堆焊、热喷涂、喷焊、激光增材修复与再制造等增材修复与再制造工艺[45]。

钴基耐高温合金的典型牌号有：Hayness188，Haynes25（L-605），Alloy S-816，UM-Co-50，MP-159，FSX-414，X-40，Stellite6B 等；中国牌号有：GH5188（GH188），GH159，GH605，K640，DZ40M 等。与其他高温合金不同，钴基高温合金不是由与基体牢固结合的有序沉淀相来强化，而是由已被固溶强化的奥氏体 fcc 基体和基体中分布的少量碳化物组成。铸造钴基高温合金却是在很大程度上依靠碳化物强化。纯钴晶体在 417℃ 以下是密排六方（hcp）晶体结构，在更高温度下转变为 fcc。为了避免钴基高温合金在使用时发生这种转变，实际上所有钴基合金由镍合金化，以便在室温到熔点温度范围内使组织稳定化。钴基合金具有平坦的断裂应力-温度关系，但在 1000℃ 以上却显示出比其他高温下具有优异的抗热腐蚀性能，这可能是因为该合金含铬量较高，这是这类合金的一个特征。

钴基堆焊合金含铬 25%～33%，含钨 3%～21%，含碳 0.7%～3.0%。随着含碳量的增加，其金相组织从亚共晶的奥氏体＋M_7C_3 型共晶变成过共晶的 M_7C_3 型初生碳化物＋M_7C_3 型共晶。含碳越多，初生 M_7C_3 越多，宏观硬度加大，抗磨料磨损性能提高，但耐冲击能力、焊接性、机加工性能都会下降。被铬和钨合金化的钴基合金具有很好的抗氧化性，抗腐蚀性和耐热性。在 650℃仍能保持较高的硬度和强度，这是该类合金区别于镍基和铁基合金的重要特点。钴基合金机加工后表面粗糙度低，具有高的抗擦伤能力和低的摩擦系数，也适用于黏着磨损，尤其在滑动和接触的阀门密封面上。但在高应力磨料磨损时，含碳低的钴铬钨合金耐磨性还不如低碳钢，因此，价格昂贵的钴基合金的选用，必须有专业人士的指导，才能发挥材料的最大潜力。国外还有用铬、钼合金化的含 Laves 相的钴基堆焊合金，如 Co-28Mo-17Cr-3Si 和 Co-28Mo-8Cr-2Si。由于 Laves 相比碳化物硬度低，在金属摩擦副中与之配对的材料磨损较小。

9.2.2.4 高熵合金

高熵合金是近年来发展的新型高强合金之一。由 5 种或 5 种以上元素按照等摩尔比或近摩尔比配制而成的合金为高熵合金。高熵合金由于混合熵较高，在凝固过程中可抑制传统多元合金中脆性相（如金属间化合物）的析出，凝固后多形成具有 bcc 或 fcc 结构的固溶体，显著降低多元合金的脆性。高熵合金可具有高硬度、高耐腐蚀性和极高的热稳定性等。激光增材修复与再制造过程的凝固速度快（$10^4 \sim 10^6$℃/s），能够抑制第二相化合物的生成，促使高熵合金形成单一的固溶体。目前，高熵合金是激光增材修复与再制造材料领域最新的研究方向之一。

9.2.2.5 复合粉末

复合粉末主要是指碳化物、氮化物、硼化物或氧化物等各种高熔点硬质材料与金属混合或复合而形成的粉末体系[46,47]。复合粉末可以借助激光熔覆技术制备出陶瓷颗粒增强金属基复合涂层，它将金属的强韧性、良好工艺性和陶瓷材料优异的耐磨、耐蚀、耐高温和抗氧化特性有机结合起来，是目前激光熔覆技术领域研究发展的热点。目前应用和研究较多的复合粉末体系主要包括：碳化物合金粉末（如 WC、TiC、B_4C、Cr_3C_2 等），氧化物合金粉末（如 Al_2O_3、Zr_2O_3、TiO_2 等），氮化物合金粉末（TiN、Si_3N_4 等），硼化物合金粉末，硅化物合金粉末等。其中，碳化物合金粉末和氧化物合金粉末研究和应用最多。碳化物合金粉末主要应用于制备耐磨涂层；复合粉末中的碳化物颗粒通常以包覆型粉末（如镍包碳化物、钴包碳化物）的形式加入，由于芯核粉末受到包覆粉末的保护，可有效减弱或避免碳化物在激光熔覆过程发生氧化烧损、失碳、挥发等现象。

9.2.2.6 其他合金材料

上述几类熔覆粉末是目前应用较多的熔覆粉末。然而，其他熔覆粉末虽然目前的使用技术不是很成熟，使用也不是十分广泛，但是其（如钛基、铜基、镁基等大多数利用该类金属合金一些自身特有的属性而达成耐高温、耐腐蚀、抗氧化、耐热疲劳、耐摩擦等优质的材料性能）前景十分广阔，适合进一步研究。

（1）铜基合金材料

铜基合金兼具良好的耐腐蚀性能和抗黏着磨损性能，铜基激光增材修复与再制造材料包括 Cu-Ni、Cu-Ni-B-Si、Cu-Ni-Fe-Co-Cr-Si-B、Cu-Zr-Al、Cu-Mn 和 Cu-Cr-Si 等[48,49]，其中 Cu-Ni 系合金应用普遍。Cu 元素可与 Zr、Mo、Si 等元素发生反应形成强化相，提高涂层耐磨性能。Cu-Co、Co-Fe 系合金在一定成分范围发生熔体分离，冷却时先析出高熔点硬质相，后发生包晶反应生成原位颗粒增强复合材料。

（2）钛基合金材料

钛基熔覆材料主要用于改善基体金属材料表面的生物相容性、耐磨性或耐蚀性等。研究的钛基激光增材修复与再制造粉末材料主要是纯 Ti 粉、Ti6Al4V 合金粉末以及 Ti-TiO$_2$、Ti-TiC、Ti-WC、Ti-Si 等钛基复合粉末[50]。Ti6Al4V 合金材料为常用钛合金增材再制造材料体系，增材再制造的方法包括激光增材和等离子弧增材等方法，林建军等人[51] 采用等离子弧增材的方法系统地研究了 Ti6Al4V 合金材料的组织和性能，并且和其他方法在性能上进行了对比，如表 9-8 所示。结果表明等离子弧增材获得 Ti6Al4V 成形层的最大抗拉强度达到 997MPa，最大屈服强度达到 922MPa，均高于其他方法获得的成形层强度。

表 9-8 增材制造 Ti-6Al-4V 合金的力学性能对比[51]

方法	条件	抗拉强度/MPa	屈服强度/MPa	延伸率/%
等离子弧	堆积成形	968~997	896~922	6~7
电子束	堆积成形	811~870	767~820	2.3~4.5
激光沉积	堆积成形	790~960	697~884	4.2~12.5
TIG 增材	堆积成形	930~940	791~874	6.6~20.5
ASTM	铸造	895	825	6

（3）镁基合金材料

镁基熔覆材料主要用于镁合金表面的激光增材修复与再制造，以提高镁合金表面的耐磨性能和耐蚀性能[52]。在普通商用镁合金上熔覆镁基 MEZ 粉末（成分：Zn 0.5%，Mn 0.1%，Zr 0.1%，RE 2%，Mg bal）。研究表明，熔覆层显微硬度由 35HV 提高到 85~100HV，并且因为晶粒细化和金属间化合物的重新分布，熔覆层在 3.56%（质量分数）NaCl 溶液中的抗腐蚀性能比基体镁合金大大提高。

激光增材修复与再制造材料是制约激光增材修复与再制造技术发展和应用的主要因素。目前在研制激光增材修复与再制造材料方面虽取得了一定进展，但与按照设计的熔覆件性能和应用要求定量地设计合金成分还存在很长距离，激光增材修复与再制造材料远未形成系列化和标准化，尚需要加大力度进行深入研究。

9.2.3 增材再制造材料国内外研究现状及存在的主要问题

激光增材再制造技术自诞生以来，在工业中已获得了大量应用，解决了工程中大量维修的难题。但是，激光增材再制造材料一直是制约激光增材再制造技术应用的重要因素。目前，激光增材再制造材料存在的主要问题是：激光增材再制造专用材料体系较少，缺乏系列化的专用粉末材料，缺少材料评价和应用标准。

多年来，激光增材再制造所用的粉末体系一直沿用热喷涂粉末材料。众多学者研究指出，借助于热喷涂粉末进行激光增材再制造是不科学的。热喷涂粉末在设计时为了防止喷涂时由于温度的微小变化而发生流淌，所设计的热喷涂合金成分往往具有较宽的凝固温度区间，将这类合金直接应用于激光增材再制造，则会因为流动性不好而带来气孔问题。另外，在热喷涂粉末中加入了较高含量的 B 和 Si 元素，一方面降低了合金的熔点；另一方面作为脱氧剂还原金属氧化物，生成低熔点的硼硅酸盐，起到脱氧造渣作用。然而与热喷涂相比，激光熔池寿命较短，这种低熔点的硼硅酸盐往往来不及浮到熔池表面而残留在熔覆层内，在冷却过程中形成液态薄膜，加剧涂层开裂，或者使熔覆层中产生夹杂。

针对以上问题，通常采取的途径主要包括以下几种：①在通用的热喷涂粉末基础上调整成分，降低膨胀系数。在保证使用性能的要求下尽量降低 B、Si、C 等元素的含量，减少在熔覆层及基材表面过渡层中产生裂纹的可能性。②添加 1 种或几种合金元素，在满足其使用性能的基础上，增加其韧性相，提高覆层的韧性，可以有效抑制热裂纹的产生。③对基体材料进行预热和后热处理，能够减少温度梯度，降低残余热应力，有利于抑制裂纹的发生。④在粉末材料中加入稀土元素，能够提高材料的强韧性。以上各种途径虽然可以在一定程度上改善涂层的工艺性能，但却改变不了激光骤热急冷时产生的内应力，并不能从根本上解决问题。因此，应从激光增材再制造过程的特点出发，结合应用要求，研究出适合激光增材再制造的专用粉末，这将成为激光增材再制造研究的重要方向之一。

目前需要熔覆制造与修复的大多数工件是铁基材料，铁基合金不仅因成分与基体成分接近，界面结合牢固，而且相比较于镍基和钴基合金而言，成本低，易于研究和推广应用。因此，研制激光增材再制造专用铁基合金粉末具有很大的价值，这也会为以后研制激光增材再制造专用镍基和钴基合金粉末积累经验。

近年来，有关激光增材再制造的研究有不少是围绕激光增材再制造专用铁基合金展开的。事实上，一些学者已提出了针对激光增材再制造的特点设计合金粉末，近几年来，有关激光增材再制造专用铁基合金粉末的研究活动成绩斐然，但还需要就以下一些问题做深入的研究。

(1) 硬度问题

工业应用中，要求合金的力学性能以及其他的物理、化学性能系列化。例如，硬度范围最好能够从 20HRC 分级别达到 60HRC，而目前均未做到这一点。

(2) 成本问题

某些激光增材再制造专用粉末中 Ni、Mo 和 W 等合金元素的含量高达约 40%（质量分数）。显然，比例过大，增加了材料成本。工业应用需要在满足工艺性能和物理、机械性能要求的前提下，合金粉末的价格再尽量低。

(3) 彻底消除裂纹问题

即使有少量裂纹，在许多场合也是限制使用的。

（4）强度和韧性及相关的力学性能评价方法问题

目前研究者对激光增材再制造层性能关注的重点是硬度和开裂敏感性，但这是不够的。以前的熔覆试验绝大多数是实验室里进行的单道或单层熔覆，在实际生产中很可能会需要大面积和大厚度的熔覆层。随之而来的问题是，这样的熔覆层是否具有较佳的强度和塑韧性等力学性能以满足工件工作需要？另外，一个很重要的相关问题是，熔覆层力学性能很多，如界面结合强度、抗拉强度、剪切强度、塑性和韧性等，由于实际测试手段和成本的局限，对于上述性能的评价还存在一定的困难，如何用科学、高效和经济的方法去评价熔覆层的综合力学性能？事实上，目前很少有涉及熔覆层强度和塑韧性等的工程力学性能数据，也未有一种公认的科学的综合力学性能评价方法。这阻碍了激光增材再制造技术的工程应用。

（5）实际应用问题

一些研究者在实验室里获得了高硬度（≥60HRC）和无裂纹的熔覆层，这是一种进步，但与实际的生产和工作条件有一定差别。①在激光增材再制造生产过程中，由于体积不同导致的热容相差悬殊，大中型零部件表面的激光熔池冷却速度远大于实验室条件下小试样或小型实际零件表面的激光熔池冷却速度，因而会在激光光斑周围形成更高的温度梯度，导致熔覆层有更大的残余应力和裂纹倾向。由于体积偏大，大中型零部件难以预热和后热，加剧了其熔覆层开裂倾向。②大中型零部件在使用过程中，遭受到可能的拉伸、弯曲、扭转冲击、疲劳等各种应力的复合作用，这种复杂的叠加应力在实验室条件下是难以模拟的。以上两点决定了实际生产和使用条件下的大中型零部件熔覆层除了表面上的熔覆层一样可能需要具有高的强度和硬度外，还应具有更为优良的塑性与韧性，以防止在熔覆生产过程和零部件使用过程中覆层开裂。

9.3　增材修复与再制造材料的发展趋势与建议

目前，国内增材制造行业面临着材料种类少，不能通用，质量没有相应标准的现象。未来增材制造材料应当克服这些问题，朝着通用化、专业化和多样化的方向发展，增材修复与再制造材料区别于一般 3D 打印材料的选用，其选择原则围绕以下几个原则：

（1）与修复基体相容性原则

增材修复与再制造与一般的增材制造（3D 打印）的关键区别是，增材修复与再制造建立在失效的工件基础上，失效的工件作为基体材料，在该基体材料上实施增材制造，因此，在考虑该材料本身增材制造成形要求外，还需要考虑与基体材料的相容性，比如：物理性能、力学性能、结合性能等方面需要严格相容，这也是实施增材修复后可以达到或超过基体性能的关键要素。

（2）与所采用技术匹配原则

要实现高性能增材修复和再制造，需要采用一系列先进增材制造技术作为保障，比如，激光增材制造、电子束增材制造及复合增材制造等，不同的增材制造对材料的要求是不一样的，比如，激光增材制造一般要求粉体（丝）材料有良好的自熔性、流动性；超音速激光复合增材制造对于粉体有更好的加速性能，因此粒径、圆整度都有要求；等离子喷涂技术采用材料需要有宽的液固两相区域，以达到喷涂过程的半溶化状态等。

（3）满足工件使用条件与局部性能要求的原则

在满足上述两个原则的前提下，选材需要进一步考量被修复件的工矿条件和局部特殊性能要求。比如：转子轴的修复考虑转子转速、工作介质及温度等工作条件，同时，也要通过其生效分析，根据失效方式进一步局部耐磨性要求，这样达到了局部修复后提高性能的目的。

随着增材修复与再制造技术不断发展，除了部分特殊性能要求的专业化材料外，根据实施对象的要求呈现出材料的多样化及通用化趋势，发展建议如下：

（1）加强统筹规划，制定发展战略与行动计划

根据国内外激光增材再制造专用材料制备技术的发展现状与趋势，以及可能带来的制造业变革，制定符合我国国情的激光增材再制造专用材料制备技术及其产业化发展战略和行动计划。建议国家有关部门成立激光增材再制造专用材料制备技术发展领导小组，研究制定相关战略与规划，并负责组织、协调和管理。例如，由工业和信息化部、发展和改革委员会、科学技术部、财政部、中国科学院和中国工程院等组织相关专家制定中长期发展路线图，明确阶段目标、可能的技术路线、重点任务和相应的政策措施，做好顶层设计和统筹规划。同时，设立增材制造重大专项，开展相关软件、工艺、材料、标准及应用等的整体性系统性攻关，推进与其他先进制造技术融合的新型数字化智能制造体系的建设。

（2）提高对激光复合增材再制造等新技术与专用材料的研发投入

进一步开发满足高性能构建部件修复与再制造要求的材料增材修复与再制造是目前增材制造（3D打印）中实际需求量最大的领域，随着增材再制造零件使用条件的日益苛刻、使用环境的日益复杂，工业领域对激光增材再制造提出了更高的要求：实现零件组织及性能选区调控兼顾精确成形和高性能需求的一体化制造。其研究材料大多集中于钛合金、高温合金等难加工材料，其制件比如航空发动机、工业燃气轮机或者高端阀门等，具有高精度、高复杂以及高性能的特点。激光增材再制造逐点多道多层沉积成形的加工特点，各因素间影响复杂，仅通过单纯改变激光工艺（扫描速度、激光功率、粉末参数以及扫描策略等）已很难达到上述要求。激光3D增材制造由单一材料成型向高度智能柔性化，多场协同制造以及"控形/控性"一体化方向发展。电磁复合场协同激光增材再制造其利用同步施加电场和磁场的复合形式，在熔池中形成洛伦兹力，实现对组织、缺陷以及形貌等关键影响因素进行调控，大幅提高增材过程的稳定性和良品率。

电磁复合场协同激光增材再制造可超越工艺调整极限获得高质量制造层，然而在电磁辅助增材制造过程中，材料不仅要满足传统增材制造的要求，还需同时兼顾电磁场工艺匹配原则。在选用和设计电磁复合增材制造材料时，主要考虑以下原则：①无铁磁性原则。在电磁场环境下，铁磁性粉末流将受到磁力的作用，特别是在高磁场强度条件下，将严重影响粉末汇聚以及铺粉的稳定性，甚至导致难以成型。②电导率匹配原则。在电-磁复合场调控硬质颗粒相过程中，电导率差异值是产生等效浮力的关键参数。当施加电场时，硬质颗粒相内部需与熔池流体存在电流分布差异，从而在磁场作用下，产生的洛伦兹力合力方向以及大小可人为改变，达到调控颗粒分布的目的。

近年来，将超音速激光沉积技术用于高温合金的激光复合增材再制造的研究，并在设备开发和材料制备方面取得了一定的成果。

超音速激光沉积技术是近几年发展起来的一种新的表面复合改性技术，可以保持高温合金粉末的原有特性，又能保证粉末之间的冶金结合，因此，利用该技术可望实现高质量的高温合金部件的再制造修复。目前利用该技术已成功制备出了钴基 Stellite 6 等涂层，所制备涂层仍然保持了固态沉积的特征，而且由于激光的引入，喷涂颗粒与基体得到有效软化，颗粒沉积的临界速度降至冷喷涂的一半，所制备涂层比热喷涂、冷喷涂以及激光增材修复与再制造涂层具有更好的质量与性能，超音速激光沉积技术制备的 Stellite 6 涂层比激光增材修复与再制造技术制备的 Stellite 6 涂层具有更好的综合能。超音速激光沉积技术对合金粉末的成分、球形度、粒度、流动性、纯度等性能的要求不同于激光增材再制造工艺对粉末的要求，亟待开展这方面的研究。

目前，国内在上述领域的研究处于领先水平，国家应该加大在该领域的投入，实现在激光增材再制造专用材料研发领域的弯道超车。

（3）加强对增材修复与再制造材料标准体系的构建，提升材料的通用化水平

国内制约激光增材再制造技术发展的难点仍在于粉体材料，解决问题的关键在于自主掌握核心制粉技术与成套关键制粉设备；随着激光增材再制造技术的发展，球形金属增材制造粉体材料的制备技术将进一步完善及产业化，老一代技术将得到大幅度更新换代，新的制备技术及工艺也将不断涌现。在加强硬件投入的同时，需要进一步强化材料标准化建设。

目前，增材修复与再制造用材料大都沿用传统的喷涂材料体系，对于不断发展起来的新技术已经不能适用，因此，各家单位通过自主研发出现了品种繁多的规格种类，没有标准可循，严重缺乏行业规范，导致各家提供的材料性能无法保障，更无法保障修复与再制造的稳定性，因此，严重制约了该行业的发展。建议加快成立专项标委会，构建完整的增材修复与再制造材料标准体系，保障材料的稳定性，满足不同产品需求。

参考文献

[1] 徐滨士.装备再制造工程 [M].北京：国防工业出版社，2013.
[2] 徐滨士，马世宁，刘世参，等.21 世纪的再制造工程 [J].中国机械工程，2000，11（1-2）：36-38.
[3] 徐滨士，马世宁，刘世参，等.表面工程的应用和再制造工程 [J].材料保护，2000，33（1）：1-4.
[4] 徐滨士.装备再制造工程 [M].北京：国防工业出版社，2013.
[5] 徐滨士.装备再制造工程的理论与技术 [M].北京：国防工业出版社，2007.

[6]　朱胜，姚巨坤.激光再制造工艺与技术 [J].新技术新工艺，2009（8）：1-3.

[7]　董世运，徐滨士，张晓东，等.激光再制造技术现状、存在问题及前景展望 [C].世界维修大会，2008.

[8]　陈江，刘玉兰.激光再制造技术工程化应用 [J].中国表面工程，2006，19（z1）：50-55.

[9]　杨洗陈，李会山，王云山，等.用于重大装备修复的激光再制造技术 [J].激光与光电子学进展，2003，40（10）：53-57.

[10]　Srivatsan T S, Sudarshan T S. Additive Manufacturing: Innovations, Advances, and Applications [M]. Crc Press, 2015.

[11]　陈忠旭，姚锡禹，郭亮，等.基于激光的金属增材制造技术评述与展望 [J].机电工程技术，2017，46（1）：7-13.

[12]　Castro G, Rodríguez J, Montealegre M A, et al. Laser Additive Manufacturing of High Added Value Pieces [C] // The Manufacturing Engineering Society International Conference, Mesic, 2015: 102-109.

[13]　梁朝阳，张安峰，梁少端，等.高性能钛合金激光增材制造技术的研究进展 [J].应用激光，2017（3）：452-458.

[14]　Shi X, Ma S, Liu C, et al. Selective laser melting-wire arc additive manufacturing hybrid fabrication of Ti-6Al-4V alloy: Microstructure and mechanical properties [J]. Materials Science and Engineering A, 2017, 684: 196-204.

[15]　杨强，鲁中良，黄福享，等.激光增材制造技术的研究现状及发展趋势 [J].航空制造技术，2016，507（12）：26-31.

[16]　李怀学，孙帆，黄柏颖.金属零件激光增材制造技术的发展及应用 [J].航空制造技术，2012，416（20）：26-31.

[17]　周超军，孙文磊.基于激光熔覆的激光再制造研究综述 [J].矿山机械，2015（9）：5-9.

[18]　邵珠强，李娜，王晓成，等.绿色激光再制造技术及其应用 [J].装备制造技术，2017（6）：75-77.

[19]　李春彦，张松，康煜平，等.综述激光熔覆材料的若干问题 [J].激光杂志，2002，23（3）：5-9.

[20]　邓丽荣，王晓刚，陆树河，等.增材制造原材料发展现状 [J].科技资讯，2016，14（24）：47-50.

[21]　杨全占，魏彦鹏，高鹏，等.金属增材制造技术及其专用材料研究进展 [J].材料导报，2016（s1）：107-111.

[22]　Sexton L, Lavin S, Byrne G, et al. Laser cladding of aerospace materials [J]. Journal of Materials Processing Technology, 2002, 122 (1): 63-68.

[23]　王华明.高性能大型金属构件激光增材制造：若干材料基础问题 [J].航空学报，2014，35（10）：2690-2698.

[24]　李胜，曾晓雁，胡乾午.高硬度激光熔覆专用Fe基合金强韧化机理 [J].焊接学报，2008，29（7）：101-104.

[25]　聂斌英，姚成武.合金元素对铁基激光熔覆涂层显微组织和相结构形态的影响 [J].焊接学报，2013，34（1）：85-88.

[26]　Feng Xiangyi, Dong Shiyun, Yan Shixing. Heat-affected zone microstructure and mechanical properties evolution for laser remanufacturing 35CrMoA steel [C]. SPIE Proceedings of Young Scientists Forum 2017, Weihai: 2017.

[27]　李胜，曾晓雁，胡乾午.合金元素及其含量对铁基合金激光熔覆层性能的影响 [J].热加工工艺，2006，35（23）：67-69.

[28]　董世运，马运哲，徐滨士，等.激光熔覆材料研究现状 [J].材料导报，2006，20（6）：5-9.

[29]　周野飞，高士友，王京京.激光熔覆高碳铁基合金组织性能研究 [J].中国激光，2013（12）：40-44.

[30]　李胜，胡乾午，曾晓雁.激光熔覆专用铁基合金粉末的研究进展 [J].激光技术，2004，28（6）：591-594.

[31]　覃思思，余勇，曾归余，等.3D打印用金属粉末的制备研究 [J].粉末冶金工业，2016，26（5）：21-24.

3D打印金属材料
Metal
Materials
for 3D Printing

[32] 乐国敏，李强，董鲜峰，等.适用于金属增材制造的球形粉体制备技术 [J].稀有金属材料与工程，2017 (4)：1162-1168.

[33] 范立坤.增材制造用金属粉末材料的关键影响因素分析 [J].理化检验-物理分册，2015，51 (7)：480-482.

[34] Li Yongjian, Dong Shiyun, He Peng, Yan Shixing, Li Enzhong, Liu Xiaoting, Xu Binshi. Microstructure characteristics and mechanical properties of new-type FeNiCr laser cladding alloy coating on nodular cast iron [J]. Journal of Materials Processing Technology, 2019, 269: 163-171.

[35] 张飞，高正江，马腾，等.增材制造用金属粉末材料及其制备技术 [J].工业技术创新，2017 (4)：59-63.

[36] 徐滨士，方金祥，董世运，等.FV520B不锈钢激光熔覆热影响区组织转变及其对性能的影响.金属学报，2016，52 (1) 1-9.

[37] 刘月龙，斯松华.激光熔覆铁基合金涂层研究进展 [J].安徽工业大学学报（自科版），2005，22 (4)：348-351.

[38] 李庆棠，符寒光，雷永平.激光熔覆铁基耐磨合金技术的研究进展 [J].北京工业大学学报，2013，39 (10)：1552-1560.

[39] 董翠，王华明.激光熔化沉积300M超高强度钢组织与力学性能 [J].金属热处理，2008 (9)：1-5.

[40] 刘丰刚，林鑫，宋衍，等.激光修复300M钢的组织及力学性能研究 [J].金属学报，2017，53 (3)：325-334.

[41] Locs S, Boiko I, Mironov V, et al. Research of Laser Cladding of the Powder Materials for Die Repair [J]. Key Engineering Materials, 2017, 721: 280-284.

[42] 吴莹，牛焱.激光熔覆添加碳化钨的镍基合金层的组织和硬度研究 [J].材料保护，2005，38 (2)：61.

[43] 徐富家.Inconel 625合金等离子弧快速成形组织控制及工艺优化 [J].哈尔滨：哈尔滨工业大学，2012.

[44] Li Yongjian, Dong Shiyun, Yan Shixing, Liu Xiaoting, He Peng, Xu Binshi. Surface remanufacturing of ductile cast iron by laser cladding Ni-Cu alloy coatings [J]. Surface & Coatings Technology, 2018, 347: 20-28.

[45] 何宜柱，斯松华，徐锟，等.Cr_3C_2对激光熔覆钴基合金涂层组织与性能的影响 [J].中国激光，2004，31 (9)：1143.

[46] 张维平，刘硕，马玉涛.激光熔覆颗粒增强金属基复合材料涂层强化机制 [J].材料热处理学报，2005，26 (1)：70.

[47] 吴萍，姜恩永，周昌炽，等.激光熔覆Ni/WC复合涂层的组织和性能 [J].中国激光，2003，30 (4)：357.

[48] 董世运，张幸红，徐滨士，等.激光熔覆铜基自生复合材料设计及其涂层研究 [J].哈尔滨工业大学学报，2003，35 (2)：160.

[49] 单际国，赵楠楠.聚焦光束堆焊铜基自熔合金过程中Fe_3Si增强相的反应合成 [J].中国有色金属报，2004，14 (3)：450.

[50] 张松，张春华，王茂才，等.Ti6Al4V表面激光熔覆原位自生TiC颗粒增强Ti基复合材料及摩擦磨损性能 [J].金属学报，2001，3 (3)：315.

[51] Lin Jianjun, Lv Yaohui, Liu Yuxin, Xu Binshi, et al. Microstructural evolution and mechanical properties of Ti-6Al-4V wall deposited by pulsed plasma arc additive manufacturing [J]. Materials & Design, 2016, 102: 30-40.

[52] Sorin Ignat, Pierre Sallamand, Dominique Grevey, et al. Magnesium alloys laser (Nd: YAG) cladding and alloying with side injection of aluminium powder [J]. Applied Surface Science, 2004, 225: 124.

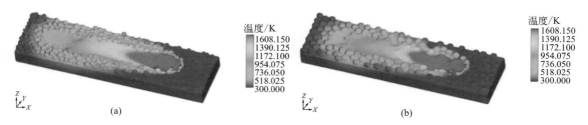

温度/K
1608.150
1390.125
1172.100
954.075
736.050
518.025
300.000

(a)

温度/K
1608.150
1390.125
1172.100
954.075
736.050
518.025
300.000

(b)

图 2-12　不同粒径分布对 SLM 打印过程中熔池的影响

（a）采用细粒径粉末的熔池形貌平滑；（b）采用粗粒径粉末的熔池边缘波动较大

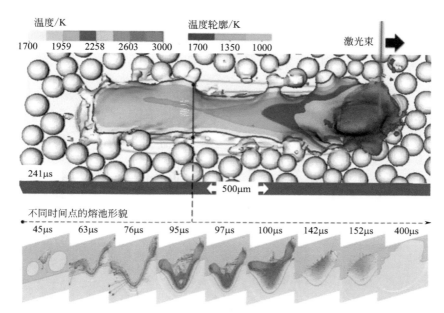

图 2-15　粉末熔化和熔池凝固的 3D 模拟结果，模型考虑蒸发、辐射、对流、热传导和质量传输等多物理场的作用

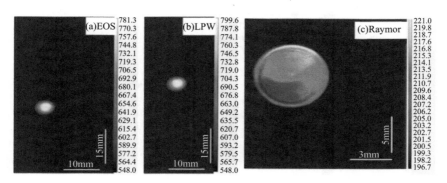

图 2-19　热成像相机拍摄的不同 Ti-6Al-4V 粉末的粉床静态热传导状态（图像放大倍数不同）

EOS 和 LPW 粉末因为传热系数低，热量集中于粉床上，测定温度高于 Raymor 粉末

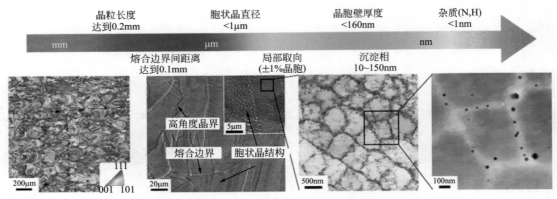

图 2-21 SLM 制备 316L 不锈钢多尺度组织结构变化

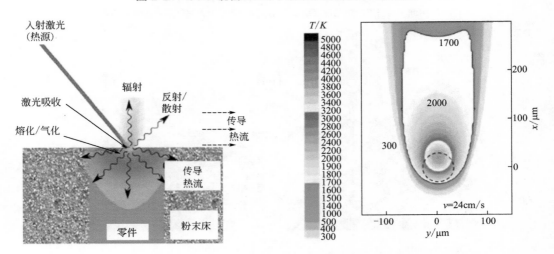

图 3-4 3D 打印微区熔池模型建立

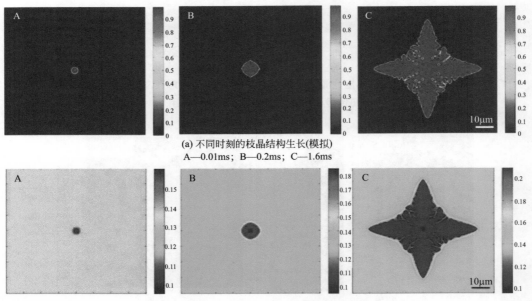

(a) 不同时刻的枝晶结构生长(模拟)
A—0.01ms；B—0.2ms；C—1.6ms

(b) 在枝晶结构生长过程中不同时刻的溶质聚集(模拟)
A—0.01ms；B—0.2ms；C—1.6ms

图 3-5 微区熔池形核及长大过程仿真

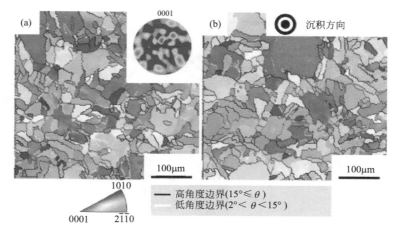

图 4-2　电子束选区熔化技术成形 CP-Ti 的电子背散射衍射（EBSD）分析结果

（a）顶部（插图，由顶部的 EBSD 数据构成的极图）；（b）底部

低角度边界（2°<θ< 15°）和高角度边界（15°≤θ）分别用白线和黑线表示

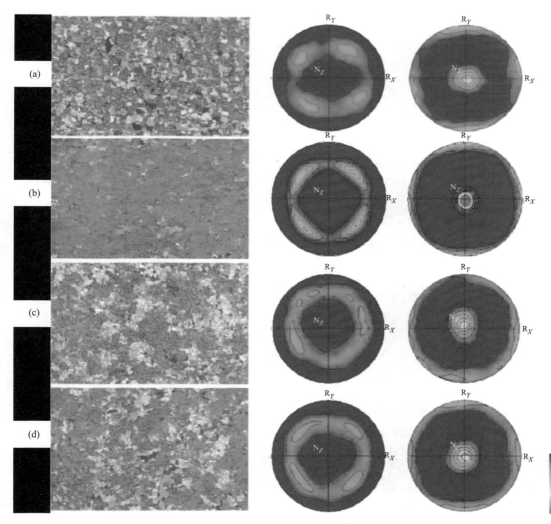

图 4-12　SEBM 技术成形 Ti-6Al-4V 合金距底板不同距离处的织构变化信息

（a）0. 5mm；（b）5mm；（c）25mm；（d）35mm

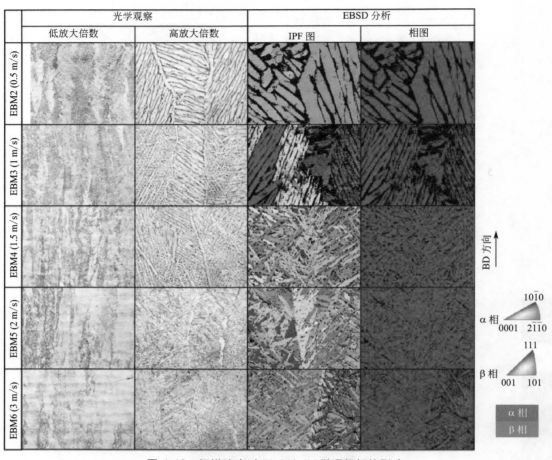

图 4-13　扫描速度对 Ti-6Al-4V 微观组织的影响

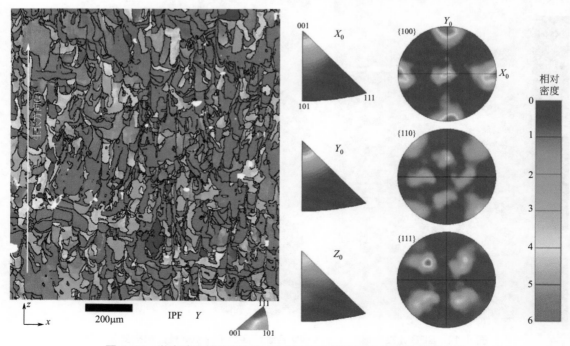

图 4-15　激光选区熔化制备的 Ti-26Nb 合金样品的 EBSD 结果分析

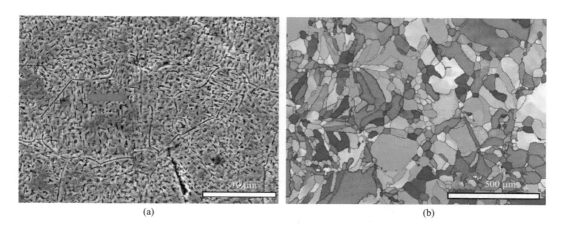

图 4-16　激光选区熔化技术制备的 Ti-30Nb-5Ta-3Zr 合金微观形貌（a）和晶界分布结果（b）

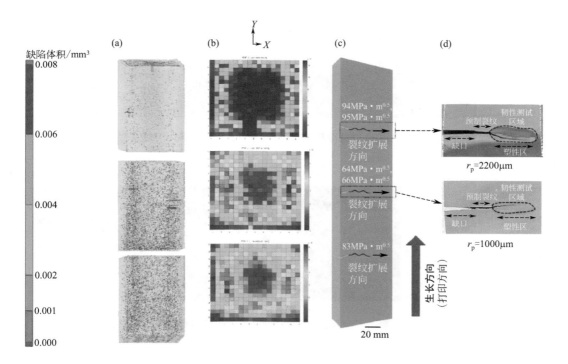

图 4-21　EBM 成形 Ti-6Al-4V 合金高度方向缺陷分布及对力学性能的影响

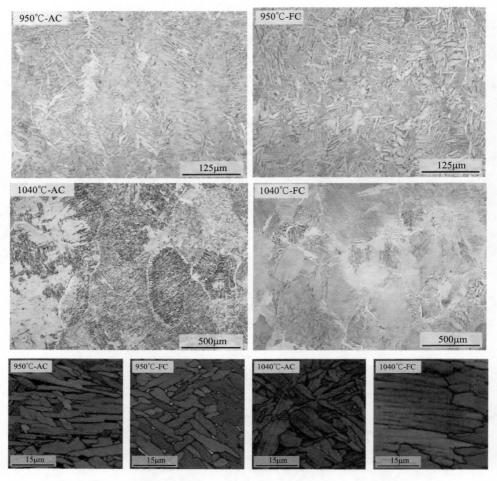

图 4-24　热处理温度以及冷却方式对 SEBM 成形 Ti-6Al-4V 组织的影响

AC—空冷；　FC—炉冷

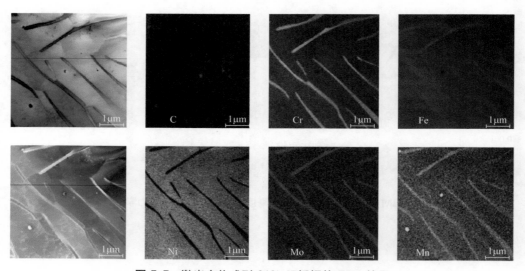

图 5-5　激光立体成形 316L 不锈钢的 EDS 结果

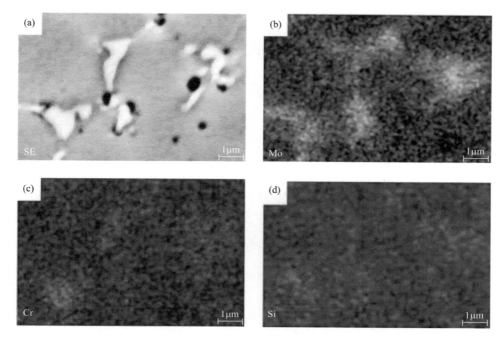

图 5-8　白色铁素体相的元素分布

SE—二次电子像

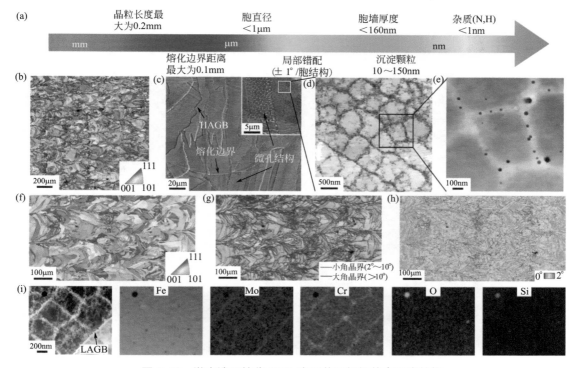

图 5-10　激光选区熔化 316L 奥氏体不锈钢的多尺度结构

HAGB—大角晶界；LAGB—小角晶界

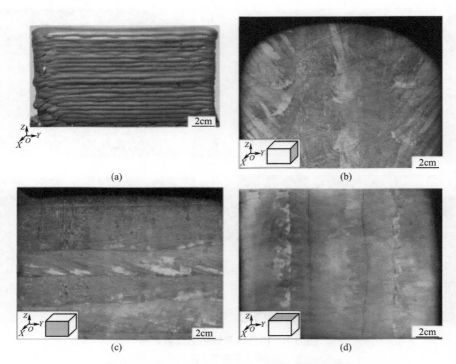

图 5-11 电弧 3D 打印 316L 不锈钢的宏观形貌

（a）GMA-AM 316L 板材；（b）*XOZ* 截面；（c）*YOZ* 截面；（d）*XOY* 截面

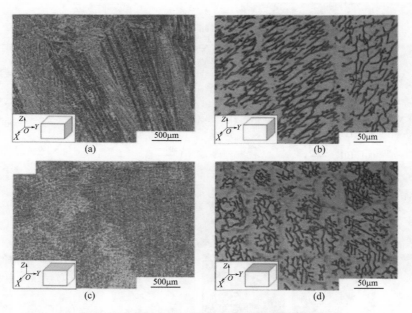

图 5-12 电弧 3D 打印 316L 不锈钢的显微组织

（a），（b）*XOZ* 截面的低倍和高倍形貌；（c），（d）*XOY* 截面的低倍和高倍形貌

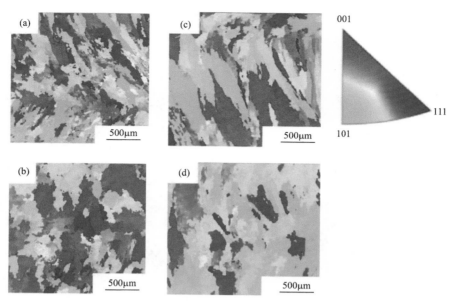

图 5-14　激光立体成形 304L 不锈钢不同部位的组织

（a）底部-低功率；（b）顶部-低功率；（c）底部-高功率；（d）顶部-高功率

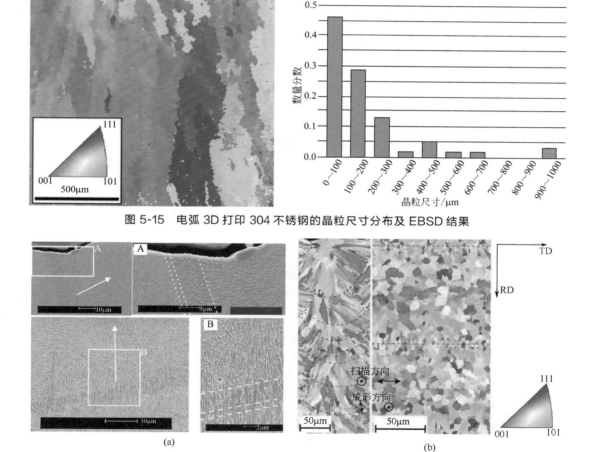

图 5-15　电弧 3D 打印 304 不锈钢的晶粒尺寸分布及 EBSD 结果

图 6-6　AlSi10Mg 试样上表面及底面显微组织（双向扫描路径）

（a）及 EBSD 位向图（b）

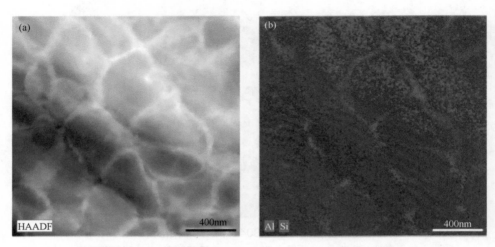

图 6-7　SLM 成形 AlSi10Mg 试样截面的 TEM 照片（a）以及 Al、Si 元素分布（b）

HAADF—高角环形暗场像

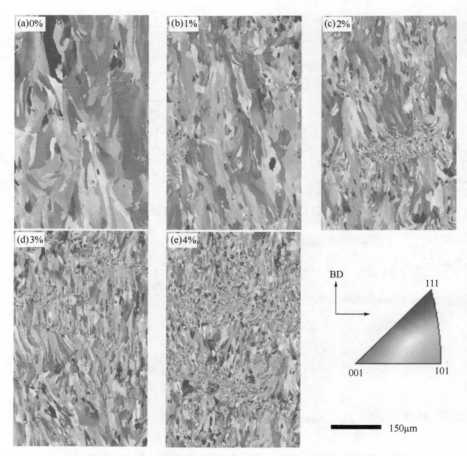

图 6-17　不同硅含量（质量分数）添加对 7075 铝合金 SLM 成形构件晶粒生长的影响

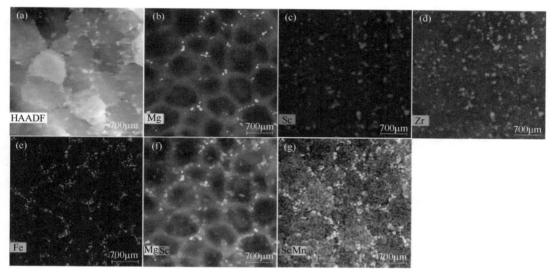

图 6-19 Al-Mg-Sc-Zr 合金 SLM 成形试样内部能谱元素分布

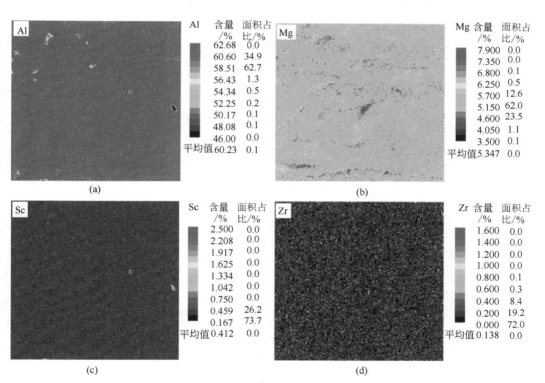

图 6-20 SLM 成形 Al-Mg-Sc-Zr 系合金中 EPMA
元素分布图谱（垂直于成形方向）

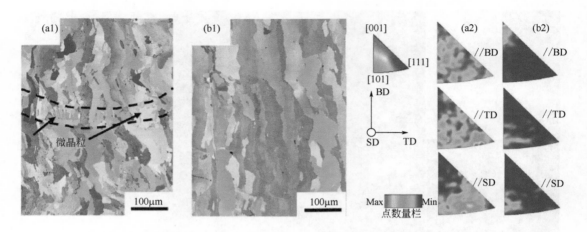

图 6-28　SLM 成形 Al-Cu-Mg 合金在 T6 热处理前后的 EBSD 反极图：（a1）SLM 状态和
（b1）SLM T6 状态；织构强度分布图：（a2）SLM 状态和（b2）SLM T6 状态

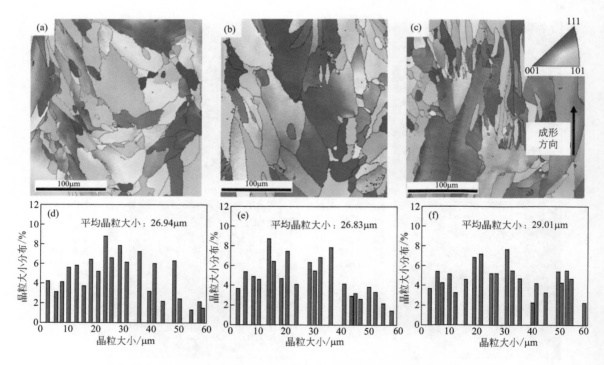

图 6-31　SLM 成形 Al-Mg-Sc-Zr 合金试样在热处理前后 EBSD 表征结果
（a），（d）SLM 原始态；（b），（e）325℃/4h；（c），（f）325℃/16h

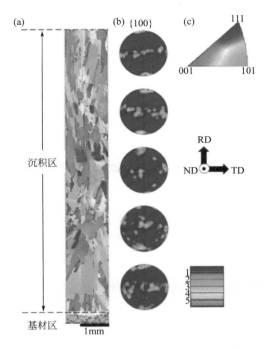

图 7-2　激光立体成形 Inconel 718 合金垂直于扫描方向横截面的 EBSD 分析

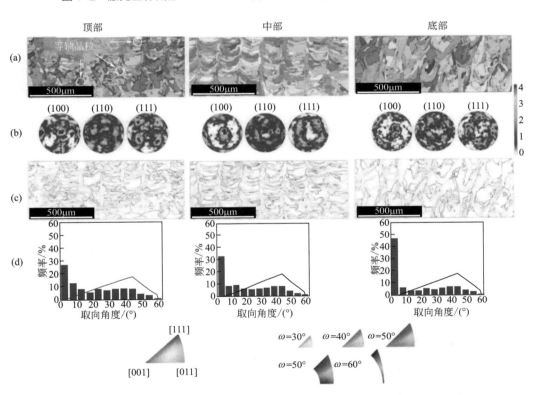

图 7-4　激光选区熔化 Inconel 718 合金沉积态试样不同位置的 EBSD 分析

（a）晶粒取向图；（b）取向极图；（c）晶界取向图；（d）取向角度分布图

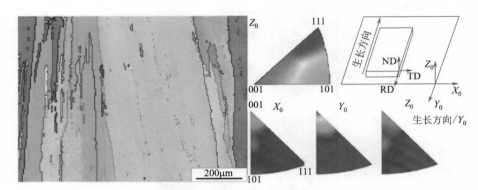

图 7-6　激光立体成形 Inconel 625 合金的 EBSD 云图及其逆极图

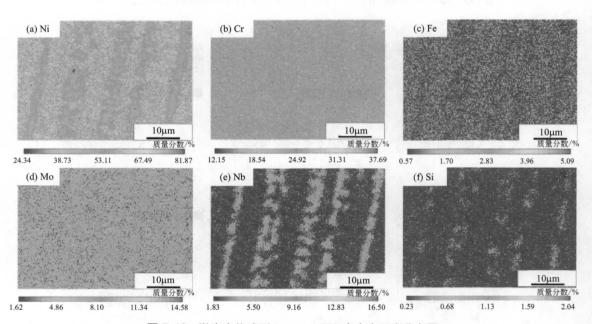

图 7-16　激光立体成形 Inconel 625 合金中元素分布图

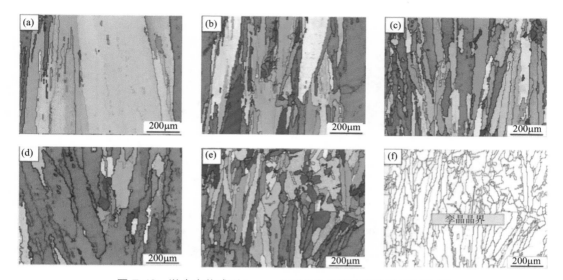

图 7-18　激光立体成形 Inconel 625 合金固溶态试样 EBSD 图

（a）沉积样品；（b）900℃；（c）1000℃；（d）1100℃；（e）1200℃；（f）再结晶组织

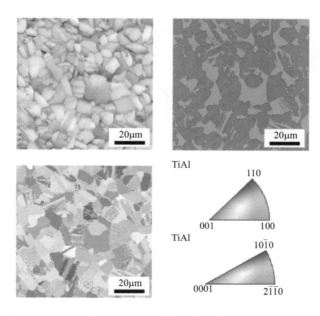

图 8-2　TiAl 样品的微观结构

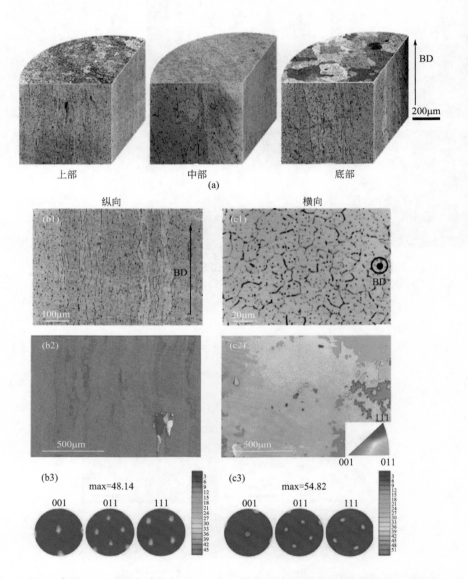

图 8-19　SEBM 成形 NiTi 试样在棒的上、中、底位置分别进行三维显微结构重建的显微照片（a）；
纵向微观结构的光学显微图（b1）、EBSD 彩色反极图（b2）、极图（b3）；横向微观结构的
光学显微图（c1）、EBSD 彩色反极图（c2）、极图（c3）

注：BD 指成形方向

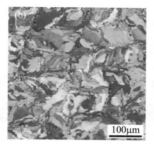

图 8-35　激光选区熔化成形 W（a）、W-5Ta（b）和 W-10Ta（c）
合金样品上表面反极图

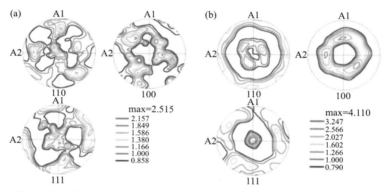

图 8-36　激光选区熔化成形 W（a）、W-10Ta（b）合金上表面极图

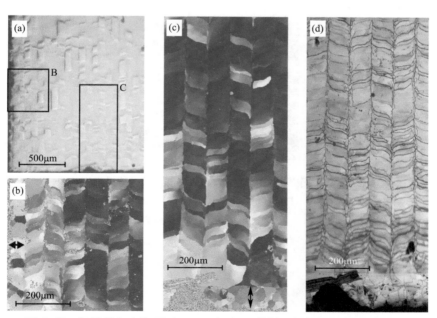

图 8-45　扫描线角度为 0°时 SLM 成形 Ta 的微观组织特征（水平方向）
（a）金相；（b），（c）局部区域的 EBSD 反极图；（d），（c）的 EBSD 图片质量图

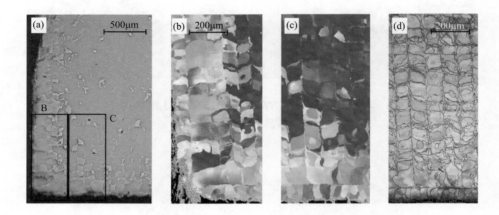

图 8-46 扫描线角度为 90°时 SLM 成形 Ta 的微观组织特征（水平方向）

（a）金相；（b），（c）局部区域的 EBSD 反极图；（d），（c）的 EBSD 图片质量图

图 8-47 扫描线夹角为 60°时 SLM 成形 Ta 的微观组织

（a）金相；（b）竖直方向的 EBSD；（c）水平方向的 EBSD

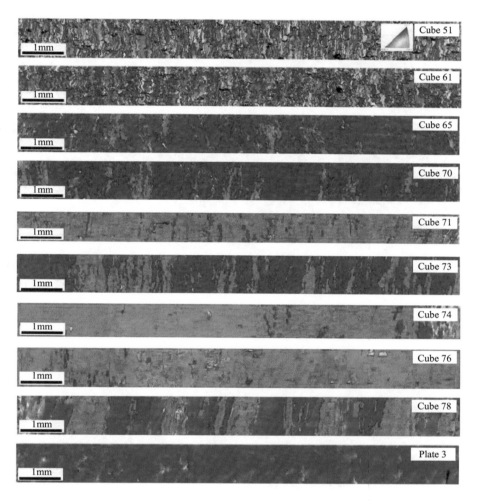

图 8-48　工艺参数对 3D 打印金属钽组织特征的影响（EBSD）

不同激光功率状态下的样品

Cube 51: 133.48W; Cube 61: 209.28W; Cube 65: 349.06W; Cube 70: 465.41W;

Cube 71: 654.17W; Cube 73: 872.64W; Cube 74: 840.91W; Cube 76: 840.91W;

Cube 78: 840.91W; Plate 3: 840.91W

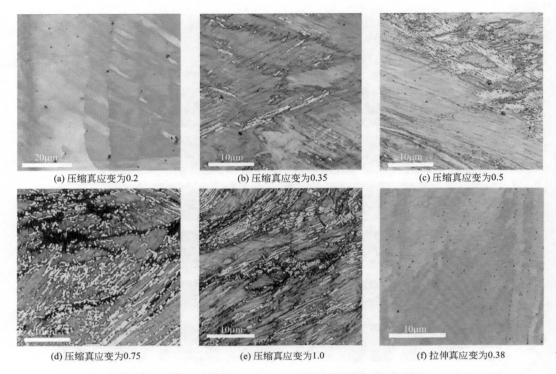

(a) 压缩真应变为0.2   (b) 压缩真应变为0.35   (c) 压缩真应变为0.5

(d) 压缩真应变为0.75   (e) 压缩真应变为1.0   (f) 拉伸真应变为0.38

图 8-54   在压缩下变形为各种应变水平的 DLF 合金样品的 EBSD 图（灰度带对比）

双向取向 5°以内的边界以黄色突出显示

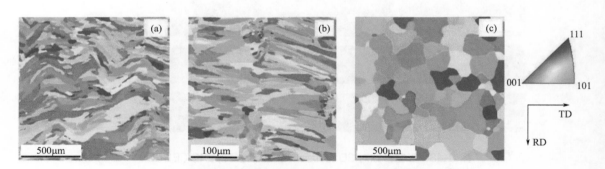

图 8-57   不同扫描速率下薄壁 AlCoCrFeNi 合金样品组织及晶粒

（a）2.5mm/s；（b）40mm/s；（c）铸态

RD—平行于基板的方向；TD—平行于样品生长的方向